计算机类与电子信息类“十三五”规划教材

计算机组成原理

闫大顺　王　潇　主　编
姚学科　符志强　副主编

中国农业大学出版社
·北京·

内容简介

本书系统地介绍了计算机的基本组成和工作原理。全书共分8章，分别介绍计算机系统概论、运算方法和运算器、指令系统、存储系统、中央处理器、总线系统、输入/输出系统、外部设备等。

本书整体结构清晰，内容充实，重点突出，深入浅出。为了方便学生理解、掌握所学知识，还列举了丰富的实例加以说明。重视知识点的融合以及整机概念的形成，兼顾基本原理在新技术中的应用。它是面向应用型本科院校计算机科学与技术、网络工程、物联网工程等相关专业的计算机组成原理课程教材，也可作为相关专业科技人员的学习参考书。

图书在版编目(CIP)数据

计算机组成原理 / 闫大顺，王潇主编. —北京：中国农业大学出版社，2020.12
ISBN 978-7-5655-2502-5

Ⅰ.①计… Ⅱ.①闫…②王… Ⅲ.①计算机组成原理 Ⅳ.①TP301

中国版本图书馆CIP数据核字(2020)第271534号

书　名 计算机组成原理
作　者 闫大顺　王　潇　主编

策划编辑 司建新　　**责任编辑** 司建新
封面设计 郑　川
出版发行 中国农业大学出版社
社　址 北京市海淀区圆明园西路2号　　**邮政编码** 100193
电　话 发行部 010-62733489，1190　　读者服务部 010-62732336
编辑部 010-62732617，2618　　出　版　部 010-62733440
网　址 http://www.caupress.cn　　**E-mail** cbsszs@cau.edu.cn
经　销 新华书店
印　刷 涿州市星河印刷有限公司
版　次 2020年12月第1版　　2020年12月第1次印刷
规　格 787×1 092　　16开本　　17印张　　420千字
定　价 49.00元

计算机类与电子信息类“十三五”规划教材
编写委员会

前　言

“计算机组成原理”是应用型本科计算机科学与技术、物联网工程、软件工程、信息安全、网络工程、信息管理和信息系统等专业的必修课程之一；它属于专业基础课，为计算机类专业的后续专业课程的学习奠定了基础。

本书在编写过程中力求做到内容全面、概念清楚、选材恰当、结构合理。结合计算机组成原理教学团队多年来从事这一课程的教学模式改革和教学经验总结，广泛征求和收集了专家的意见和建议，参考了国内外有关的教材和文献资料，完成了教材的撰写。本书力求符合学生认知规律，由浅入深，循序渐进。按照实践为核心的思路，本书做到了图文并茂，具有科学性和启发性。近年来，计算机科学技术飞速发展，不断地推出新概念、新技术、新机型和新结构，鉴于此，本教材注重内容的先进性与实用性，在讲授一般原理的同时，注意理论联系实际。

本书从知识建构、启发思维和适合教学 3 个角度组织学习内容，同时不过多依赖先修课程。全书共分 8 章。第 1 章帮助读者快速、趣味、深刻地建立计算机系统的整体概念，讲述了冯·诺依曼原理的硬件组成和各个部分的功能，对计算机的特点和性能指标进行了详细的分析。第 2 章介绍计算机中的数制与码制、数据的表示方法，对于计算机中的检错、纠错码也做了必要的探讨；重点介绍运算方法与运算器的组成，包括定点数和浮点数的算术运算方法及其实现。第 3 章介绍指令系统，指令系统是计算机系统中软硬件的交界面，主要讨论了指令格式的优化，介绍几种常用的典型寻址方式。第 4 章介绍存储系统，从一般的半导体读写存储器和只读存储器入手，介绍了并行主存系统、Cache 主存存储层次和虚拟存储系统的构成。第 5 章是中央处理器，主要对控制器进行了较为深入的探讨，介绍典型的 CPU 结构，将运算器和控制器结合在一起，最后对计算机中的流水结构作了简要分析。第 6 章是总线系统，主要对总线的基本概念、组成、功能、结构进行了较深入的探讨，介绍典型的系统总线 ISA 和 PCI，也介绍常用的外部总线如 LPT 并口、RS—232—C 串口、IEEE—488、USB、IEEE 1394 总线。第 7 章是输入/输出系统，主要介绍输入/输出设备与主机交换信息的 4 种方式。第 8 章是外部设备，介绍常用的外部设备的分类和工作原理。

本书力图全面、系统、深入地介绍计算机组成的相关知识和原理，编写特点主要体现在以下几个方面：

体系完整，内容全面　本书内容全面，突出知识体系的完整性，并用通俗易懂的语言讲述抽象的理论，精心选取常见示例以帮助读者理解相关理论概念。

图文并茂，示例丰富　本书图文并茂，各个部件原理和结构讲解详尽，并用整机概念贯穿全书。

循序渐进，深入浅出　本书内容讲解循序渐进，深入浅出，概念清晰，条理性强，符合读者学习计算机组成原理课程的认识规律。

理论与技术联系密切 全书围绕计算机各个组成部件的基本原理与应用技术两个核心点展开。基础理论叙述易懂易学,应用技术介绍详尽周密。理论与技术的密切结合是本书的一大特色。

本书可作为计算机组成原理教材,同时也可供参加自学考试人员、计算机系统开发设计人员、工程技术人员及其他相关人员学习和参考。

本书由闫大顺、王潇任主编,负责全书内容的取材和组织,闫大顺编写第1、2章,王潇编写第3、4、5章,姚学科编写第6、8章,符志强编写第7章。另外,参加本书编写工作的还有石玉强、刘磊安、冯大春、呼增、何宇虹、张垒、黄裕峰、曾宪贵、孙永新、李晟等。全书由闫大顺、王潇统一编排定稿。

由于时间仓促,书中难免存在错误和不足之处,欢迎广大读者和同行批评指正。作者联系方式:YanDS2000@163.com。

编 者

2020年8月

目　录

第 1 章　计算机系统概论

本章导读

从第一台通用电子计算机 ENIAC 问世到现在已经过去半个多世纪了，计算机对人类社会产生了深远的影响，并逐渐改变了人们的工作与生活方式，计算机成为20 世纪人类最伟大的发明创造之一。多年来，计算机技术、计算机应用和相关产业在世界范围内蓬勃发展，规模空前，成为信息技术革命的基础，越来越多的人希望了解并学习计算机知识。本章将介绍计算机的概念和组成等方面的基本内容，目的在于使读者对计算机系统有一个总体认识。

本章要点

- 冯·诺依曼计算机组成及其功能
- 微型计算机组成
- 计算机软件
- 计算机系统的多级层次结构
- 计算机性能指标
- 计算机发展历程

1.1　计算机系统的基本组成

自工业革命以来，人们发明了许多机器来减轻人类的体力劳动。随着社会的发展，人们自然也需要一种能够减轻脑力劳动的快速计算工具。比如，手工计算求解 100 阶线性方程组，人们就会惊叹，其计算工作量如此巨大，简直无法完成。高阶线性方程组的求解在许多科学研究和工程设计领域中都有广泛的应用。如果没有一种快速计算工具，这些科学研究和工程设计都将无法进行下去。

计算机(Computer)就是用于计算的工具，可以帮助人们完成一些复杂的计算，大大减轻了人们的脑力劳动，因此获得了“电脑”的美称。这里所说的计算机实际上是指电子数字计算机(Digital computer)。计算机是一种以电子器件为基础的，不需人的直接干预，能够对各种数字化信息进行快速算术运算和逻辑运算的工具，是一个由硬件、软件组成的复杂的自动化设备。在进行计算之前，首先需要给出算法，然后将算法编制成程序，才能在计算机的控制下快速、高效、自动地进行计算工作。

计算机系统的基本组成可以分为硬件和软件两部分，其功能是完成数据的输入、传送、存储、处理和输出。硬件是其物质基础,是软件的载体;软件则是计算机系统的灵魂。没有硬件,软件就不能运行;没有软件,硬件就发挥不了作用,从而失去存在的价值。因此这两者紧密相关,缺一不可。

1.1.1 计算机的硬件

硬件系统是指计算机中那些看得见、摸得着的物理实体集合。

1.冯·诺依曼计算机硬件

早期的计算机的硬件由运算器、控制器、存储器、输入设备和输出设备五大部分组成,以运算器为核心,如图 1-1 所示。

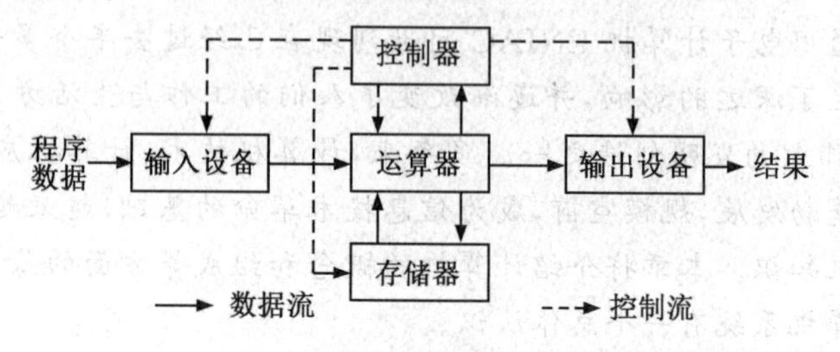

图 1-1 早期计算机硬件的组成

70 多年来,虽然计算机的发展速度惊人,但就其结构原理来说,目前绝大多数计算机系统仍然遵循冯·诺依曼早期提出的基本原理。冯·诺依曼原理的基本思想可以简要地概括为以下几点。

①采用二进制形式表示数据和指令。指令由操作码和地址码组成。

②将程序和数据存放在存储器中,使计算机在工作时从存储器取出指令加以执行,自动完成计算任务。这就是“存储程序”和“程序控制”(简称存储程序控制)的概念。

③指令的执行是顺序的,即按照指令在存储器中存放的顺序执行,程序分支由转移指令实现。

④计算机由存储器、运算器、控制器、输入设备和输出设备五大基本部件组成。

冯·诺依曼原理的基本思想奠定了现代计算机的基本架构,并开创了程序设计的时代。采用这一思想设计的计算机被称为冯·诺依曼机。早期的计算机在结构上是以运算器为中心的,但演变到现在,电子数字计算机已经转向以存储器为中心了,如图 1-2 所示。

在计算机的五大部件中,运算器和控制器是信息处理的中心部件,称为“中央处理器”(Central Processing Unit,CPU)。主存储器(内存储器)、运算器和控制器在信息处理中起主要作用,是计算机硬件的主体部分,通常被称为“主机”。除去主机以外的硬件装置(如输入设备、输出设备和辅助存储器等)统称为“外部设备”,简称外设。

(1)存储器

存储器(Memory)是用来存放数据和程序的部件,是一个记忆装置。在计算机系统中,规模较大的存储器往往分成若干级,称为存储系统。常见的三级存储系统由 Cache(高速缓冲存储器)、主存储器和辅助存储器(外部存储器)组成。主存储器可由 CPU 直接访问,存取速度快,但容量较小,一般用来存放当前正在执行的程序和数据。辅助存储器设置在主机外部,外

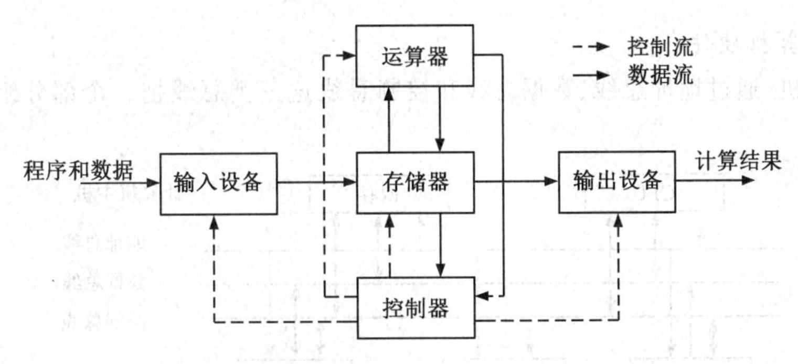

图1-2 以存储器为中心的计算机硬件的组成

部存储器不直接和运算器、控制器交换信息，而是作为主存储器的补充和后援，它的存取速度慢但容量大，外部存储器属于外部设备。当CPU速度很高时，为了使访问存储器的速度能与CPU的速度相匹配，又在主存储器和CPU之间增设了一级Cache。Cache的存取速度比主存储器更快，但容量更小，用来存放当前最急需处理的程序和数据，以便快速地向CPU提供指令和数据。

(2)运算器

运算器是对数据进行运算处理的部件，用于对数据进行加工处理。其主要功能是对二进制编码进行算术(加减乘除)和逻辑(与或非)运算。运算器的核心是算术逻辑运算单元(Arithmetic Logic Unit,ALU)，还包括由若干个或几十个寄存器构成的通用寄存器组(General Purpose Register,GPR)，用于暂存运算数据和中间结果。寄存器的存取速度比存储器的存取速度快得多。运算器的性能是影响整个计算机性能的重要因素之一，精度和速度是运算器重要的性能指标。

(3)控制器

控制器是整个计算机的控制核心，是计算机的管理机构和指挥中心，协调计算机的各个部件自动工作。它的主要功能是读取指令、翻译指令代码并向计算机各部分发出控制信号，以便执行指令。当一条指令执行完以后，控制器会自动地读取下一条将要执行的指令，依次重复上述过程直到整个程序执行完毕。控制器中包括一些专用的寄存器。

(4)输入设备

人们编写的程序和原始数据是经输入设备传输到计算机中的。输入设备能将程序和数据转换成计算机内部能够识别和接受的方式，并顺序地把它们送入存储器中。输入设备有许多种，例如键盘、鼠标、扫描仪、拾音器以及摄像头等。

(5)输出设备

输出设备将计算机处理的结果以人们能接受的或其他系统所要求的形式送出。输出设备同样有许多种，例如显示器、打印机、绘图仪以及音箱等。有一些设备既是输入设备也是输出设备，比如外部存储设备的磁盘(硬盘)和固态盘。

由图1-2可知，计算机各部件之间的联系是通过两种信息流实现的。实线代表数据流，虚线代表控制流。数据由输入设备输入，存入存储器中；在运算过程中，数据从存储器读出，并送入运算器进行处理；处理的结果再存入存储器，或经输出设备输出；而这一切都是由控制器执行存于存储器的指令实现的。

2.微型计算机硬件

微型计算机,通过地址总线、数据总线和控制总线这三类总线把各个部分组织在一起,如图 1-3 所示。

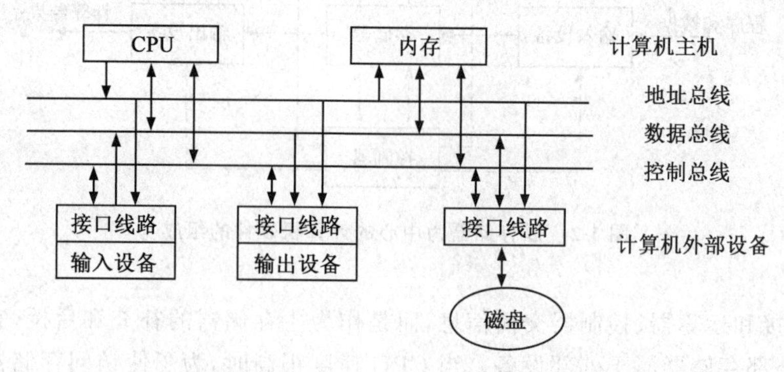

图 1-3 微型计算机的硬件系统的组成

通常,CPU 只与接口打交道(传递信息),而不与外部设备直接打交道。数据总线(Data Bus)是双向总线,在不同时刻可以在不同方向上传递数据,但在同一时刻只能在一个方向传递数据。地址总线(Address Bus)用来选择发送数据或接收数据的地址。地址总线上的信息通常是由 CPU 提供的。为了实现内存与高速外部设备(如磁盘)之间的批量数据传输使用了 DMA(Direct Memory Access)控制器,当 CPU 将总线控制权转交给 DMA 控制器时,地址总线上的信息便由 DMA 控制器提供,这时 CPU 对外表现为高阻态。控制总线(Control Bus)中的大部分信息由 CPU 提供,也有一些由内存或外部设备提供,但它不是双向总线;在大多数情况下,任何一条控制总线上的信息总是在一个方向传递。

数据在 CPU 内部的传送一般要通过运算器,而加工数据则必须通过运算器。完成数据的传送、处理和存储所依靠的是控制器发出的控制信号。控制器发出的控制信号不仅仅作用于 CPU 内部,还通过控制总线作用于内存和外部设备接口线路;外部设备本身有自己的控制系统;接口线路协调主机与外部设备之间的时序,从而实现二者可以并行异步操作。

内存的存取速度快,但容量是有限的,因为它取决于地址总线的条数。内存的价格也比较贵。内存由两部分构成:ROM 和 RAM。ROM 是非挥发性、非易失性存储部件;RAM 是挥发性、易失性存储部件,当关闭主机电源后,其上的信息便会丢失。计算机一旦开机就要运行程序,这部分程序是存放在 ROM 中的。而通常所说的内存容量是指 RAM 的容量。在计算机系统中配备外存之所以必要,是因为外存的容量大,不受 CPU 地址总线数的限制;外存上的信息可以长期保存,不会因关闭电源而丢失。外存是外部设备,必须通过接口与总线连接,所以外存上的程序不能直接运行。若要运行外存上的程序,必须先将其调入内存。

输入设备的基本功能是将人能识别的信息(文字、图形或声音)转变为计算机可以识别的二进制信息,从而对其进行加工和存储。输出设备的基本功能则是将计算机能识别的二进制信息转变为人可以识别的信息(文字、图形或声音)。粗略地说,这种信息转换是在外部设备的接口中进行的。

1.1.2 计算机的软件

要让计算机完成数据的处理,必须事先在内存中存入程序和数据,然后计算机就会按程序的要求来加工数据。计算机软件(Software)是指能使计算机工作的程序和程序运行时所需要的数据,以及与这些程序和数据有关的文字说明和图表资料,其中文字说明和图表资料又称为文档。相对于计算机硬件而言,软件是计算机的无形部分,软件能充分发挥硬件潜能和扩充硬件功能,完成各种系统及应用任务,与硬件的关系互相依存、相辅相成、缺一不可,软件是计算机系统的重要组成部分。如果只有好的硬件,没有好的软件,计算机不可能显示出优越的性能。

计算机软件可以分为系统软件和应用软件两大类。系统软件是指管理、监控和维护计算机资源(包括硬件和软件)的软件。系统软件为使用计算机提供最基本的功能,但并不针对某一特定应用领域。而应用软件则恰好相反,不同的应用软件根据用户和所服务的领域提供不同的功能。目前常见的系统软件有操作系统、各种语言处理程序、数据库管理系统以及各种工具软件等。

1. 系统软件

(1)操作系统

操作系统(Operating System,OS)是最靠近硬件的系统软件,直接与计算机硬件交互,在裸机上运行,把硬件的复杂性封装起来,负责管理和控制计算机硬件。操作系统是其他系统软件和应用软件能够在计算机上运行的基础。

操作系统是管理计算机的软硬件资源、控制程序执行、改善人机界面、合理组织计算机工作流程和为用户使用计算机提供良好运行环境的一种系统软件。操作系统可被看作是用户和计算机硬件之间的一种接口,是现代计算机系统不可分割的重要组成部分。通常,操作系统具有 5 个方面的功能:存储管理、处理器管理、设备管理、文件管理和作业管理。

操作系统提供了操作接口,为编译系统设计者提供了有力支撑。语言处理层的工作基础是由操作系统改造和扩充过的机器,提供了许多种比机器指令更强的功能,可较为容易地开发出各种各样的语言处理程序。应用层解决用户不同的应用需求,应用程序开发者借助于程序设计语言来表达应用问题,开发各种应用程序,既快捷又方便。由此可以看出,操作系统和硬件组成了一个运行平台,其他软件都运行在这个平台上。

(2)语言处理程序

人们要利用计算机解决实际问题,首先要编制程序。程序设计语言就是用来编写程序的语言,它是人与计算机之间交换信息的渠道。

程序设计语言是软件系统的重要组成部分,而相应的各种语言处理程序属于系统软件。程序设计语言一般分为机器语言、汇编语言和高级语言三类。

机器语言是计算机最底层的语言。用机器语言编写的程序,计算机硬件可以直接识别。计算机硬件只能识别和执行以二进制形式表示的机器代码,也就是用机器语言编写的程序。用任何其他语言编制的程序都必须转化为机器语言程序后,才能由计算机执行。

汇编语言是为了便于理解与记忆,将机器语言用助记符号代替而形成的一种语言。汇编源程序需要使用汇编程序和链接工具转化为机器代码。

高级程序设计语言与具体的计算机硬件无关,其表达方式接近于被描述的问题,易为人们所接受和掌握。用高级程序设计语言编写程序要比用低级语言容易得多,并大大简化了程序的编制和调试,使编程效率得到大幅度的提高。高级程序设计语言的显著特点是独立于具体的计算机硬件,通用性和可移植性好。高级程序设计语言编写的源程序通过解释和编译两种方式处理。解释是用解释程序对源程序逐行进行处理,边分析边执行。编译则是用编译器(编译工具)将源程序翻译成机器代码文件后,再执行。

(3)数据库管理系统

随着计算机在信息处理、情报检索及各种管理系统应用中的发展,需要处理大量数据,建立和检索大量的表格。如果将这些数据和表格按一定的规律组织起来,可以使得这些数据和表格处理起来更方便,检索更迅速,用户使用更方便,于是出现了数据库。数据库就是相关数据的集合。数据库和管理数据库的软件构成数据库管理系统。数据库管理系统既可以认为是一个系统软件,也可以认为是一个通用的应用软件,用于实现对数据库的描述、管理和维护等。

数据库管理系统有关系、层次、网状等类型。常用的数据库有 Access、MySQL、Oracle、SQL Server、MongoDB、PostgreSQL 和 DB2 等。

(4)工具软件

工具软件通常是指不同的服务程序,又称实用程序。大多数用户只要求计算机解决自己的应用问题,对计算机硬件或操作系统的特性、结构和实现过程不感兴趣。工具软件为应用程序的开发、调试、执行和维护解决共性问题或执行工作操作。常见的工具软件有诊断与维护程序、调试程序、编辑程序、装配和链接程序等。计算机系统提供的工具软件的功能和性能,在很大程度上反映了一个计算机系统的功能和性能。工具软件还有文件管理、状态修改、支持程序编写和执行、通信、分类和合并、复制和转储、远程登录等功能。

2.应用软件

应用软件是指除了系统软件以外的所有软件,是用户利用计算机及其提供的系统软件为解决各种实际问题而编制的计算机程序。由于计算机已渗透到了各个领域,因此,应用软件是多种多样的,种类极其丰富。如科学计算类,工程设计类,文字处理软件,计算机辅助设计、辅助制造和辅助教学软件、图形软件、企业管理类等。例如文字处理软件有 Word、WPS,报表处理软件有 Excel,图形软件有 AutoCAD、Photoshop,浏览器有 IE、Google Chrome,电子邮件有 Outlook、Foxmail 等。

应用软件可以是用户自己开发的,也可以是由他人开发后购买的。随着网络化、云计算的兴起,应用软件正向标准化、集成化、服务化的方向发展。

1.2 计算机系统的层次结构

1.2.1 计算机系统的多级层次结构

现代计算机是一个由十分复杂的软硬件组成的系统,从与用户直接打交道的操作系统界面开始,到人们并不与之直接打交道的计算机硬件。为了对这个系统进行描述、分析、设计及使用,人们从不同的角度提出观察计算机系统的观点和方法。常用的就是按照功能和作用把计算机系统划分为多层次结构,如图 1-4 所示。

1.数字逻辑层

第一个层次是数字逻辑层。通常所说的计算机一般是指电子数字计算机。组成电子数字计算机的主机部件(包括外设接口)主要是数字集成电路。数字集成电路包括门电路和记忆电路两大类。数字逻辑层解决的问题是:使用何种线路存储信息,使用何种线路传送信息,使用何种线路加工信息。

2.微体系结构层

第二个层次是微体系结构层。本层的任务是:为了执行指令,在计算机中设置哪些功能部件(如存储、运算、输入和输出、接口、总线和控制部件等)以及这些功能部件如何布局、连接,如何运行和协调工作。

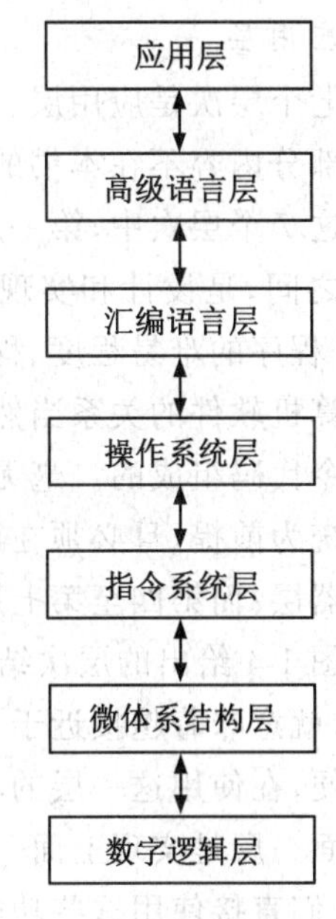

图 1-4　计算机系统的层次结构

3.指令系统层

第三个层次是指令系统层。本层的任务是:需要确定使用哪些指令、指令能够处理的数据类型和对其运算所用的算法,每一条指令的格式和完成的功能,包括如何表示要对其进行读操作或写操作的存储器的一个存储单元,如何表示要对其执行输入或输出操作的一个外部设备。

4.操作系统层

第四个层次是操作系统层。本层主要承担计算机系统中的资源管理与分配,把一些常用的功能以操作命令或系统调用的方式提供给使用者,并通过友好的界面为使用者和程序设计人员提供简单、方便和高效的服务。由此可以说,操作系统进一步扩展了原来的指令系统,提供了新的可用指令(命令),从而构成了一个比纯硬件系统功能更加强大的计算机系统。

5.汇编语言层

第五个层次是汇编语言层。该层是建立在操作系统之上的。汇编语言大体上是对计算机语言符号化处理的结果,再增加一些为方便程序设计而实现的扩展功能。与机器语言相比,汇编语言有两大优点:一是实现了用英文单词或其缩写形式替代二进制的指令代码,容易被人们记忆和理解;二是可以选用含义明确的英文单词来表示程序中用到的数据(常量和变量),避免程序设计人员为这些数据分配具体的存储单元。汇编语言依然是面向计算机硬件的。汇编语言程序必须经过一个叫作汇编程序的系统软件的翻译,将其转化为机器语言后,才能在计算机的硬件系统上执行。

6.高级语言层

第六个层次是高级语言层。该层是建立在汇编语言层次之上的。高级语言也称算法语言,和汇编语言不同,它不再过分地靠拢计算机硬件的指令系统,而是面向解决实际问题所用的算法,为程序设计人员编写程序提供了方便。目前常用的高级语言有 C、C++、C#、Java、Python 等几百种。用这些语言设计出来的程序,通常需要经过一个叫作编译程序的软件编译成机器语言程序,或者首先编译成汇编源程序,再经过汇编程序的翻译,得到机器语言程序。机器语言程序直接在计算机上运行(当然可以运行多次)而不需要编译程序和汇编程序的存在。此外,还存在另一种高级语言。任何时候,只要执行这种高级语言程序,就必须要有相应的专门针对这种高级语言的解释程序同时存在。显然,执行这种解释性高级语言程序,效率要低得多。

7. 应用层

第七个层次是应用层。该层是建立在高级语言层之上的，由解决实际问题的处理程序组成。这部分内容不在本书的讨论范围之内。

在这7个层次中，第一层和第二层应该划分到计算机硬件范围内。指令系统则介于硬件与软件之间，是设计和实现计算机硬件系统最基本和最重要的依据，与计算机实现的复杂程度、设计程序的难易程度、程序占用硬件资源的多少、程序运行的效率等都直接相关。指令系统与计算机软件的关系当然也十分密切，因为计算机上的全部软件最终都是由指令系统所提供的指令代码组成的。毫无疑问，软件系统是建立在硬件系统层次之上的，它的存在是以已有硬件系统为前提，且必须在已有硬件系统上运行。显然，第一至第三层是由硬件或固件构成的实际机器层；而第四至第七层则属于软件模拟出来的虚拟机器层。

在图1-4给出的层次结构中，上面一层的实现是建立在下面一层基础上的。实现的功能越强大，就意味着越接近于人们解决实际问题的思维方式和处理问题的具体过程，对使用人员就越方便，在使用这一层的功能时，不必关心下面一层的实现细节。

下面一层是实现上面一层的基础，更接近计算机硬件实现的细节，尽管实现的功能相对简单，但人们直接使用这些功能却感到更困难。在实现这一层的功能时，可能尚无法了解其上一层的目标和将要解决的问题，也不必理解其更下一层实现中的有关细节问题，只要使用下一层所提供的功能来实现本层的功能即可。

采用这种分层的方法来分析和解决某些问题，有利于简化处理问题的难度。在某一段时间，处理某一层中的问题时，只需集中精力解决当前最需要关心的核心问题，而不必牵扯上下层中的其他问题。

如图1-5所示，采用同心圆方式突出了计算机的逐层功能扩展的层次结构。外面的一层都是对其内层的一种功能扩展，内部的一层都是实现其外一层的基础。越靠近内层，其功能越简单，使用却更困难；越靠近外层，其功能越强大，使用却更方便。

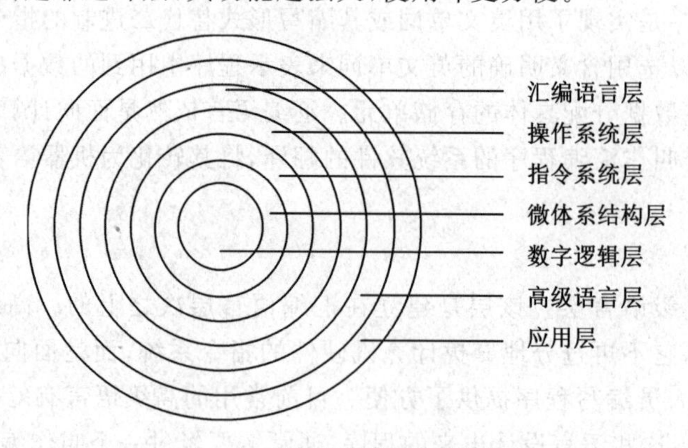

图1-5 计算机的逐层功能扩展

1.2.2 软件与硬件的逻辑等价

计算机系统以硬件为基础，通过软件扩充其功能，并以执行程序的方式实现其功能。一般来说，硬件只完成最基本的功能，而复杂的功能则通过软件实现。但是，硬件与软件之间的界面,如功能分配关系常随技术的发展而变化。有许多功能可以直接由硬件实现,也可以在硬件支持下靠软件实现,对用户来说在功能上是等价的,称为软、硬件在功能上的逻辑等价。例如乘法运算,可由硬件乘法器实现,也可在加法器与移位器支持下由乘法子程序实现。

从设计者的角度看,指令系统是硬件与软件之间的界面。硬件的基本任务是识别与执行指令代码。因此,指令系统所规定的功能一般可由硬件实现。指令系统是编程的基础(直接或间接)。如何设计指令系统,选择恰当的软、硬件功能分配,这取决于所选定的设计目标、系统的性能价格比等因素,并与当时的技术水平有关。

早期曾采用的一种技术策略是硬件软化。刚出现计算机时,人们依靠硬件实现各种基本功能,后来为了降低造价,就只让硬件实现较简单的指令系统,如加、减、移位与基本逻辑运算功能,依靠软件实现乘、除、浮点运算等更高级一些的功能。这在当时条件下导致了小型计算机的出现。小型计算机结构简单而又具有较强的功能,推动了计算机的普及与应用。

随着集成电路技术的飞速发展,可以在一块芯片上集成相当数量的功能模块,于是又出现了另一种技术策略:软件硬化。即将原来依靠软件才能实现的一些功能,改由大规模、超大规模集成电路直接实现,如浮点运算、存储管理等。这样系统将有更快的处理速度,在软件支持下具有更强的功能。

与此同时,人们又采取了另一种策略:固件化。即采用微程序控制技术使计算机的结构和硬、软件功能分配发生变化,对指令的解释和执行是通过运行微程序来实现的。利用程序设计技术和扩大微程序的容量,可以使原来属于软件级的一些功能纳入微程序一级中。微程序被固化在只读存储器中。从信息形态上讲,微程序类似于软件;从器件形态上讲,它固化在硬件芯片内;从逻辑功能上讲,它属于硬件 CPU 的范畴,因而被称为固件。固件是指那些存储在能永久保存信息的器件中的程序,具有软件功能的硬件。现在也常采用软件固化的策略,将系统软件的核心部分(如操作系统的内核、常用软件中固定不变的部分)固化在存储芯片中。从用户的角度看,它们是系统硬件(如系统板)的一部分。

如果说系统设计者必须关心软、硬件之间的界面,即哪些功能由硬件实现,哪些功能由软件实现,那么用户则更关心系统能提供哪些功能。当然,实现这些功能的途径不同,其执行速度一般也是不同的。

1.2.3　计算机的体系结构、组成和实现

计算机的体系结构(Computer Architecture)主要是研究硬件和软件功能的划分,确定硬件和软件的界面,即哪些功能应由硬件系统完成,哪些功能应由软件系统完成。

计算机的组成(Computer Organization)是依据计算机的体系结构,在确定并分配了硬件系统的概念结构和功能特性的基础上,设计计算机各部件的具体组成及它们之间的连接关系,实现机器指令级的各种功能和特性。从这个意义上说,计算机的组成是计算机体系结构的逻辑实现。为了实现相同的计算机体系结构所要求的功能,可以有多种不同的计算机组成设计方案,这是因为半导体器件性能的提高、新技术成果的面市,或者新的性价比的需求出现,都会带来计算机组成的变化。

计算机的实现(Computer Implementation)是计算机组成的物理实现。包括中央处理机、主存储器、输入/输出接口和设备的物理结构,所选用的半导体器件的集成度和速度,器件、模块、插件、底板的划分,电源、冷却、装配等技术,工业生产和系统调试等各种问题。总之,就

是把完成逻辑设计的计算机组成方案转换成真实的计算机,也就是把满足设计、运行和价格等各项要求的计算机系统真正地制造并调试出来。

1.3 计算机的特点和性能指标

1.3.1 计算机的特点

计算机的主要特点表现在以下几个方面。

1.运算速度快

运算速度是计算机的一个重要性能指标。计算机的运算速度通常用每秒执行定点加法的次数或平均每秒执行指令的条数来衡量。运算速度快是计算机的一个突出特点。计算机的运算速度已由早期的每秒几千次发展到现在的最高可达每秒亿亿次甚至更高的速度。

2.计算精度高

在科学研究和工程设计中,对计算的结果精度有很高的要求。一般的计算工具只能达到几位有效数字(如过去常用的四位数学用表、八位数学用表等),而计算机对数据的结果精度可达到十几位、几十位有效数字,根据需要甚至可达到任意的结果精度。

3.存储容量大

计算机的存储器可以存储大量数据,这使计算机具有了"记忆"功能。目前计算机的存储容量越来越大,已高达千兆数量级的容量。具有"记忆"功能,是计算机与传统计算工具的一个重要区别。

4.具有逻辑判断功能

计算机的运算器除了能够完成基本的算术运算外,还具有进行比较、判断等逻辑运算的功能。这种能力是计算机处理逻辑推理问题的前提。

5.自动化程度高,通用性强

由于计算机的工作方式是将程序和数据先存放在计算机内,工作时按程序规定的操作,一步一步地自动完成,一般无须人工干预,因而自动化程度高。这一特点是一般计算工具所不具备的。计算机通用性的特点表现在几乎能求解自然科学和社会科学中一切类型的问题,能广泛地应用于各个领域。

1.3.2 计算机的性能指标

评价计算机性能是一个复杂的问题,早期只限于机器字长、运算速度和存储容量三大指标。目前评价计算机性能时要考虑的因素有如下几个方面。

1.主频

主频是CPU时钟周期的倒数。CPU以一个固定的频率运行,其一个周期所需要的时间间隔,称为CPU时钟周期。CPI(Clock Cycles per Instruction)是某一程序或程序片段的平均运行一条指令所需要的时钟周期数。主频在很大程度上决定了计算机的运行速度,它的单位是兆赫兹(MHz)。例如Intel 8086/8088为4.77 MHz,而Pentium IV可以达到3 GHz以上。

2. 机器字长

机器字长是指计算机中参与运算的数据的基本位数。机器字长是计算机 CPU 硬件组织的基本单位，它决定着寄存器、ALU、数据总线的位数，因而直接影响着硬件成本。同时机器字长还标志着计算机的运算精度。为了适应不同应用的需要，兼顾精度和硬件成本，许多计算机都允许变字长运算。机器字长可以是 8/16/32/64/128 位（bit），例如 Intel 4008 是 8 位，Intel 8086 是 16 位，Intel 80386 和奔腾芯片都是 32 位，Intel 酷睿芯片为 64 位。

3. 运算速度

衡量计算机运算速度的早期方法是每秒执行加法指令的次数，现在通常用等效速度。等效速度由各种指令平均执行时间以及对应的指令运行比例计算得出，即用加权平均法求得。运算速度的单位是每秒百万指令（MIPS）。另外，还有利用所谓“标准程序”在不同的计算机上运行所得到的实测速度。

大中型计算机常使用每秒平均执行的指令条数（IPS）作为运算速度单位。例如 MIPS（每秒钟百万条指令）、MFLOPS（每秒钟百万个浮点运算）。微型机常用主时钟频率反应速度的快慢。如以 Intel 系列的 CPU 为核心的微机系统的时钟频率就从 4.77 MHz 直到目前的 8 GHz。

4. 主存容量

主存储器所能存储的最大信息量称为主存容量。由于 CPU 需要执行的程序和要处理的数据都存放在主存储器中，所以主存容量大，就能存入大量信息，运行比较复杂的程序，使用更完善的软件支撑环境。因此计算机的处理能力在很大程度上取决于主存容量的大小。以字节（1 Byte = 8 bit）为单位的计算机则常以字节数表示主存容量。习惯上常将 1024（2^{10}）简称为 1 K（千），1024 K（2^{20}）简称为 1 M（兆），1024 M（2^{30}）简称为 1 G（吉），1024 G（2^{40}）简称为 1 T（太），1024 T（2^{50}）简称为 1 P（皮）。

5. 可靠性

系统运行是否稳定非常重要，常用平均无故障时间（Mean Time Between Failure，MTBF）来衡量。MTBF 越大则系统越可靠。平均无故障时间是指两次故障之间能正常工作时间的平均值。假设 λ 表示单位时间内失效的元件数与元件总数的比例即失效率，则 $MTBF = 1/\lambda$。例如 $\lambda = 0.02\%/\mathrm{h}$，则 $MTBF = 1/\lambda = 5\,000\ \mathrm{h}$。

6. 可维护性

系统可维护性是指系统出了故障能否尽快恢复，用平均修复时间（Mean Time Repair Failure，MTRF）表示。平均修复时间是指从故障发生到机器修复平均所需要的时间，即计算机的维修效率。

7. 可用性

可用性（availability，简称 A）是指计算机的使用效率，它以系统在执行任务的任意时刻能正常工作的概率 A 来表示。使用了可靠性（relcability，简称 R）的 MTBP 和可维护性（serviceability，简称 S）的 MTRF，则 A 的公式如下所示。

$$A = MTBF / (MTBF + MTRF)$$

在计算机系统中称为 RAS 技术。

8. 兼容性

兼容是一个广泛的概念,指设备或程序可以用于多种系统的性能。兼容使得计算机的资源得以继承和发展,有利于计算机的推广和普及。

除此之外,评价计算机时还会看它的性价比、系统的可扩展性、系统对环境的要求以及耗电量的大小等。

1.4 计算机的发展与应用

从字面意义上讲,计算机就是能够完成数值计算的工具。这种工具随着时代的发展而发展。就中国来说,从上古结绳而治,到算盘的使用,到计算尺的使用,再到今天电子计算机的使用,经历了一个漫长的过程。电子计算机可以分为模拟的和数字的两种。

电子模拟计算机利用电的物理变化过程中连续变化的模拟量来表示数据的变化,从而实现运算。由于电子模拟计算机中处理的信息是连续变化的物理量,所以运算过程也是连续的。电子模拟计算机的特点是运算速度快,但由于受元器件精度的限制,运算精度低、信息存储困难、解题能力有限,因而只适用于特殊的场合。

电子数字计算机通过数字编码的方式来表示各类信息,通过算术运算和逻辑运算来处理各类信息。电子数字计算机中处理的信息是在时间上离散的数字量,运算过程是不连续的。电子数字计算机的特点是运算简单、精度高、信息存储容易,所以适用于各种领域。目前见到的计算机都属于电子数字计算机,又称为冯·诺依曼机。为现代计算机科学奠定了基础的最重要的代表人物是英国科学家艾兰·图灵(Alan Mathison Turing,1912—1954)和美籍匈牙利科学家冯·诺依曼(John von Neumann,1903—1957)。艾兰·图灵对现代计算机的主要贡献是:建立了图灵机(Turing Machine)理论模型,提出了定义机器智能的图灵测试(Turing Test)。冯·诺依曼的主要贡献在于提出并实现了现代计算机二进制存储程序的结构思想。

70 多年来,随着技术的发展和新应用领域的开拓,冯·诺依曼机有了许多改革,使计算机系统结构发生了很大变化,如某些计算机程序与数据分开存放在不同的存储器中,程序不允许修改,机器不再以运算器为中心,而是以存储器为中心,等等。虽然有以上这些突破,但原则上变化不大。

1.4.1 计算机发展的 5 个阶段

根据计算机所采用的物理器件不同,一般把其发展分为 5 个阶段,相邻两代之间在时间上有重叠。

1. 第一代计算机

第一代计算机从 1946 年第一台计算机 ENIAC 问世到 20 世纪 50 年代末,称为电子管时代。世界上第一台真正的全自动电子数字式计算机是 1946 年美国研制成功的 ENIAC (Electronic Numerical Integrator And Computer)。这台计算机共用了 18 000 多个电子管,占地 170 m^2,总重量为 30 t,耗电 140 kW,每秒能做 5 000 次加法运算。在 ENIAC 研制的同时,冯·诺依曼与莫尔小组研制成功 EDVAC(Electronic Discrete Variable Automatic Computer),它采用了存储程序方案。ENIAC 虽然有许多明显的不足,它的功能也远不及现在的一台普通微型计算机，但它的诞生宣告了电子计算机时代的到来。

这一代计算机的主要特点是：采用电子管作为基本器件，体积比较大，运算速度也比较低，存储容量不大，为了解决一个问题，所编制的程序也很复杂，主要应用于军事与国防尖端技术的科学计算，主要使用机器语言编程。这一时期为计算机技术的发展奠定了基础，其研究成果扩展到民用领域后，又转为工业产品，形成了计算机工业。

20 世纪 50 年代中期，美国 IBM 公司在计算机行业中崛起，1954 年 12 月推出的 IBM 650（小型机）是第一代计算机中行销最广的机器，销售量超过 1000 台。1958 年 11 月问世的 IBM 709（大型机）是 IBM 公司生产的性能最高的最后一个电子管计算机产品。

2.第二代计算机

第二代计算机是从 20 世纪 50 年代末到 60 年代末，称为晶体管时代。在这个时期，计算机的主要器件逐渐由晶体管取代了电子管，因而大大减小了体积，降低了功耗，提高了速度和可靠性，也降低了成本；在软件方面开始使用计算机高级语言，为更多的人学习和使用计算机铺平了道路。后来又采用了磁芯存储器，使运算速度得到进一步提高。这一时期的计算机不仅用于科学计算，还用于数据处理和事务处理，并逐渐用于工业控制。在这一时期，开始重视计算机产品的继承性，形成了适应一定应用范围的计算机族，这是系列化思想的萌芽，从而缩短了新机器的研制周期，降低了生产成本，实现了程序兼容，方便了新机器的使用。

1960 年控制数据公司（CDC）开始研制高速大型计算机系统 CDC 6600，并于 1964 年完成，取得了巨大成功，深受美国和西欧各原子能、航空与宇航、气象研究机构和大学的欢迎，使该公司在研究和生产高速大型机方面处于领先地位。1969 年 1 月，水平更高的超大型 CDC 7600 研制成功，平均速度达到每秒千万次浮点运算，成为 20 世纪 60 年代末 70 年代初性能最高的计算机。

第二代计算机在软件上有监控程序对计算机进行管理，并且开始使用高级语言编程。这个时期的计算机有很多种，如 IBM7030、Univac LARC 等代表机型。

3.第三代计算机

第三代计算机是从 20 世纪 60 年代中期到 70 年代前期，称为集成电路时代，这个时期的计算机采用中小规模集成电路作为基本器件，因此功耗、体积、价格等进一步下降，而运算速度及可靠性相应地提高，为计算机进一步的小型化、微型化提供了良好的条件，促使计算机的应用进一步扩大了范围。这一时期的计算机不仅用于科学计算，还用于文字处理、企业管理和自动控制等领域，出现了计算机技术与通信技术相结合的管理信息系统，用于生产管理、交通管理和情报检索等领域。

IBM 360 系统是最早采用集成电路的通用计算机，也是影响最大的第三代计算机。在 1964 年宣布 IBM 360 系统时就有大、中、小型等 6 个计算机型号，平均运算速度从每秒几千次到一百万次。它的主要特点是通用化、系列化和标准化。

所谓通用化，是指指令系统丰富，兼顾科学计算、数据处理和实时控制 3 个方面。所谓系列化，是指 IBM 360 各档计算机采用相同的系统结构，即在指令系统、数据格式、字符编码、中断系统、控制方式以及输入/输出操作方式等方面保持一致，从而保证了程序兼容。所谓标准化，是指采用标准的输入/输出接口，因而各个机型的外部设备是通用的，存储器也是通用的，只有各个型号的 CPU 是独立设计的。

4. 第四代计算机

第四代计算机是从20世纪70年代到90年代前期,称为大规模集成电路时代。半导体存储器问世后,迅速取代了磁芯存储器,并不断向大容量、高速度方向发展。此后,存储器芯片的集成度大体上每3年翻两番,价格平均每年下降30%,同时逻辑电路也在相应地高速发展。这个时期的计算机在结构上有了很大的变化,在性能上有了很大的提高。

在这一时期,微细加工技术的发展、超净环境的实现,以及超纯材料的研制成功均推动着超大规模集成技术的发展,于是出现了基于这种技术的微型计算机、单片机等。

在硬件发展的同时,这一代的计算机软件也在飞速发展,出现了许多著名的操作系统,如DOS、Windows、UNIX等。

这一时期出现了一些典型的计算机,如IBM 3090、VAX 9000等。而这一时期应用最多也是最广的还是个人微型计算机,如IBM PC、苹果机等。

5. 第五代计算机

从1991年开始,进入了计算机发展的第五代,即采用超大规模、超高速集成电路构成的计算机,称为超大规模集成电路时代。在结构上,计算机已从单处理器向多处理器发展,即使是微型计算机也采用多核处理器,常见的是双核处理器和四核处理器。用多核处理器构成的计算机可获得很高的性能。此前英特尔公司做出的一块芯片中内含80个核的多核处理器,用这样一块80核处理器芯片构成的计算机的运算速度已超过每秒1万亿次。

可以想象,若用几百、几千甚至上万块双核(或更多核)处理器芯片构成一台计算机,如集群系统,那么该计算机的性能将是非常高的。例如,目前用这种思路做出来的计算机,其运算速度可达到每秒1600万亿次。

第五代计算机不仅在速度等性能上不断提高,而且也更加人性化,包括能听、会看、会说等。第五代计算机的发展必定对软件提出更高的要求,因此也必然会促使包括操作系统、应用软件等在内的各种软件的快速发展。

计算机的应用有力地推动了国民经济的发展和科学技术的进步,同时也对计算机技术提出了更高的要求,从而促进了计算机技术的进一步发展。一方面,以超大规模集成电路为基础,未来的计算机将向巨型化、微型化、网络化与智能化的方向发展。其中"巨型化"并非指计算机的体积大,而是指计算机的运算速度更快、存储容量更大、功能更强。另外一方面,新一代计算机将基于更新的光电子元件、超导电子元件或生物电子元件。光电子计算机由于传输的是光信号,其处理速度将得到大大提高,体积也会更小;超导器件功耗极低,散热极少,其集成度是任何半导体芯片都无可比拟的;而生物计算机则利用遗传工程学,以生物化学反应模拟人体的机能处理大量复杂信息。

1.4.2 摩尔定律

1965年4月,《电子学》杂志刊登了戈登·摩尔(Gordon Moore)撰写的一篇文章。戈登·摩尔当时是仙童半导体公司研发部门的主管。文章讲述了他如何将50个晶体管集成在一块芯片中,并且预言,到1975年,就可能将6.5万个这样的元器件集成在一块芯片上,制成高度复杂的集成电路。

当时,集成电路问世才6年,摩尔的预测听起来不可思议。但那篇文章的核心思想——预测集成电路芯片内可集成的元器件差不多每年可增加一倍——在后来的技术发展过程中被证明是正确的。现在,人们根据几十年走过的技术历程将“摩尔定律”描述为:集成电路芯片的集成度每18个月翻一番。经过了40多年,摩尔定律到今天依然有效,而且许多人确信该定律在未来很多年内仍将成立。

摩尔的预言对他本人,对整个社会而言都是意义深远的。后来摩尔与他人共同成立了Intel公司,并通过他所开创的技术创造了无数的财富。

摩尔定律并不是一个物理定律(定律是放之四海而皆准的),而是一种预言,它鞭策工业界不断地改进,并努力去实现它。从根本上讲,摩尔定律是一种自我激励的机制,它让人们无法抗拒,并努力追赶。从人们认识摩尔定律开始,无论是Intel公司、Motorola公司还是其他的半导体器件公司,无一不是在不断地努力去实现摩尔定律,不断地推出集成度更高的产品。在20世纪90年代中期,英特尔公司利用350 nm技术制造出集成度达120万的80486。但很快,线宽就逐渐发展到250 nm、180 nm、130 nm、90 nm、65 nm、21 nm、10 nm、7 nm和5 nm。2018年华为公司利用7nm技术制造出集成6个核的麒麟芯片。今天,半导体工业界已经可以用7nm的生产线制造处理器、DRAM等器件。根据摩尔定律,芯片的集成度还会迅速提高。有人曾经说过,集成度提高100倍,则相对价格可以降低为原来的百分之一,性能可提高100倍,可靠性也可以提高100倍。当然,也许不一定是100倍,但是,随着集成度的提高,集成电路的性能及可靠性会大大提高,价格会大大降低,这是毋庸置疑的。正是摩尔定律使计算机获得了日新月异的发展。

归根结底,50多年的实践证明摩尔定律有利于工业的发展及人类的需求。如果按照旧有方式制造电路板,即将晶体管、电阻器和电容器安装在电路板上构成电子设备,那么个人计算机、移动电话、计算机辅助设计等都是不可能问世的。

纳米技术的出现使得半导体工业向制造分子级电子设备的目标迈进了一大步。研究显示,碳纳米管在性能上不会逊色于硅晶体管,因为它们的体积要小得多,所以有很大希望成为将来纳米电子技术的基础。纳米技术的前景非常广阔,这样的技术会使摩尔定律得以延续。

1.4.3 计算机的分类

按计算机的用途分,可分为专用计算机和通用计算机。专用计算机和通用计算机的基本工作原理是一样的,但专用计算机往往应用于某个专门领域或某种专项应用,其速度快、效率高、经济,但适应性很差。通用计算机则可以适应各种应用领域,是应用广泛的一类计算机,本书的讨论也以此为基础。

通用计算机是计算机工业中价值比重最大的产品,其中以IBM 370的影响最大,它是在与IBM 360系统兼容的前提下进行了改进的产品。

按计算机的规模分,通用计算机可以分为巨型机、大型机、中型机、小型机、微型机(微机)、工作站和单片机等类型。

巨型机有很高的运算速度和很大的存储容量,适用于现代科学技术,尤其是国防技术发展的需要,一般的大型通用计算机在这类领域是不能满足其要求的。其中名望最高的要算Cray—1巨型机,向量运算速度达每秒8 000万次。1983年研制成功的Cray X—MP,其向量运算速度达每秒4亿次。同时研制成功的CDC公司的CYBER 205每秒可进行4亿次浮点运算。这些都是20世纪80年代初期水平最高的巨型机。然而这些成就依然不能满足解决一些复杂问题的需要,所以不少国家一直在进行性能更高的巨型机的研究工作。

小型机的规模小、结构简单,所以设计试制周期短,便于及时采用先进工艺,生产量大,硬件成本低;软件比大型机简单,所以软件成本也低。再加上易操作、易维护和可靠性高等特点,使得管理机器和编制程序都比较简单,因而得以迅速推广,掀起了一个计算机普及应用的浪潮。DEC公司的PDP-11系列是16位小型机的代表,到20世纪70年代中期32位高档小型机开始兴起,DEC公司的VAX11/780于1978年开始生产,应用范围极为广泛。VAX11系列与PDP-11系列是兼容的。小型机的出现打开了在控制领域应用计算机的局面,许多大型分析仪器、测量仪器、医疗仪器使用小型机进行数据采集、整理、分析、计算等。应用于工业生产上的计算机除了进行上述工作外,还可进行自动控制。

微型机的出现与发展掀起了计算机大普及的浪潮。利用4位微处理器Intel 4004组成的MCS-4是世界上第一台微型机,于1971年问世。1974年4月发布8位微处理器Intel 8080;Intel 8086是最早开发成功的16位微处理器(1978),以后开发的Intel 8088、Intel 80286、与Intel 8086兼容。1981年后,32位微处理器相继问世,比较著名的32位微处理器有Intel 80386、Motorola 68020和Motorola 68030等。Intel 80386片内集成了27.6万个晶体管,Motorola 68030片内集成了30万个晶体管。1990年Intel 80486和Motorola 68040推向市场,其集成度达到120万个晶体管。与原来的产品相比较,除了提高主频速度外,还将原芯片外的有关电路集成到片内。32位微处理机采用过去大中型机所采用的技术,因此用它构成的微型机的系统性能可达20世纪70年代大中型机的水平。70年代后期兴起个人计算机(一种独立微型机系统)热潮,最早出现的是Apple公司的Apple Ⅱ微型机(1977年),此后各种型号的个人计算机纷纷出现。1981年一向以生产大中型通用计算机为主的IBM公司推出了IBM PC,后来又推出了扩充性能的IBM PC/XT、IBM PC/AT以及386、486和Pentium(586,奔腾)等多种机型,由于具有设计先进、软件丰富、功能齐全、价格便宜等特点,很快成为微型机市场的主流,国内外有很多厂家相继生产了与IBM公司的产品兼容的个人计算机。

工作站是20世纪80年代兴起的面向广大工程技术人员的计算机系统,一般具有高分辨率显示器、交互式的用户界面和功能齐全的图形软件。开始集中应用于各种工程方面的计算机辅助设计,如集成电路设计、机械设计、土木建筑设计等。1980年成立的Apollo公司和1982年成立的Sun微机系统公司主要从事工作站的研制与生产工作。工作站开始都采用Motorola公司的微处理器芯片,后来改用RISC(精简指令系统计算机)微处理器。由于工作站出现得比较晚,一般都带有网络接口,并采用开放式系统结构,即将计算机的软、硬件接口公开,以鼓励其他厂商、用户围绕工作站开发软、硬件产品。同时尽量遵守国际工业界流行的标准。

单片机是只用一片集成电路做成的计算机,在各种家用电器和各类控制系统中有广泛应用。

1.4.4 计算机网络

计算机技术与通信技术的结合便产生了计算机网络,这是计算机技术和通信技术发展的必然结果,因为它适应了高度社会化生产和科技发展的需要。计算机网络最初是将地理位置分散的多个终端通过通信线路连接到一台中央处理机,组成以单台计算机为中心的联机系统。多个用户在自己的办公室中使用终端输入程序,通过通信线路连接到中心计算机,分时访问和使用中心计算机的资源进行信息处理,处理结果再通过通信线路回送用户终端显示或打印。这类系统实际上是一种分时多用户(终端)系统,它采用集中控制方式,中心计算机是整个系统的控制及处理中心,通常把这类系统叫作以单台计算机为中心的联机系统,或称面向终端的联机(网络)系统,是计算机网络的雏形。这类联机系统主要用于库存管理系统、银行业务系统、飞机订票系统、情报检索系统以及气象观察系统等。

1969 年年底,美国国防部高级计划研究局建成了 ARPANET 实验室,标志着现代意义上的计算机网络的诞生。建网之初,ARPANET 只有 4 个结点。两年后,建成 15 个结点,进入工作阶段。此后,ARPANET 的规模不断扩大。20 世纪 70 年代后期,它的网络结点超过 60 个,拥有 100 多台主机,地理范围跨越美洲大陆,连接了美国东部和西部的许多大学和科研机构,又通过卫星与夏威夷和欧洲等地区的计算机网络相连接。现代意义上的计算机网络的主要特征是:实现了计算机与计算机之间的通信,这样的系统被称为计算机互联网络;将网络系统分为通信子网与资源子网两部分,网络以通信子网为中心,处于网络内层,只负责全网的通信控制,资源子网处于网络外层,向网络提供可以共享的资源;使用主机的用户,通过通信子网共享资源子网的资源。

伴随微型机的发展而飞快发展起来的网络是局域网。局域网以微型机为主要建网对象,可以说是专为微型计算机而设计的网络系统,大量微型机相互通信,共享外部设备、数据信息和应用程序。显然,局域网是局部某一范围内的计算机网络,是专为一个公司、一家工厂、一所学校或一个部门服务的,因此常常为某一单位所独有。

1986 年,ARPANET 正式分成两大部分:美国国家基金会资助的 NSFNET 和军方独立的国防数据网。由于美国国家基金会的支持,许多地区和院校的网络开始使用 TCP/IP 和 NSF-NET 连接,Internet 作为使用 TCP/IP 连接的各个网络总称被正式使用。

计算机和计算机网络将会继续高速向前发展,以便适应高速发展的信息化社会的需求。目前,计算机孤岛几乎已不复存在。绝大多数单位的计算机都连接在各自单位的局域网上,然后整个局域网通过一台服务器与 Internet 连接。家庭的计算机一般通过拨号或 ADSL 方式接入 Internet。如果本地有数量比较大的多用户主机或者多台主机已经连接成一个广域网,可以利用路由器把上述网络作为一个子网连接到一台已经在 Internet 上的主机,使整个子网上的用户都可以使用 Internet。在 Internet 上传递的信息内容和方式可以说是五彩缤纷,促使人类社会的各个方面都在发生着革命性的变化。计算机的发展将和计算机网络的发展紧密地联系在一起,计算机的应用将和计算机网络的应用紧密地联系在一起。

本章小结

计算机是由软件和硬件组成的系统。计算机硬件是基本上与冯·诺依曼结构的体系系统符合,是由运算器、控制器、存储器、输入设备和输出设备组成。程序和数据存储在内存中,依赖控制器的程序计数器,实现了“程序存储,自动执行”快速计算装置。冯·诺依曼结构前期是以控制器为中心，后期以存储器为中心。在计算机系统中运算器和控制器通常封装在一起构成中央处理器(CPU)。CPU、内存和输入/输出控制器是通过总线互联的，节省了各个部件相互通信协作的成本。总线分为地址总线、数据总线和控制总线三类，是计算机各个部件共享的通路。

计算机系统是一个分层次的体系结构，从基本数字逻辑部件为基础，构建了微指令系统，即 CPU 的控制器实现的层次，CPU 的功能体现在其指令系统上，这是计算机系统的硬件 3 个层次。计算机软件不能直接在计算机硬件上运行，需要依靠操作系统实现了计算机软硬件资源的统一管理，协调多个用户作业并行运行，提高了资源使用效率。操作系统是计算机软件层和硬件层的分界线和合作层。操作系统之上是汇编语言的程序开发层，是面对特定的 CPU 指令系统的符号编程，程序运行效率高，但是可移植性、可读性、可维护性不好。从而出现了高级语言层，完全脱离了特定计算机硬件的程序设计，软件开发效率高。最上面一层是应用层，由各类应用软件组成。在计算机系统结构中，软件和硬件具有等价性，即根据功能的需要，采用软件或硬件实现。不同的层次，也为计算机系统的设计提供了基础。

计算机具有运算速度快、计算精度高、存储容量大、逻辑判断功能、自动化程度高和通用性强等主要特点。所以计算机的应用范围特别广泛，已经成为经济社会发展的必要组成部分。评价计算机性能好坏的指标主要有计算机的主频、机器字长、运算速度、主存容量，还有可靠性、可维护性、可用性以及兼容性等。

按照物理器件的不同，计算机的发展分为五个阶段：电子管时代、晶体管时代、集成电路时代、大规模集成电路时代和超大规模集成电路时代。从集成电路时代开始，CPU 的发展符合摩尔定律：集成电路芯片的集成度每 18 个月翻一番，促使着半导体产业的发展，促进了 CPU 设计、制造业的发展。计算机按照规模分为大型机、中型机、小型机、工作站、微型机、嵌入式计算机或单片机，本教程讲述的计算机是通用计算机，一般不涉及特定的型号。随着计算机网络、互联网、移动通信网络的发展，计算机不再是一个孤立的计算结点，基本上都是通过计算机网络互连互通，共享资源，协同完成工作。

习题

1. 画出冯·诺依曼结构的计算机体系，并阐述各个部件的功能。
2. 试述计算机是如何实现自动执行的。
3. 查阅资料，了解冯·诺依曼对计算机发展的历史贡献。
4. 总线在计算机结构起到的作用是什么？
5. 试述计算机软、硬件在功能上的逻辑等价概念。
6. 简述计算机的工作特点。
7. 说明硬件软化的概念和软件硬化的概念。
8. 计算机的性能指标有哪些？
9. 试述 CPU 和 GPU 有什么异同。
10. 试述计算机的发展历史。

11. 什么是摩尔定律？
12. 计算机网络对计算机结构带来什么影响？
13. 什么是多核 CPU、多路 CPU 主机？它们有什么区别？
14. 什么是虚拟机？在计算机组成中通常分为几层虚拟机？
15. 试说明操作系统在整个计算机软件中的地位和作用。
16. 试述计算机结构的新发展趋势。

第2章 运算方法和运算器

本章导读

计算机中的数据分为两大类:数值型和非数值型数据。数值型数据用来表示具有数量的信息,数的各位之间有进位关系,如整数、浮点数。非数值型数据主要是字符、汉字和图像信息。这两类数据只能用“0”和“1”组成的数串来表示。本章给出数值型数据运算的硬件设计基础。

本章要点

- 定点原码、反码、补码的加/减法运算
- 定点补码的加法器,乘除运算器
- 浮点运算方法和浮点运算器
- 字符和汉字编码

2.1 定点数的表示方法

计算机中所有的数据都是用二进制(Binary)来表示的,这种用二进制编码表示的数据称为机器数,与机器数对应的是人们直接使用的实际数据值称为真值。数值型数据分为有符号数和无符号数两种。通常用“0”表示正号,用“1”表示负号,机器数的最高位作为符号位。无符号数是指没有正负号的正整数,二进制数串的全部数位都用来表示数值的大小。

2.1.1 数制及其转换

数制是用一组固定的数字和一套统一的规则来表示数值的方法。按照进位方式计数的数制称为进位计数制。例如十进制的“逢十进一”,二进制则是“逢二进一”等。

在采用进位计数的数字系统中,如果只使用 r 个基本数码(0、1、2、…、$r-1$)表示数值,则称为基 r 的数制(Radix-r Number System)。其中 r 称为基数,数串中每一个固定位置对应的单位值为权。例如 r 进制数码串为($a_n a_{n-1} \cdots a_i \cdots a_2 a_1 a_0$),记为$(a_n a_{n-1} \cdots a_i \cdots a_2 a_1 a_0)_r$ 形式,数码 a_i 的权为 r^i,任何一种 r 进制中权值恰好是 r 的 i 次幂;对应的十进制数为 N。

$$(N)_{10} = (a_n a_{n-1} \cdots a_i \cdots a_2 a_1 a_0)_r$$

按权展开,可以把 r 进制数转换为十进制数:

$$N = a_n \times r^n + a_{n-1} \times r^{n-1} + \cdots + a_i \times r^i + \cdots + a_2 \times r^2 + a_1 \times r^1 + a_0 \times r^0$$

二进制、十六进制数转换为十进制数见表 2-1。

表 2-1　二进制、十六进制数转换为十进制数

二进制	十进制	十六进制
0 0 0 0	0	0
0 0 0 1	1	1
0 0 1 0	2	2
0 0 1 1	3	3
0 1 0 0	4	4
0 1 0 1	5	5
0 1 1 0	6	6
0 1 1 1	7	7
1 0 0 0	8	8
1 0 0 1	9	9
1 0 1 0	10	A
1 0 1 1	11	B
1 1 0 0	12	C
1 1 0 1	13	D
1 1 1 0	14	E
1 1 1 1	15	F

对于纯小数的 r 进制数串为($b_1 b_2 \cdots b_i \cdots b_{m-1} b_m$)，小数点在 b_1 之前，数码 b_i 的权为 r^{-i}，任何一种 r 进制中权值恰好是 r 的 $-i$ 次幂；对应的十进制数为 N。

$$N = b_1 \times r^{-1} + b_2 \times r^{-2} + \cdots + b_i \times r^{-i} + \cdots + b_{m-1} \times r^{-(m-1)} + b_m \times r^{-m}$$

二进制小数转换为十进制数见表 2-2。

表 2-2　二进制小数转换为十进制数

二进制小数	十进制小数	二进制小数	十进制小数
0.1000	$2^{-1}=0.5$	0.1100	$2^{-1}+2^{-2}=0.75$
0.0100	$2^{-2}=0.25$	0.1110	$2^{-1}+2^{-2}+2^{-3}=0.875$
0.0010	$2^{-3}=0.125$	0.1111	$2^{-1}+2^{-2}+2^{-3}+2^{-4}=0.9375$
0.0001	$2^{-4}=0.0625$		

把十进制整数转换为 r 进制数采用辗转相除取余法，即将十进制数不断除以 r 取余数，直到商为 0 为止，余数从下到上排列即为 r 进制数值，切记首次取得的余数为最低位。把十进制小数转换为 r 进制采用乘 r 取整法，即将十进制数的小数部分不断乘以 r 取整数部分的数码，

直到小数部分为0或达到要求的精度为止(小数部分可能永远不会得到0),得到的数码从上到下排列即为 r 进制数值,切记首次取得的整数部分数码为最高位。

例 2-1　将 $(116.345)_{10}$ 转换为二进制数。

为了转换的方便,把 $(116.345)_{10}$ 分为 $(116)_{10}$ 的整数部分和 $(0.345)_{10}$ 的小数部分分别进行转换:

整数部分

除数	被除数/商	余数
2	116	0
	58	0
	29	1
	14	0
	7	1
	3	1
	1	1
	0	

小数部分

运算	整数位
0.345 × 2 = 0.690	0
0.690 × 2 = 1.380	1
0.380 × 2 = 0.760	0
0.760 × 2 = 1.520	1

转换结果为 $(116.345)_{10} = (1110100.0101)_2$。

计算机常用的进制不仅有二进制,还有八进制(Octal)和十六进制(Decimal)。十六进制数码为0、1、2、3、4、5、6、7、8、9、A、B、C、D、E、F。二进制数与八进制、十六进制之间的转换非常方便。以小数点为基准,二进制整数部分从右向左三位一组一组地进行分割,不够位的在前面补0,然后把三位二进制转换为一位八进制数即可;二进制小数部分从左向右三位一组一组地进行分割,不够位的在后面补0,然后把三位二进制转换为一位八进制数码即可。对于二进制转换为十六进制,则是按照四位一组进行划分的,类似八进制的转换。八进制转为二进制时可直接把每个数码转换为三位的二进制,十六进制转换为二进制直接把每个数码转换为四位二进制即可。例如 $(116.345)_{10} = (1110100.0101)_2$ 的八进制、十六进制的转换:

$$(1110100.0101)_2 = (\underline{001}\ \underline{110}\ \underline{100}.\underline{010}\ \underline{100})_2 = (164.24)_8$$

$$(1110100.0101)_2 = (\underline{0111}\ \underline{0100}.\underline{0101})_2 = (74.5)_{16}$$

从例2-1可以看出,机器数的二进制数串比较长,书写时非常容易出错。在计算机设计或微型计算机原理中,经常把二进制数转换成八进制或十六进制的形式。

数值型数据分为定点数和浮点数两种。带符号定点数在计算机中数值化表示方法通常有原码、补码和反码三种。为了能正确区分真值和各种机器数,本书用 X 表示真值,$[X]_{原}$ 表示原码,$[X]_{补}$ 表示补码,$[X]_{反}$ 表示反码。

2.1.2　原码表示

原码表示法是一种简单、直观的机器数表示方法,最高位是符号位,其余有效值部分则用二进制绝对值表示。为了描述方便,分为定点小数和定点整数原码两个部分。设 $[X]_{原}$ 为二进制数 $X_sX_1X_2\cdots X_n$,数值部分为 $X_1X_2\cdots X_n$ 共计 n 位二进制;最高位为符号位 X_s,符号位为0表示该数为正,符号位为1表示该数为负。

1. 定点小数的原码

X 为纯小数 $\pm 0.X_1X_2\cdots X_n$,则 $[X]_{原} = X_s.X_1X_2\cdots X_n$ 定义为:

$$[X]_{原}=\begin{cases}X & 1>X\geqslant 0\\ 1-X=1+|X| & 0\geqslant X>-1\end{cases}$$

纯小数 X 的原码的小数点位置固定在符号位 X_s 之后，X_1 之前，所以称为定点小数的原码表示。因为位置固定，所以可以采用隐含约定，小数点不需要真正占据一个二进制位，即 $[X]_{原}=X_s X_1 X_2\cdots X_n$。真值 0 既可以为正数，则 $[+0.00\cdots0]_{原}=0.00\cdots0$；也可以为负数，则 $[-0.00\cdots0]_{原}=1.00\cdots0$，所以真值 0 有两种表示方式。

例 2-2　求 $X_1=+0.1101$ 和 $X_2=-0.1101$ 的原码，其中若计算机的字长为 5 位。

$$[X_1]_{原}=[+0.1101]_{原}=X_1=0.1101$$

$$[X_2]_{原}=[-0.1101]_{原}=1-X_2=1-(-0.1101)=1+0.1101=1.1101$$

如果机器字长为 $n+1$ 位，那么定点小数的原码中一个符号位 X_s，n 个真值位 $X_1\ X_2\cdots X_n$。定点小数表示范围如图 2-1 所示。

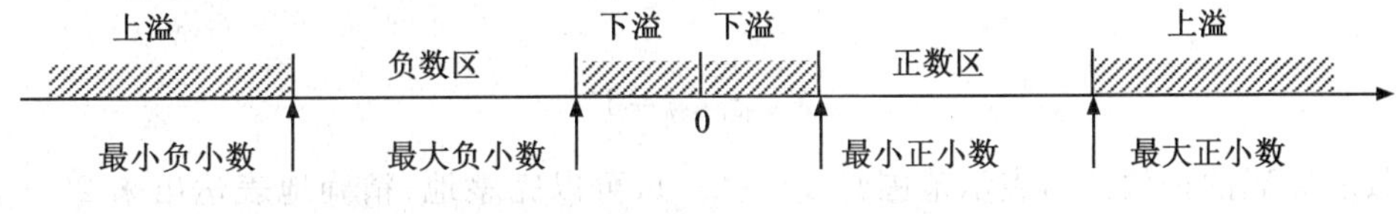

图 2-1　定点小数的原码表示范围

①当 $X_s=0$，n 个数值位全为 1 时，X 值为最大正小数，其真值为：

$$X_{最大正小数}=1-2^{-n}$$

②当 $X_s=0$，n 个数值位前 $n-1$ 位全为 0 时，最后一位 X_n 为 1，X 值为最小正小数，其真值为：

$$X_{最小正小数}=2^{-n}$$

纯小数的原码的正数区的表示范围是 $2^{-n}\sim1-2^{-n}$，但是不能表示出该区域中无穷个的小数，只能表示以 2^{-n} 为基本单位的纯小数，共计 2^n-1 个正的纯小数。

③当 $X_s=1$，n 个数值位全为 1 时，X 值为最小负小数，其真值为：

$$X_{最小负小数}=-(1-2^{-n})$$

④当 $X_s=1$，n 个数值位前 $n-1$ 位全为 0 时，最后一位 X_n 为 1，X 值为最大负小数，其真值为：

$$X_{最大负小数}=-2^{-n}$$

纯小数的原码的负数区的表示范围是 $-(1-2^{-n})\sim-2^{-n}$，只能表示 2^n-1 个负的纯小数。所以字长为 $n+1$ 位的机器，原码定点小数的表示范围简化为 $-(1-2^{-n})\sim1-2^{-n}$。

2. 定点整数的原码

X 为定点整数 $\pm X_1X_2\cdots X_n$，则 $[X]_{原}=X_sX_1\ X_2\cdots X_n$。定义为：

$$[X]_{原}=\begin{cases}X & 0\leqslant X<2^n\\ 2^n-X=2^n+|X| & -2^n<X\leqslant 0\end{cases}$$

整数 X 的原码的小数点位置固定在 X_n 之后，采用隐含约定，不需要占用二进制位，所以称为定点整数的原码表示。真值 0 既可以为正数，则 $[+00\cdots0]_{原}=000\cdots0$；也可以为负数，则 $[-00\cdots0]_{原}=100\cdots0$，所以真值 0 有两种表示方式。

例 2-3 求 $X_3=+1101$ 和 $X_4=-1101$ 的原码，其中若计算机的字长为 5 位。

$$[X_3]_{原}=[+1101]_{原}=X_3=01101$$

$$[X_4]_{原}=[-1101]_{原}=2^4-X_4=10000-(-1101)=10000+1101=11101$$

如果机器字长为 $n+1$ 位，那么定点小数的原码中一个符号位 X_s，n 个真值位 $X_1\ X_2\cdots X_n$。定点整数表示范围：

①当 $X_s=0$，n 个数值位全为 1 时，X 值为最大正整数，其真值为：

$$X_{最大正整数}=2^n-1$$

②当 $X_s=0$，n 个数值位前 $n-1$ 位全为 0 时，最后一位 X_n 为 1，X 值为最小正整数，其真值为：

$$X_{最小正整数}=1$$

整数的原码的正数区的表示范围是 $1\sim2^n-1$，可以完整地、精确地表达出来 2^n-1 个正整数。

③当 $X_s=1$，n 个数值位全为 1 时，X 值为最小负整数，其真值为：

$$X_{最小负整数}=-(2^n-1)$$

④当 $X_s=1$，n 个数值位前 $n-1$ 位全为 0 时，最后一位 X_n 为 1，X 值为最大负整数，其真值为：

$$X_{最大负整数}=-1$$

所以字长为 $n+1$ 位的机器，原码定点整数的表示范围是 $-(2^n-1)\sim2^n-1$。例如字长为 8 位的 Intel 8080，定点整数的原码表示范围为 $-(2^7-1)\sim2^7-1$，即 $-127\sim+127$ 之间的整数。

3.原码的特点

①原码表示直观、易懂，与真值的转换容易。

②无论是纯小数或者纯整数，真值 0 都有两种不同的表示形式，给应用带来不便。

③用原码实现乘除的规则简单，实现加减不方便，需要首先判断两个数的符号，再比较真值的大小，最后才能决定如何运行。

2.1.3 补码表示

原码的加减法复杂，为了简化其运算，提出一个补码表示法。补码的表示基于模的概念，采用同余用加法实现减法运算。

1.模与同余

模是指一个计数器的计数容量，可用 M 表示。例如计量时间的时分秒指针形式钟表，以 12 小时为循环计数，$M=12$，11 时再过 1 小时，则变为 0 时。$n+1$ 位二进制计数器的模为 2^{n+1}，例如 8 位二进制计数器，表示范围是 0～255，当计数器从 0 计到 255 之后，再加 1，计数值又变为 0，则模 $M=2^8$，即 $M=256$。

同余是指两个整数 a 和 b，用同一正整数 M 去除（整除 mod），所得余数相等，则称 a 和 b 对模数 M 是同余的，也可以称 a 和 b 在以 M 为模时是相等的，记为：$a \equiv b(\text{mod } M)$

例：$3 \equiv 15(\text{mod } 12)$　　　$-7 \equiv 5(\text{mod } 12)$

利用模和同余的概念，在算术运算时可以把减法转化为加法。例如钟表现在为 5 时，与北京时间相比快了 2 h，把时针从 5 时调整为 3 时有两种方法：

将时针倒拨 2 格（2 h）：$5-2=3$

将时针正拨 10 格（10 h）：$5+10=15 \equiv 3(\text{mod } 12)$

从而可得：$5-2 \equiv 5+10(\text{mod } 12)$。可见，只要确定了模，就可以找到一个与负数等价的正数，而这个正数可以用模加上负数本身求得，这样就可以把减法运算用加法实现了。

例 2-4　求无符号的八位二进制数 $A=(10001001)_2$ 减去 $B=(01010011)_2$ 的值。

$$A-B=(10001001)_2-(01010011)_2=(00110110)_2$$

$$M=2^8=(100000000)_2$$

$$M-B=(100000000)_2-(01010011)_2=(10101101)_2$$

$$A+(M-B)=(10001001)_2+(10101101)_2=(100110110)_2(\text{mod M})=(00110110)_2$$

2. 补码的定义

任意一个正数 X 的补码为 $[X]_补=X$；任何一个负数 X 的补码，等于该数加上其模数 M，即：

$$[X]_补=M+X \quad (\text{mod } M)$$

如果 X 为正数，则正数的补码和原码表示相同；如果 X 为负数，则将负数的原码除符号位其余的各位取反，末位再加上 1。另外一种便捷方式为：负数的原码除符号位外，从右向左寻找到第一个 1，前面的所有数值二进制位取反，也是负数 X 的补码。

3. 定点小数的补码

X 为纯小数 $\pm 0.X_1X_2\cdots X_n$，则 $n+1$ 位的补码 $[X]_补$ 定义为：

$$[X]_补=\begin{cases} X & 0 \leqslant X < 1 \\ 2+X=2-|X| & -1 \leqslant X < 0 \end{cases} \quad (\text{mod } 2)$$

例 2-5　已知二进制数 $X=+0.10110$，$Y=-0.10110$，$Z=-1$，若计算机的字长为 8 位，求 X、Y 和 Z 的原码及补码。

$$[X]_原=0.1011000, [X]_补=0.1011000, [Y]_原=1.1011000, [Y]_补=1.0101000$$

-1 的定点小数的原码不存在，$[Z]_补=1.0000000$

如果机器字长为 $n+1$ 位，那么定点小数的补码中一个符号位 X_s，n 个数值位 $X_1\ X_2\cdots X_n$。定点小数表示范围：

①当 $X_s=0$，n 个数值位全为 1 时，X 值为最大正小数，其真值为：

$$X_{最大正小数}=1-2^{-n}$$

②当 $X_s=0$，n 个数值位前 $n-1$ 位全为 0 时，最后一位 X_n 为 1，X 值为最小正小数，其真值为：

$$X_{最小正小数}=2^{-n}$$

纯小数的补码的正数区的码值和原码相同,表示范围都是 $2^{-n}\sim1-2^{-n}$,且只能描述 2^n-1 个正的纯小数。

③当 $X_s=1$,n 个数值位全为 0 时,X 值为最小负小数,其真值为:

$$X_{最小负小数}=-1$$

④当 $X_s=1$,n 个数值位全为 1 时,则 X 值为最大负小数,其真值为:

$$X_{最大负小数}=-2^{-n}$$

纯小数的补码的负数区的表示范围是 $-1\sim-2^{-n}$,只能表示 2^n 个负的纯小数。定点小数的补码的负数区表示的小数个数比正数区多一个,即 -1。

所以机器字长为 $n+1$ 位的机器,补码定点小数的表示范围是 $-1\sim(1-2^{-n})$。

4.定点整数的补码

X 为纯整数 $\pm X_1X_2\cdots X_n$,其 $n+1$ 位的补码$[X]_补$定义为:

$$[X]_补=\begin{cases}X & 0\leqslant X<2^n\\ 2^{n+1}+X & -2^n\leqslant X<0\end{cases}\qquad(\text{mod }2^{n+1})$$

例 2-6　已知二进制数 $X=+0110110$,$Y=-1100110$,$Z=-2^7$,若计算机的机器字长为 8 位,求 X、Y 和 Z 的原码及补码。

$$[X]_原=00110110,[X]_补=00110110,[Y]_原=11100110,[Y]_补=10011010$$

-2^7 的定点整数的原码不存在,但是补码存在,$[Z]_补=10000000$

如果机器字长为 $n+1$ 位,那么定点小数的补码中一个符号位 X_s,n 个数值位 X_1 $X_2\cdots X_n$。定点小数表示范围:

①当 $X_s=0$,n 个数值位全为 1 时,X 值为最大正整数,其真值为:

$$X_{最大正整数}=2^n-1$$

②当 $X_s=0$,n 个数值位前 $n-1$ 位全为 0 时,最后一位 X_n 为 1,X 值为最小正整数,其真值为:

$$X_{最小正整数}=1$$

整数的补码的正数区和原码的表示范围相同,都是 $1\sim2^n-1$,都可以完整地、精确地表达出来 2^n-1 个正整数。

③当 $X_s=1$,n 个数值位全为 0 时,X 值为最小负整数,其真值为:

$$X_{最小负整数}=-2^n$$

④当 $X_s=1$,n 个数值位全为 1 时,X 值为最大负整数,其真值为:

$$X_{最大负整数}=-1$$

所以字长为 $n+1$ 位的机器,补码定点整数的表示范围是 $-2^n\sim2^n-1$。例如字长为 8 位的 Intel 8080,定点整数的补码表示范围为 $-2^7\sim2^7-1$,即 $-128\sim+127$ 之间的整数。

5. 补码的特点

①补码的最高位为符号位,0 表示正数,1 表示负数。

②真值为 0 的补码为唯一的,$[+0]_补=[-0]_补=00\cdots0$。

③补码的加减运算规则简单,符号位参与运算,把补码的减法,变为减数取相反数的补码,从而变为补码的加法,$[X]_补-[Y]_补=[X]_补+[-Y]_补$。

④补码的表示范围比原码多一个数。

2.1.4 反码表示

顾名思义,正数的原码和反码保持不变,负数的反码是其原码真值二进制数按位取反。

1. 定点小数的反码

X 为定点小数 $\pm 0.X_1X_2\cdots X_n$,则 $[X]_反=X_s.X_1X_2\cdots X_n$ 定义为:

$$[X]_反=\begin{cases}X & 0\leqslant X<1\\ 2-2^{-n}+X & -1<X\leqslant 0\end{cases}\quad(\mathrm{mod}(2-2^{-n})$$

小数点的位置与定点小数的原码和补码相同,隐藏在符号位之后,X_1 之前。真值 0 若写为正数,则 $[+0.00\cdots0]_反=0.00\cdots0$;0 若写为负数,则 $[-0.00\cdots0]_反=1.11\cdots1$,所以真值 0 的反码有两种表示方式。

例 2-7 求 $X_1=+0.1101$ 和 $X_2=-0.1101$ 的反码,其中计算机的机器字长为 5 位。

$$[X_1]_反=0.1101,[X_2]_反=1.0010$$

机器字长为 $n+1$ 位的计算机,反码定点小数与原码定点小数的表示范围相同,都是 $-(1-2^{-n})\sim 1-2^{-n}$。

2. 定点整数的反码

X 为定点整数 $\pm X_1X_2\cdots X_n$,则 $[X]_反=X_sX_1X_2\cdots X_n$。定义为:

$$[X]_反=\begin{cases}X & 0\leqslant X<2^n\\ 2^{n+1}-1+X & -2^n<X\leqslant 0\end{cases}\quad(\mathrm{mod}\ (2^{n+1}-1))$$

小数点的位置与定点整数的原码和补码相同,隐藏在 X_n 位之后。真值 0 若为正数,则 $[+00\cdots0]_反=000\cdots0$;若为负数,则 $[-00\cdots0]_反=111\cdots1$,所以真值 0 的反码有两种表示方式。

例 2-8 求 $X_3=+1101$ 和 $X_4=-1101$ 的反码,其中若计算机的机器字长为 5 位。

$$[X_3]_反=01101,[X_4]_反=10010$$

机器字长为 $n+1$ 位的计算机,反码定点整数的表示范围是 $-(2^n-1)\sim 2^n-1$。

3. 反码的特点

①反码的最高位为符号位,与原码和补码相同。包括符号位的反码二进制位串,负数的反码大于正数的反码,在正数和负数各自的范围内,反码大的,其真值也大,反之亦然。

②真值 0 的反码有两种不同的表示方式。

③反码的表示范围与原码相同。

④反码的加减运算比补码复杂，在计算机中很少采用反码。

2.1.5 移码表示

移码不仅有定点小数表示，也有定点整数表示，常用的是定点整数表示，用于表示浮点数的阶码。

1.定点整数的移码

设 X 为数值位为 n 位的定点整数 $\pm X_1X_2\cdots X_n$，则$[X]_{移}$定义为：

$$[X]_{移}=2^n+X \qquad -2^n\leqslant X<2^n$$

真值 X 的移码就是在其真值的基础上加上一个常数 2^n，这个值就是偏移值。相当于 X 在数轴上向正方向偏移了 2^n 个单位。

例 2-9 求 $X_3=+1101$ 和 $X_4=-1101$ 的移码，其中若计算机的机器字长为5位。

$$n=4,2^4=(10000)_2$$
$$[X_3]_{移}=10000+1101=11101$$
$$[X_4]_{移}=10000-1101=00011$$

机器字长为 $n+1$ 位的计算机，移码定点整数的表示范围是 $-2^n\sim(2^n-1)$。

2.移码的特点

①移码没有符号位，最高位相当于符号位；如果最高位为0，表示该数为负数；如果最高位为1，表示该数为正数。

②移码和补码的关系密切，真值部分相同，但最高位相反。

③移码没有了符号位，直接用机器数就可以比较两个数的大小，非常适合浮点数的阶码表示。

2.2 浮点数的表示方法

科学计算中，经常会遇到非常大的和非常小的数值，如果采用定点数的表示，很难满足数值范围和精度的要求。相对于定点数，浮点数是指小数点的位置是不固定的，根据需要而左右浮动。

对于任意的一个二进制 N 的浮点数的一般表示形式为：

$$N=M\times2^E$$

其中 M 为尾数或有效数，其位数决定了数据的精度，采用定点小数表示；E 为阶码，阶码的值决定了小数点的实际位置，表示了数值的范围，采用定点整数表示。采用浮点数的表示形式，小数点随着 E 的值左右移动，小数点的位置不固定；E 大于0表示小数点的位置向右移动（或 M 数码位向左移动），E 小于0表示小数点的位置向左移动（或 M 数码位向右移动）。阶码和尾数都可用原码、反码、补码表示，阶码通常采用移码表示。

例如：$X=+0.01100101\times2^{-101}$，阶码为$-101$，尾数为$+0.01100101$。

$Y=-0.11100101\times2^{+110}$，阶码为$+110$，尾数为$-0.11100101$。

阶码和尾数都有符号和数值，所以在计算机中用约定的4部分表示。其中 E_f 为阶码 E 的符号位，称为阶符；S 为尾数 M 的符号位，称为数符。如图2-2所示 S 在最前面。

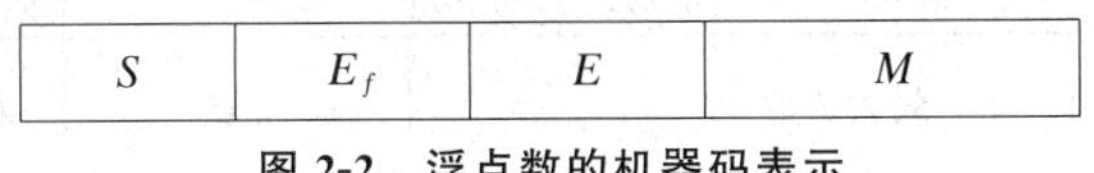

S	E_f	E	M

图2-2　浮点数的机器码表示

2.2.1　规格化浮点数

当用浮点数表示法表示的时候，其表示形式并不是唯一的，例如 $X=+0.01100101\times 2^{-101}$，可以把小数点的位置向右移动一位，阶码减1，得到同样一个值 $X=+0.11001010\times 2^{-110}$，$X$ 的真值没有变化，X 的有效位增加了一位，提高了精度。同样可以把 $X=+0.01100101\times 2^{-101}$ 的小数点向左移动一位，相应的阶码加1，得到 $X=+0.00110010\times 2^{-100}$，如果尾数的长度固定为8位，则 X 的尾数最后一位的1被丢失，造成精度的降低。为了提高浮点数的精度以及表示形式的唯一，引进规格化浮点数。

浮点数的基数为2，如果其尾数满足 $2^{-1}\leqslant|M|<1$，则称该浮点数为规格化浮点数。否则称为非规格化浮点数，通常为 $0<|M|<2^{-1}$ 形式，需要进行规格化处理，即将小数点右移一位，并使阶码减1，如果不满足规格化不等式要求，继续向右移动小数点，直到尾数满足规格化条件。

例2-10　分别将十进制数−78、+(17/256)转换成规格化浮点数表示。阶码用移码5位，尾数用补码表示，除符号位之外还有10位，浮点数机器码共计16位。

$$(-78)_{10}=(-1001110)_2=-0.1001110000\times 2^{111}$$

$$[-0.1001110000]=[1.0110010000]_{补码}$$

$$[+111]=[10000+111]_{移码}=[10111]_{移码}$$

浮点数−78的规格化机器码表示如图2-3所示。

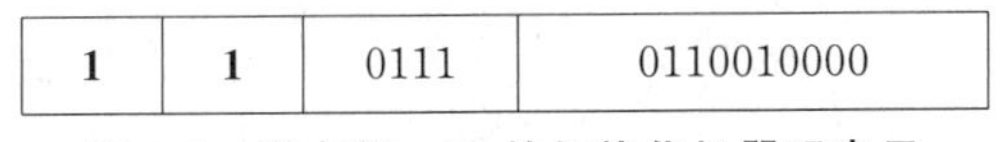

1	**1**	0111	0110010000

图2-3　浮点数−78的规格化机器码表示

$$+(17/256)_{10}=(+0.00010001)_2=+0.1000100000\times 2^{-11}$$

$$[0.1000100000]=[0.1000100000]_{补码}$$

$$[-11]=[10000-11]_{移码}=[01101]_{移码}$$

浮点数+(17/256)的规格化机器码表示如图2-4所示。

0	**0**	1101	1000100000

图2-4　浮点数+(17/256)的规格化机器码表示

2.2.2　浮点数的表示范围

设浮点数的阶码为 m 位，尾数为 n 位，数符和阶符各1位。浮点数的阶码和尾码的位数确定了，则浮点数所能表示的数的范围也就确定了。浮点数的表示范围分为3个部分：0、正数区、负数区。采用数轴的形式表示，如图 2-5 所示。

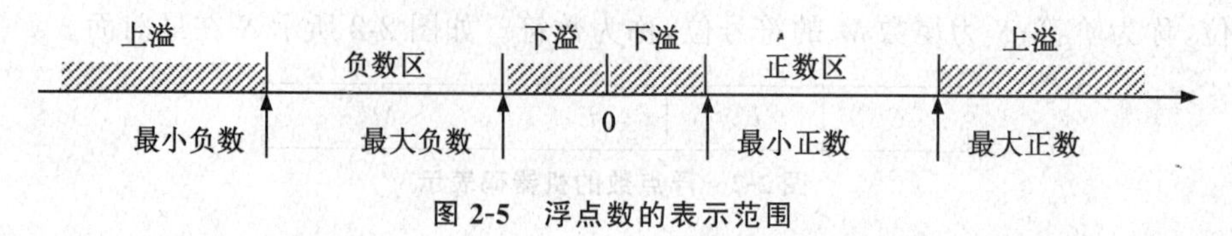

图 2-5 浮点数的表示范围

浮点数所能表示数的范围处于最小负数到最大负数之间，最小正数到最大正数之间，以及 0 这个特殊值。给定阶码、尾码的位数以及编码方式，则浮点数的表示范围就基本确定了。规格化浮点数虽然可以提高浮点数的有效位数，也缩小了浮点数的表示范围。如果阶码 $m+1$ 位（含有一位阶符），采用移码表示；尾码 $n+1$ 位（含有一位数符），采用补码表示，表 2-3 为非规格化浮点数的 4 个特殊值表示范围的边界，表中使用了指数运算符∧，以简化公式形式。表 2-4 为规格化浮点数的 4 个特殊值。

表 2-3 非规格化浮点数的表示范围

最值数据	浮点数的机器码形式				真值
	数符	阶符	阶码（m 位）	尾数（n 位）	
最大正数	0	1	11…11	11…11	$+(1-2^{-n})\times 2^{(2\wedge m-1)}$
最小正数	0	0	00…00	00…01	$+2^{-n}\times 2^{(-2\wedge m)}$
最大负数	1	0	00…00	11…11	$-2^{-n}\times 2^{(-2\wedge m)}$
最小负数	1	0	11…11	00…00	$-1\times 2^{(2\wedge m-1)}$

表 2-4 规格化浮点数的表示范围

最值数据	浮点数的机器码形式				真值
	数符	阶符	阶码（m 位）	尾数（n 位）	
最大正数	0	1	11…11	11…11	$+(1-2^{-n})\times 2^{(2\wedge m-1)}$
最小正数	0	0	00…00	10…00	$+2^{-1}\times 2^{(-2\wedge m)}$
最大负数	1	0	00…00	10…00	$-2^{-1}\times 2^{(-2\wedge m)}$
最小负数	1	0	11…11	00…00	$-1\times 2^{(2\wedge m-1)}$

浮点数经过运算后，为了不丢失有效数字，提高运算精度，要对结果进行规格化处理。浮点数经过运算后，尾数还会出现溢出现象，即 $|M|\geqslant 1$，溢出必须进行处理，通过小数点的左右移动来进行规格化处理。

如果尾数采用补码表示，一般要采用 2 位符号位来对尾数进行判断。尾数参与运算后，当 $S>0$ 时，如果 2 位符号位出现 $01.X_1X_2\cdots X_n$ 的情况，表示尾数出现了正溢出；当 $S<0$ 时，如果 2 位符号位出现 $10.X_1X_2\cdots X_n$ 的情况，表示尾数出现了负溢出。对于上面的两种情况的溢出处理，通常采用小数点向左移动一位，阶码加 1。

浮点数进行运算，当两个阶码相加时，可能发生阶码上溢，即超出阶码表示范围的情况；如果两个阶码相减时，可能发生阶码下溢，即阶码超出了阶码最小值。当阶码发生上溢时，说明运算的结果超过了浮点数的表示范围，往往需要暂停本程序的执行进行异常处理；当阶码发生下溢时，往往要把浮点数按照 0 来处理。

2.2.3　IEEE 754 浮点数标准

通过对浮点数表示范围的分析可知，浮点数不能填满整个实数域，不能表示两个上溢区域和两个下溢区域。浮点数表示范围内的数据表示也不是连续的，只能近似地表示数学中的实数。浮点数指令语句不像其他指令那样明确，这主要表现在浮点数本身的不确定性上，例如分配给阶码、尾数的位数不同，选用尾数格式、小数点位置、阶码的范围、舍入方式的不同，以及上溢、下溢异常情况的处理都有很大的随机性。不像定点数，浮点数的表示不唯一，这势必会引起相互格式的不兼容，使得同样一个软件在不同计算机上的执行结果不同。为了便于软件的移植，美国电气与电子工程师协会（Institute of Electrical and Electronics Engineers，IEEE）在 1985 年提出了一个浮点数表示工业标准——IEEE 754，现在已经应用于所有具有浮点功能的 CPU 中。

IEEE 754 规定每个浮点数由数符 S（0 表示正数、1 表示负数）、阶码 E 和尾数 M 组成，如图 2-6 所示。

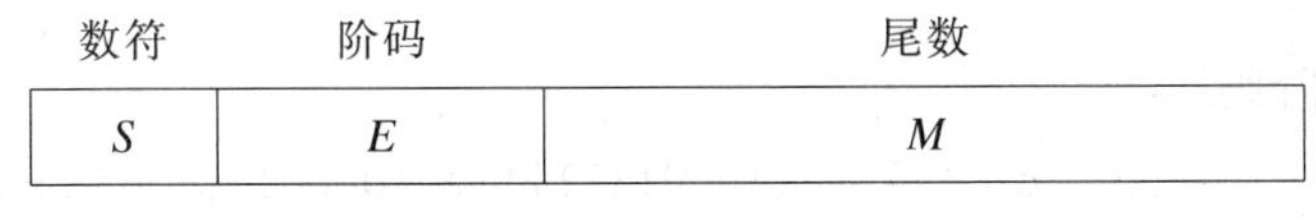

图 2-6　IEEE 754 浮点数格式

IEEE 754 标准中定义了 3 种格式：单精度（32 位）、双精度（64 位）和扩展精度（80 位）。其中扩展精度主要用于浮点运算内部。

1. 单精度浮点格式

单精度浮点的 32 位由阶码 8 位，尾数 23 位和 1 位数符组成。

阶码 E 由 1 位符号位和 7 位数值组成，采用偏移值为 127 的移码，设实际数值为 e，则

$$E = 127 + e$$

并规定阶码的取值范围为 1～254，阶码值 0 和 255 用于表示特殊的值。阶码 E 的实际数值范围为 -126～$+127$。

尾数 M 为 23 位，采用原码，并采用规格化表示，从而 M 的最左边的值必定为 1，所以可以把这个 1 丢弃，把后续的 23 位放入尾数 M 中，实际上单精度尾数表示了 24 位规范化的有效数字。

一般单精度浮点数可以表示为 $(-1)^S \times (1.M) \times 2^{(E-127)}$

当 E 等于 0 或 255 时，在 IEEE 754 标准中分别表示特殊的数值，即表示特殊的浮点数。

①若 $E=0$，且 $M=0$，则表示浮点数 N 为 0，此时尾数的隐含位是 0，不是 1。

②若 $E=0$，且 $M \neq 0$，则表示非规格化的浮点数，$N=(-1)^S \times 2^{-126} \times (0.M)$，用它可以表示绝对值较小的数。

③若 $E=255$，且 $M=0$，则表示该浮点数为无穷大，$N=(-1)^S \times \infty(\pm\infty)$，表示 $N=a/0$（并且 $a \neq 0$）时的值。

④若 $E=255$，且 $M\neq 0$，则表示是一个“非数值”，$N=NaN$（Not a number），表示 0/0 的值。

2.双精度浮点格式

双精度浮点的 64 位由阶码 11 位，尾数 52 位和 1 位数符组成。

阶码 E 由 1 位符号位和 10 位数值组成，采用偏移值为 1023 的移码，设实际数值为 e，则

$$E=1023+e$$

并规定阶码的取值范围为 1～2046，阶码值 0 和 2047 用于表示特殊的值。阶码的实际数值范围为 -1022～+1023。

尾数 M 为 52 位，采用原码，并采用格式化表示，采用与单精度相同的处理模式。

一般双精度浮点数可以表示为 $(-1)^S\times(1.M)\times 2^{(E-1023)}$

例 2-11 将十进制数 178.125 表示成单精度浮点数。

首先将十进制数转换为二进制，再将二进制规格化为 $1.X_1X_2\cdots X_{n-1}$

$$N=(178.125)_{10}=(+10110010.001)_2=1.01100100001\times 2^7=1.01100100001\times 2^{111}$$

其次计算偏移阶码

$$E=e+127=111+01111111=10000110$$

按照 IEEE 754 的格式拼装 32 位二进制数，其中尾码的后面补 0 填充到 23 位，如图 2-7 所示。

数符	阶码	尾数
0	10000110	01100100001000000000000

图 2-7 IEEE 754 浮点数 178.125 格式

例 2-12 若浮点数为 C1C90000H，求其 32 位浮点数的十进制数。

首先按照 IEEE 754 的格式把 32 位二进制数进行划分为：数符 1 位、阶码 8 位、尾数 23 位，如图 2-8 所示。

数符	阶码	尾数
1	10000011	10010010000000000000000

图 2-8 某浮点数的 IEEE 754 格式二进制值

其次，计算出偏移阶码 E 的真值 e。

$$e=E-127=10000011-01111111=(100)_2=(4)_{10}$$

最后，按照原码写出规格化尾码的值，再乘以 2 的 4 次幂，并完成二进制乘法，把二进制转换为十进制求出十进制数的真值。

$$N=-1.1001001\times 2^4=(-11001.001)_2=(-25.125)_{10}$$

2.3　计算机中非数值数据的表示

随着计算机应用的范围扩大，计算机不仅有科学计算，还有大量的非数值数据计算。非数值数据通常是指字符、字符串、汉字、图形图像以及多媒体数据等等。由于计算机只能识别和处理二进制代码，所以非数值数据采用编码形式来表示“符号”信息，它们没有“值”的概念，不用来表示数值的大小，一般情况不对它们进行算术计算。

2.3.1　字符编码与字符串表示

1.西文字符编码

西文字符数据主要是指0～9的数字，大小写的A～Z字母、通用符号、图形符号和控制符号等。西文字符的编码方式有很多种：美国国家信息交换标准字符码（American Standard Code for Informatica Inter Change，ASCII）、Unicode、UTF编码等。

现在应用最为广泛的是ASCII，它于1961年提出，用于在不同计算机硬件和软件系统中实现数据传输标准化，所有的计算机均支持此码。ASCII是一种使用7个或8个二进制位进行编码的方案，它划分为128个字符的标准ASCII码和附加了128个字符的扩展ASCII码。

标准的ASCII码用7位二进制表示一个字符，分为4类共128种字符，其中95个是可打印字符：

①10个十进制数字（0～9），数字编码的二进制串和整数的二进制串是两个不同的概念。例如整数3的二进制为11，它和字符3是不同的。

②52个字母，26个大写A～Z字母和26个小写a～z字母。

③33个专用符号。例如+、-、*、#、(、)等等。

④33个控制符号。例如退出ESC、删除DEL、回车CR（Carriage Return）以及换行LF（Line Feed）等等。不同的计算机类型和不同的操作系统，控制符号表示的含义可能不同。

在计算机中，通常用一个字节来存放一个字符。对于标准ASCII码来说，一个字节的右边7位表示不同的字符代码，最高位可以作为奇偶校验位用来检测错误，也可以作为西文和汉字的区分标识，也可以表示扩展ASCII码。标准ASCII码表如表2-5所示，字符排列有一定的规律，数字0～9是顺序编码的，其编码是0110000～0111001，有利于用4位二进制表示数字。大写A～Z的ASCII码从1000001（41H）开始顺序编码，小写a～z的ASCII码从1100001（61H）开始顺序递增。这样的排序，对于信息的检索非常有利。

计算机的一些输入设备，比如键盘，配有译码电路，在输入字符时，每个被敲击的字符键将由译码电路产生相应的ASCII码，放入键盘缓冲区，送入计算机。同样，一些输出设备，比如显示器、打印机，从计算机得到的输出结果也是ASCII码，再经过译码后驱动相应的电子机构显示或打印这些字符，或者控制相应的动作，例如回车、换行、退格等。

标准ASCII可以编码128个字符、扩展的ASCII可以编码256个字符，对于英语、德语等基于字母的西方语言来说足够了。亚洲文字很多都是成千上万个字符，为此要对这些文字进行编码，需制定新的编码标准。

表 2-5　ASCII 字符编码表

$b_3b_2b_1b_0$	$b_6b_5b_4$							
	000	001	010	011	100	101	110	111
0000	NUL	DLE	SP	0	@	P	’	p
0001	SOH	DC_1	!	1	A	Q	a	q
0010	STX	DC_2	“	2	B	R	b	r
0011	ETX	DC_3	#	3	C	S	c	s
0100	EOT	DC_4	$	4	D	T	d	t
0101	ENQ	NAK	%	5	E	U	e	u
0110	ACK	SYN	&	6	F	V	f	v
0111	DEL	ETB		7	G	W	g	w
1000	BS	CAN	(	8	H	X	h	x
1001	HT	EM	)	9	I	Y	i	y
1010	LF	SUB	*	:	J	Z	j	z
1011	VT	ESC	+	;	K	[	k	{
1100	FF	FS	,	<	L	\	l	|
1101	CR	GS	−	=	M	]	m	}
1110	SO	RS	。	>	N	↑	n	~
1111	SI	US	/	?	O	—	o	DEL

2.汉字编码

汉字也是一种字符，是一种象形文字，每个汉字都是独立的，都应该有一个二进制编码。汉字的字义、字形、读音之间没有明显的规则，汉字系统复杂，这样对于标准键盘输入设备来说，如何输入汉字变得非常困难。

(1)国标码

为了能够在不同汉字系统之间交换信息，中国在 1981 年制定了 GB 2312—1980 国家标准信息交换汉字编码字符集，简称国标码。它把汉字分为高频字、常用字和次常用字，按照使用频度分为一级汉字 3 755 个(按拼音排序)和二级汉字 3 008 个(按部首排序)，共计 6 763 个汉字；GB 2312—1980 还收录了包括拉丁字母、希腊字母、日文，俄文字母在内的 682 个全角字符。所以 GB 2312—1980 收录了 7 445 个图形字符。

GB 2312—1980 编码对所收录字符进行了“分区”处理，共 94 个区，每区含有 94 个位，可以有 8836 个码位，所以这种表示方式也称为区位码。

①01～09 区收录除汉字外的 682 个字符。

②10～15 区为空白区，没有使用。

③16～55 区收录 3 755 个一级汉字，按拼音排序。

④56～87 区收录 3 008 个二级汉字，按部首/笔画排序。

⑤88～94 区为空白区，没有使用。

汉字“算”位于 43 区的 67 位，所以它的区位码就是$(4367)_{10}$。GB 2312—1980 规定对收录的每个字符采用两个字节表示，第一个字节为“高字节”，对应94个区；第二个字节为“低字节”，对应94个位。所以它的区位码范围是：0101～9494。为了解决与ASCII码的冲突，这两个字节都要大于128，即最高位永远为1；一般采用区号和位号分别加上$(20)_{16}$就是GB 2312—1980编码，例如汉字的“算”的国标码为$(4B63)_{16}$。

常见的汉字字符集编码还有：

①BIG5编码：台湾地区繁体中文标准字符集，采用双字节编码，共收录13053个中文字，1984年实施。

②GBK编码：1995年12月发布的汉字编码国家标准，是对GB 2312—1980编码的扩充，对汉字采用双字节编码。GBK字符集共收录21003个汉字，包含国家标准GB13000-1中的全部中日韩汉字，和BIG5编码中的所有汉字。

③GB18030编码：2000年3月17日发布的汉字编码国家标准，是对GBK编码的扩充，覆盖中文、日文、朝鲜语和中国少数民族文字，其中收录27484个汉字。GB18030字符集采用单字节、双字节和四字节3种方式对字符编码。兼容GBK和GB 2312字符。

(2)汉字输入码

计算机使用汉字，首先需要把汉字输入计算机中，为了使用标准键盘进行输入，必须为汉字编码，利用字母数字串来代替汉字。常用的汉字输入码为五笔字型、拼音码等。

(3)汉字字型码

汉字字型码又称汉字字模，用于在显示屏或打印机输出汉字。汉字字型码通常有两种表示方式：点阵和矢量表示方法。用点阵表示字形时，汉字字形码指的是这个汉字字型点阵的代码。根据输出汉字的要求不同，点阵的多少也不同。简易型汉字为16×16点阵，提高型汉字为24×24点阵、32×32点阵、48×48点阵等。点阵规模越大，字形越清晰美观，所占的存储空间也越大。矢量表示方式存储的是描述汉字字型的轮廓特征，当要输出汉字时，通过计算机的计算，由汉字字型描述生成所需大小和形状的汉字点阵。矢量化字形描述与最终文字显示的大小、分辨率无关，因此可以产生高质量的汉字输出。Windows操作系统中使用的TrueType技术就是汉字的矢量表示方式。

3.Unicode编码

为了统一所有文字的编码，Unicode把所有语言都统一到一套编码里，能够使计算机实现跨语言、跨平台的文本转换及处理，解决乱码和编码不兼容的问题。Unicode编码系统可分为编码方式和实现方式两个层次。在文字处理方面，Unicode为每一个字符而非字形定义唯一的代码(即一个整数)。换句话说，Unicode以一种抽象的方式(即数字)来处理字符，并将视觉上的演绎工作(例如字体大小、外观形状、字体形态、文体等)留给其他软件来处理。

Unicode是国际组织制定的可以容纳世界上所有文字和符号的字符编码方案。目前的Unicode字符分为17组编排，每组称为平面(Plane)，而每平面拥有65 536个码位，共1 114 112个。然而目前只用了少数平面。UTF-8、UTF-16、UTF-32都是将数字转换到程序数据的编码方案。XML及其子集HTML采用UTF-8作为标准字集，UTF-8以字节为单位对Unicode进行编码。UTF-8的特点是对不同范围的字符使用不同长度的编码。对于0x00～0x7F之间的字符，UTF-8编码与ASCII编码完全相同。UTF-8编码的最大长度是4个字节。

4.字符串的表示

字符串是指一串连续的字符。通常，它们在内存中按顺序存放，占用一块连续的存储空间。根据字符编码,把对应的字节序列顺序存放在内存,即采用顺序存储的方法。在逻辑上相邻的字符,其字节数据也是相邻的。这对于ASCII来说很是方便,例如字符串“Hello the World.”,其对应的ASCII值十六进制串为“48656C6C6F207468652057 6F726C642E”,设计算机的机器字长为32位,则字符串在内存中的存放如图2-9所示。

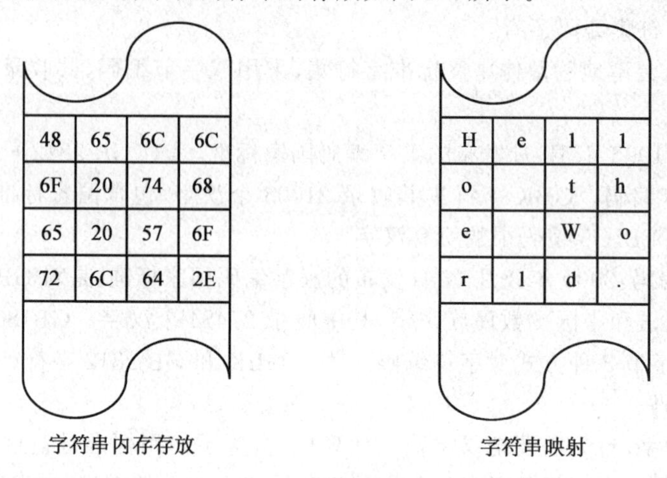

图2-9 ASCII字符串在内存中的存放

对于多字节字符编码,就面临一个问题,如何解决字符编码的字节顺序。字节序有两种:“大端”(Big Endian, BE)和“小端”(Little Endian, LE)。本教程采用小端的字节顺序,例如“计算机组成原理。”汉字序列,对应简体中文GB(十六进制)值“BCC6”“CBE3”“BBFA”“D7E9”“B3C9”“D4AD”“C0ED”“A1A3”,设计算机的字长为32位,则字符串在的内存中的存放如图2-10所示。

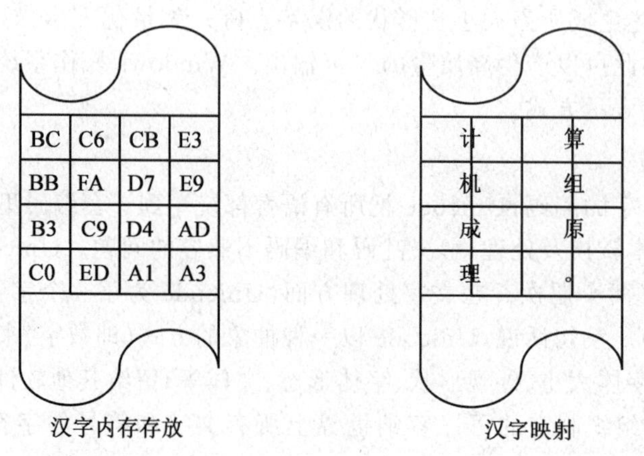

图2-10 汉字字符串在内存中的存放

字符串采用顺序存储的方法最为简单,最节省存储空间。但是对字符串进行运算时,例如进行插入、删除子字符串的时候,需要重新分配空间,进行原来字符串的复制。采用单链式存储的方式,通过每个字符的后面添加一个指针域,表示下面一个字符的内存地址,这样可以避免字符串运算时的内存空间的重新分配和字符的复制,节省一定的运行时间,但是浪费了存储空间。因此可以采用这两种方法的折中方式,即块链的形式,每个结点顺序存储多个字符,再通过指针域指向下一个存储节点，通过这样一个链形成一个字符串。

2.3.2　声音的计算机表示方法

声音(Sound)是由物体振动产生的声波。声音是通过介质(空气或固体、液体)传播并能被人或动物的听觉器官所感知的波动现象。声音作为波的一种，频率和振幅就成了描述波的重要属性，频率的大小与通常所说的音高对应，而振幅影响声音的大小。声音是一种模拟信号，不能直接进入计算机存储、处理，需要经过采样、量化的模拟/数字转换，如图 2-11 所示。

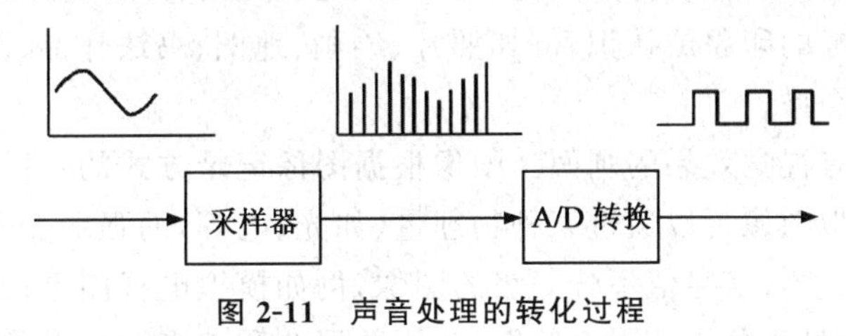

图 2-11　声音处理的转化过程

1. 采样

通过拾音器(例如麦克风)把声波转换成频率、幅度连续变化的电流或电压信号，这种信号仍然是一个模拟信号，不能直接输入计算机。需要通过一个采样器按照一定的周期对电流或电压信号采样，截取模拟信号的值，使连续电流或电压信号变成一组离散的数据值，包含声音的频率、振幅等特性，这个过程就是采样。其中一个重要的指标是采样率，简单地说就是通过波形采样的方法记录 1 s 长度的声音，需要多少个数据。44.1 KHz 采样率的声音就是要花费 44.1 K 个数据来描述 1 s 的声音波形。原则上采样率越高，声音的质量越好。

2. 量化

用模拟/数字转换电路将每一个离散值转化成一个 n 位的二进制表示的数据值，这个二进制数才能输入计算机，也是能被计算机接收的唯一形式。这样声音就变成一个二进制数值串，最后保存在数据文件中，永久存储，也可以通过网络发送出去。描述声音波形的数据是多少位的二进制数据，通常用 bit 做单位，如 16bit、24bit 等。16bit 量化级记录声音的数据是用 16 位的二进制数，因此，量化级也是数字声音质量的重要指标。通常形容数字声音的质量，描述为 bit(量化级)/KHz(采样率)，比如标准 CD 音乐的质量就是 16bit/44.1KHz 采样。

二进制的声音数据，再通过数字/模拟电路，把声音转换成连续的电流/电压，通过音箱、喇叭等产生声波，播放出来。数字声音和一般磁带、广播、电视中的声音就存储播放方式而言有着本质区别。相比而言，具有存储方便、存储成本低廉、存储和传输的过程中没有声音的失真、编辑和处理非常方便等特点。

3. 声音文件格式

为了不让声音失真，采样频率越高越好、量化级越大越好，为了保证立体声尽量采用多路声音采集，但这样的声音文件就会变得很大，一般要采用不同的算法对声音数据进行压缩再进行保存。不同的压缩率、比特率就形成了不同的声音文件格式。其中压缩率通常指音乐文件压缩前和压缩后大小的比值，用来简单描述数字声音的压缩效率；比特率是另一种数字音乐压缩效率的参考性指标，表示记录音频数据每秒钟所需要的平均 bit 值，通常使用 Kbps(通俗地讲就是每秒 1024bit)作为单位。CD 中的数字音乐比特率为 1411.2Kbps，也就是记录 1 s 的

CD 音乐，需要 1411.2×1024 比特的数据。常见的有 CD 文件格式、MP3 文件格式、Wave 文件格式、MP4 文件格式等等。

2.3.3 图像的计算机表示方法

图像(Image)是人类视觉的基础，是自然景物的客观反映，是人类认识世界的重要源泉。据统计，一个人获取的信息大约有 75%来自视觉。凡人类视觉系统所感知的信息形式或人们心目中的有形想象统称为图像。"图"是物体反射或透射光的分布，"像"是人的视觉系统所接受的图在人脑中所形成的印象或认识，例如照片、绘画、地图、书法作品、图片、传真、卫星云图以及影视画面等都是图像。

图像就是所有具有视觉效果的画面。图像根据图像记录方式的不同可分为两大类：模拟图像和数字图像。模拟图像可以通过某种物理量(如光、电等)的强弱变化来记录图像亮度信息，是空间上连续/不分割、信号值不分等级的图像，例如模拟电视图像；而数字图像在空间上被分割成离散像素，信号值分为有限个等级，是用数码 0 和 1 表示的图像，采用计算机存储的数据来记录图像上各点的亮度信息，可以通过数码相机、数字摄像头的形式直接获得数字图像。计算机只能处理数字图像，模拟图像只有转化为二进制数据变为数字图像才能为计算机传输、处理、存储和显示等。图像数字化是将连续色调的模拟图像经采样量化后转换成数字影像的过程。图像数字化运用的是计算机图形和图像技术，在测绘学、摄影测量与遥感学等学科中得到广泛应用。图像数字化必须以图像的电子化作为基础，把模拟图像转变成电子信号，随后才将其转换成数字图像信号。

图像数字化技术主要是扫描技术，也要经过模拟信号采样、量化、编码过程。

1. 采样

采样的实质就是要用多少点来描述一幅图像，采样结果质量的高低就是用图像分辨率来衡量。简单来讲，对二维空间上连续的图像在水平和垂直方向上等间距地分割成矩形网状结构，所形成的微小方格称为像素点。一副图像就被采样成有限个像素点构成的集合。例如：一副 640×480 分辨率的图像，表示这幅图像是由 640×480 = 307200 个像素点组成。

采样频率是指 1 s 内采样的次数，反映了采样点之间的间隔大小。采样频率越高，得到的图像样本越逼真，图像的质量越高，但要求的存储量也就越大。

在进行采样时，采样点间隔大小的选取很重要，它决定了采样后的图像能否真实地反映原图像的程度。一般来说，原图像的画面越复杂，色彩越丰富，采样间隔应越小。由于二维图像的采样是一维的推广，因此根据信号的采样定理，要从取样样本中精确地复原图像，可得到图像采样的奈奎斯特(Nyquist)定理：图像采样的频率必须大于或等于源图像最高频率分量的 2 倍。

2. 量化

量化是指要使用多大范围的数值来表示图像采样之后的每一个点。量化的结果是图像能够容纳的颜色总数，反映了采样的质量。例如：如果以 4 位存储一个点，就表示图像只能有 16 种颜色；若采用 16 位存储一个点，则有 2^{16} = 65536 种颜色。所以，量化位数越来越大，表示图像可以拥有的颜色更多，自然可以产生更为细致的图像效果。但是，也会占用更大的存储空间。两者的基本问题都是视觉效果和存储空间的取舍。

经过这样采样和量化得到的一幅空间上表现为离散分布的有限个像素，灰度取值上表现为有限个离散的可能值的图像称为数字图像。只要水平和垂直方向采样点数足够多，量化比特数足够大，数字图像的质量就比原始图像毫不逊色。

3. 压缩编码

数字化后得到的图像数据量十分巨大，必须采用编码技术来压缩其信息量。在一定意义上讲，编码压缩技术是实现图像传输与储存的关键。已有许多成熟的编码算法应用于图像压缩。常见的有图像的预测编码、变换编码、分形编码以及小波变换图像压缩编码等。

当需要对所传输或存储的图像信息进行高比率压缩时，必须采取复杂的图像编码技术。但是，如果没有一个共同的标准做基础，图像在不同系统间就不能兼容，除非每一种编码方法的各个细节完全相同。

图像格式即图像文件存放在存储器上的格式，通常有 BMP、JPEG、GIF、PNG、TIFF 和 RAW 等。BMP 是一种与硬件设备无关的图像文件格式，使用范围非常广。BMP 采用位映射存储格式，除了图像深度可选以外，不采用其他任何压缩，因此，BMP 文件所占用的空间很大。BMP 文件的图像深度可选 1bit、4bit、8bit 及 24bit。BMP 文件存储数据时，图像的扫描方式是按从左到右、从下到上的顺序进行的。GIF 图像文件的数据是经过压缩的，而且是采用了可变长度等压缩算法。所以 GIF 的图像深度为从 1bit 到 8bit，即 GIF 最多支持 256 种色彩的图像。GIF 格式的另一个特点是其在一个 GIF 文件中可以存多幅彩色图像，如果把存于一个文件中的多幅图像数据逐幅读出并显示到屏幕上，就可构成一种最简单的动画。JPEG 是一种有损压缩格式，能够将图像压缩得很小，图像中重复或不重要的信息会被丢失，因此容易造成图像数据的损伤。尤其是使用过高的压缩比例，将使最终解压缩后恢复的图像质量明显降低，如果追求高品质图像，不宜采用过高的压缩比例。PNG 能够提供长度比 GIF 小 30% 的无损压缩图像文件。它同时提供 24bit 和 48bit 真彩色图像支持以及其他诸多技术性支持。

2.4　十进制数串的表示

十进制数可以转换为二进制数，进行四则运算。但十进制的小数转换为浮点数或者定点小数时，不能十分准确地进行转换，这样就不能满足金融等领域的计算需求，为此需要设有十进制数据的表示，直接对十进制数进行运算和处理。

2.4.1　十进制的编码

在计算机中表示十进制，是把十进制的各位数字（0～9）变成一组二进制代码。10 个不同的数字，可以采用 4 位二进制进行编码表示一位十进制数，称为二进制编码的十进制（Binary Code Decimal，BCD）。最为简单的是 ASCII 的数字字母的后四位的编码，也可以从 16 位编码中选择 10 个表示，其他 6 个状态为冗余的，这样就可能产生多种 BCD 编码。BCD 编码既有二进制的形式，又保持了十进制的特点，方便了大数的计算，提高了运算的精度和有效数字。

1. 8421 码

8421 码的 10 个数字的二进制$(a_3a_2a_1a_0)_2$的权重从左到右分别为 8、4、2、1，所以这种编码称为 8421 码。

$$D=(a_3a_2a_1a_0)_2=(8\times a_3+4\times a_2+2\times a_1+1\times a_0)_{10}$$
$$=(2^3\times a_3+2^2\times a_2+2^1\times a_1+2^0\times a_0)_{10}$$

8421 码是一个有权码,1010～1111 这 6 个编码是非法编码。该编码直接使用了十进制数的二进制原码方式,简单直观。

2.2421 码

2421 码的 10 个数字的二进制$(a_3a_2a_1a_0)_2$ 的权重从左到右分别为 2、4、2、1。

$$D=(a_3a_2a_1a_0)_2=(2\times a_3+4\times a_2+2\times a_1+1\times a_0)_2$$
$$=(2^1\times a_3+2^2\times a_2+2^1\times a_1+2^0\times a_0)_{10}$$

2421 码是一个有权码,0101～1010 这 6 个编码是非法编码。该编码又是一种对 9 的自补码,即某数的 2421 码只要自身按位取反就得到该数对 9 的补数的 2421 码,例如 2 的 2421 码为 0010,按位取反就是 1101,它是 7 的 2421 码。对 9 的自补码在十进制运算时,可使运算器的线路简化。

3.余 3 码

余 3 码是一种无权码,它是在 8421 码的基础上加上 0011 形成的编码,从而每个数都多余 3,所以称为余 3 码。它也是一个对 9 的自补码,例如 2 的余 3 码为 0101,按位取反就是 1010,它是 7 的余 3 码。4 位二进制数串中 0000～0010、1101～1111 这 6 个代码是余 3 码的非法码。

2.4.2 十进制数串

十进制数在计算机中是以数串的形式存储和处理的,可以表示整数、定点数和浮点数等格式。十进制数串有两种方式:字符串形式和压缩的十进制数串。

1.字符串形式

字符串形式是指把一个十进制数看成一个字符串,每个字符用 1 个字节表示,采用 ASCII 码编码。因“+/-”的处理方式不同,形成两种不同的字符串:前分隔数字串、后嵌入数字串。字符串形式的十进制数串主要应用于非数值计算,而对于十进制的算术运算不是很方便。

前分隔数字串是把“+”的 ASCII 十六进制编码为“2B”,“-”的 ASCII 十六进制编码为“2D”,符号位占 1 个字节,放到最高字节;例如 +256 的字符串形式为“+256”,ASCII 的十六进制为“2B323536”,需要 4 个字节存放;例如 -2048 的字符串形式为“-2048”,ASCII 的十六进制为“2D32303438”,需要 5 个字节存放。+256 和 -2048 的前分隔数字串内存形式如图 2-12 所示。

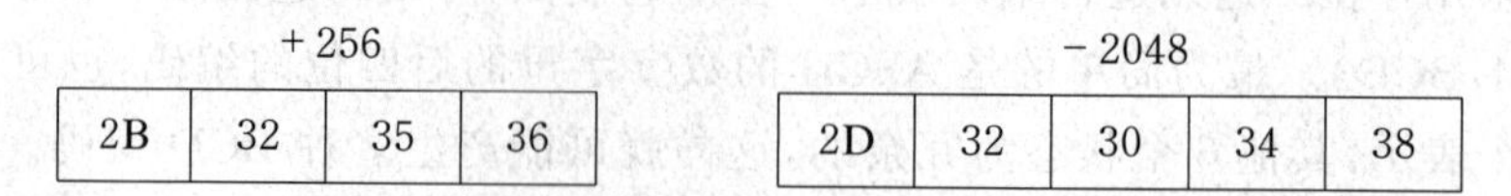

图 2-12 前分隔数字串内存形式

后嵌入数字串采用符号位与最低数位一起编码,这样可以节省 1 个字节。正数,则最低数位不变,负数的最低字节加上 40H。从而 +256 的字符串形式为“+256”,ASCII 的十六进制为“323536”，需要 3 个字节存放；- 2048 的字符串形式为“ - 2048”，ASCII 的十六进制为“32303478”。+256 和 - 2048 的后嵌入数字串内存形式如图 2-13 所示。

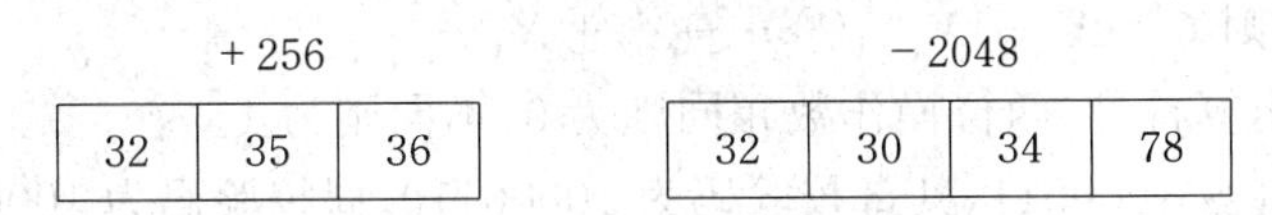

图 2-13　后嵌入数字串内存形式

2. 压缩的十进制数串

压缩的十进制数串是指用一个字节表示两位十进制数，每一位十进制数使用 BCD 码，符号位当作一个数位看待，从 6 个非法的编码中选择 2 个作为“+”和“-”的编码，放到最低数值位之后。如果采用 8421 码，通常“+”用 1100 表示，“-”用 1101 表示，如果数位不是偶数，则最高位补充 4 个二进制位 0000。从而 +256 需要 2 个字节；-2048 需要 3 个字节，其最高位需要补 0H，这两个数的压缩十进制数串内存形式如图 2-14 所示。

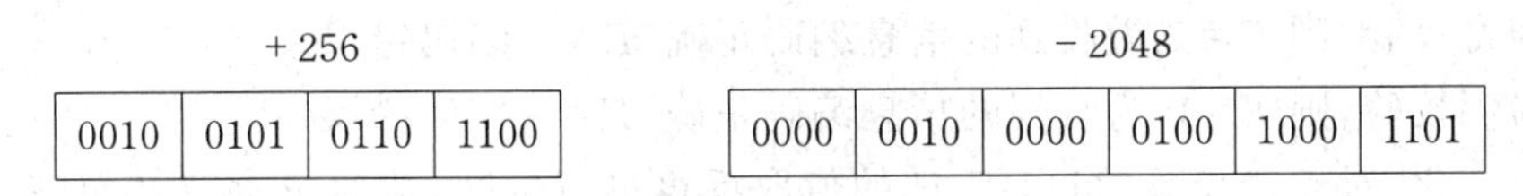

图 2-14　压缩十进制数串内存形式

压缩的十进制数串，一个字节可存放两位 BCD 码表示的十进制数，即节省了存储空间，又便于直接进行算术运算，因而得到了广泛的应用。

2.5　数据校验码

元件故障、噪声干扰等各种因素常常导致计算机系统内部的信息在形成、存储、传送的过程中发生错误。为了减少这种错误对程序运行结果造成的影响，除了提高计算机硬件本身的可靠性，改进生产工艺与测试手段外，还需要在数据的编码上想办法。如何使数据经过某种形式的编码后，使之具有发现自身错误的功能，甚至给出错误所在的准确位置，然后借助于逻辑线路自动进行纠错，这对提高计算的可靠性起着十分重要的作用。

现代计算机硬件设计技术中，广泛地采用编码校验技术来提高可靠性。这种具有发现错误，甚至同时指出错误所在位置特征的数据编码称为数据校验码，又称检错纠错编码。其实现原理是在正常编码的基础上，按某种规则加上一些校验位来形成校验码，如果检测到某一种编码不满足这种规则，那肯定是出错了。常用的校验码有奇偶校验码、循环冗余校验码和海明校验码等。奇偶校验码和循环冗余校验码主要用作检错码，而海明校验码一般用作纠错码。

2.5.1　奇偶校验码

奇偶校验码是一种最简单的数据校验码。它是在被传输的 n 位二进制数据位附加上一个二进制位作为校验位 C，该位 C 可以在此二进制数据位最前面或者最后面，本教材放到最后面。如果添加 C 后使得 $n+1$ 位二进制位中 1 的个数为奇数，则称奇校验；如果为偶数则称偶校验。

设 n 位二进制数据位为 $X_nX_{n-1}\cdots X_2X_1$，求其校验位 C。

如果为奇校验，则 $C=X_n\oplus X_{n-1}\oplus\cdots\oplus X_2\oplus X_1\oplus 1$。

如果为偶校验，则 $C=X_n\oplus X_{n-1}\oplus\cdots\oplus X_2\oplus X_1$。

其中$\oplus$为异或运算符号，两位操作数相同则为 0，不同则为 1。

例如 7 位二进制数 1000011，其奇校验码为 10000110，偶校验码为 10000111。

例如 7 位二进制数 1100011，其奇校验码为 11000111，偶校验码为 11000110。

奇偶校验码能检测出被传输的一组二进制数串，在传输过程中是否出了差错。例如在奇校验码中，1 的个数均为奇数，经传输后发现多一个 1 或少一个 1 成了偶数个 1。可用奇校验电路发现差错，偶校验方法与之类似。

假设一个字 X 从部件 A 传送到部件 B。在源点 A，校验位 C 可用上面的公式算出来，并合在一起传送到 B。假设在 B 点真正接收到的是 $X_nX_{n-1}\cdots X_2X_1C$，则求校验码的异或运算值 E：

$$E=X_n\oplus X_{n-1}\oplus\cdots\oplus X_2\oplus X_1\oplus C$$

如果为奇校验，则 $E=1$ 为收到的信息编码正确，$E=0$ 编码错误。

如果为偶校验，则 $E=0$ 为收到的信息编码正确，$E=1$ 编码错误。

为了统一化，对于奇校验，可以把 E 的值取反再进行判断，从而 E 值为 0 正确，E 值为 1 错误。

通过公式可以发现，奇偶校验码只能发现一位或者奇数个位出错，不能发现偶数个位同时出错，即使发现了传输出错，也不能定位出错点。因为以集成电路为基础的电子计算机中，一位出错的概率远高于多位出错的概率，所以奇偶校验码还是应用得比较广泛。奇偶校验码常用于存储器读、写检查或 ASCII 字符传输过程中的检查。

2.5.2 海明校验码

海明校验码是在 1950 年由 Richard Hamming 提出的，目前还被广泛采用的一种很有效的校验方法。海明校验码既能检测错误，又能纠正错误。它实际上是一种多重奇偶校验，以奇偶校验为基础，只是增加几个校验位，就能检测出多个出错位，并能自动恢复一个或几个出错位的值。

海明校验码的实现原理是：在 n 个数据位中加入 k 个校验位，将校验位一位一位地插入 n 个有效数据位中，并把数据的每个二进制位分配在 k 个奇偶校验组中。当某一位出错后，就会引起有关的几个校验位的值发生变化，这不但可以发现错误，还能指出是哪一位出错，为进一步自动纠错提供了依据。

在海明校验码中，有效数据位的位数 n 与校验位的位数 k 之间的关系满足如下不等式：

$$2^k-1\geqslant n+k$$

1.编码规则

设 n 位有效数位和 k 位校验位形成了 $n+k$ 位海明校验码，即 $H_{n+k}H_{n+k-1}\cdots H_2H_1$，每个校验位 P_i 在海明码中被分在位号 $2^{i-1}(i=1,2,\cdots,k)$的位置上，其余各位为数据位，并按从低到高依次排列的关系分配各数据位。

确定校验位后，就可以与信息位组成海明校验码。假设数据位是 7 位二进制编码，2^k-1

$\geqslant n+k$ 式子所得，校验位的位数 k 为 4，故海明码的总位数为 11。根据海明码的校验规则，4 个校验位 $P_4 \sim P_1$ 对应的海明码位号应该为 H_8、H_4、H_2 和 H_1，满足 P_i 的位号等于 2^{i-1} 的关系。

海明码：$(H_{11}H_{10}H_9H_8H_7H_6H_5H_4H_3H_2H_1)_2 = (D_7D_6D_5\mathbf{P_4}D_4D_3D_2\mathbf{P_3}D_1\mathbf{P_2}\mathbf{P_1})_2$

2. n 位有效数的 k 组划分

海明校验码从后向前依次编号，编号从 1 开始依次递增 1，对于 $n+k$ 位中任何一个数位 H_M 的 M 位号写成 k 位二进制数的形式 $M_{k-1}M_{k-2}\cdots M_1M_0$。对于 H_M 的位号中 $M_i(i=0,1,2,\cdots k-1)$ 为“1”，则将 H_M 分到第 i 组中，从而把 n 位有效数位分成了 k 组。

例如 7 位有效数位和 4 位校验码组成了 11 位海明码，划分为 4 组，如表 2-6 所示。

表 2-6　海明码的分组

海明码	H_{11}	H_{10}	H_9	H_8	H_7	H_6	H_5	H_4	H_3	H_2	H_1
位号二进制编码	1011	1010	1001	1000	0111	0110	0101	0100	0011	0010	0001
有效数与校验位	D_7	D_6	D_5	P_4	D_4	D_3	D_2	P_3	D_1	P_2	P_1
第 0 组	D_7		D_5		D_4		D_2		D_1		P_1
第 1 组	D_7	D_6			D_4	D_3			D_1	P_2	
第 2 组					D_4	D_3	D_2	P_3			
第 3 组	D_7	D_6	D_5	P_4							

3. 计算 k 组的校验位

从表 2-6 的 k 组划分来看，每组当且仅当只有一个校验位。校验位 P_i 被划分在 $i-1$ 组内。每一组按奇校验或者偶校验计算出校验位的值，从而由 n 位有效数位计算出 k 位校验位，放入相应的位置形成海明校验码。

例 2-13　设有一个 7 位信息码为 0110001，如果采用偶校验求它的海明码 H。

信息位 $n=7$，根据海明不等式，可求得校验位最短长度为 $k=4$，分组如表 2-6 所示。

$$P_1 = D_7 \oplus D_5 \oplus D_4 \oplus D_2 \oplus D_1 = 0 \oplus 1 \oplus 0 \oplus 0 \oplus 1 = 0$$

$$P_2 = D_7 \oplus D_6 \oplus D_4 \oplus D_3 \oplus D_1 = 0 \oplus 1 \oplus 0 \oplus 0 \oplus 1 = 0$$

$$P_3 = D_4 \oplus D_3 \oplus D_2 = 0 \oplus 0 \oplus 0 = 0$$

$$P_4 = D_7 \oplus D_6 \oplus D_5 = 0 \oplus 1 \oplus 1 = 0$$

$$H = (H_{11}H_{10}H_9H_8H_7H_6H_5H_4H_3H_2H_1)_2$$

$$= (D_7D_6D_5\mathbf{P_4}D_4D_3D_2\mathbf{P_3}D_1\mathbf{P_2}\mathbf{P_1})_2 = (011\mathbf{0}000\mathbf{0}1\mathbf{00})_2$$

4. 检错与纠错

海明码的检错与纠错的过程比较简单，接收到编码 $n+k$ 位的海明码，通过 k 次奇偶公式的校验，得出一个 k 位二进制位 $M_{k-1}M_{k-2}\cdots M_1M_0$ 数 M。如果 M 为 0，没有错误；如果 M 不为 0，则 k 位二进制编码对应数位 H_M 为出错的位，只要把 H_M 取反即可纠错。

例 2-14　设有一个 7 位信息码为 0110001，海明码 $H=(01100000100)_2$。传输后收到了 11 位编码 $H1=(H_{11}H_{10}H_9H_8H_7H_6H_5H_4H_3H_2H_1)_2=(01100100100)_2$，判断是否出错？如果

出错，哪一位出错？

根据例 2-13 可知，$P_1 = D_7 \oplus D_5 \oplus D_4 \oplus D_2 \oplus D_1 = H_{11} \oplus H_9 \oplus H_7 \oplus H_5 \oplus H_3$

所以第 0 组的校验结果 $M_0 = H_{11} \oplus H_9 \oplus H_7 \oplus H_5 \oplus H_3 \oplus H_1 = 0 \oplus 1 \oplus 0 \oplus 0 \oplus 1 \oplus 0 = 0$

同理可以计算出第 1 组、第 2 组、第 3 组的校验结果为：

第 1 组的校验结果：$M_1 = H_{11} \oplus H_{10} \oplus H_7 \oplus H_6 \oplus H_3 \oplus H_2 = 0 \oplus 1 \oplus 0 \oplus 1 \oplus 1 \oplus 0 = 1$

第 2 组的校验结果：$M_2 = H_7 \oplus H_6 \oplus H_5 \oplus H_4 = 0 \oplus 1 \oplus 0 \oplus 0 = 1$

第 3 组的校验结果：$M_3 = H_{11} \oplus H_{10} \oplus H_9 \oplus H_8 = 0 \oplus 1 \oplus 1 \oplus 0 = 0$

第 1 组和第 2 组出错了，把校验结果组成一个 4 位的编码 $M_3M_2M_1M_0 = 0110$，能够推断出 H_6 位出错了，只要把第 6 位取反，就可以得到正确的码$(01100000100)_2$。

海明码只能发现一位错误，并能指出是哪一位出错了。若海明码中出了多位错误，它就没有办法纠错了。

2.5.3　循环冗余校验码

循环冗余校验码(Cyclic Redundancy Check，CRC)可发现并纠正信息存储或传输过程中连续出现的多位错误，这在辅助存储器(如硬盘)和计算机通信方面得到了广泛的应用。

CRC 码是一种基于模 2 运算建立编码规律的校验码，可以通过模 2 运算来建立有效信息位和校验位之间的约定关系。这种约定关系为：假设 n 是有效数据信息位位数，k 是校验位位数。则 n 位有效信息位与 k 位校验位所拼接的数，能被某一约定的数除尽。n 和 k 之间的关系满足如下的不等式：

$$2^k \geqslant n + k + 1$$

$$k \geqslant \log_2 n$$

$$k = \lceil \log_2 n \rceil$$

1. 模 2 运算

模 2 运算是以按位模 2 相加的加减乘除运算，运算时不考虑进位和借位。

①模 2 加减法运算：按位异或运算。

0+0=0　0+1=1　1+0=1　1+1=0

0-0=0　0-1=1　1-0=1　1-1=0

②模 2 乘法运算：每次累加的时候不进位，每列按照累加和模 2 求解。

③模 2 除法运算：每一次都按模 2 减求余数，不借位。如果被除数的最高位为 1，则商为 1；如果被除数的最高位为 0，则商为 0。当余数的位数小于除数位数时，结束除法。

例 2-15　按模 2 乘除规则，求解 10101×101 和 10011÷101。

模 2 的乘除法具体过程如下所示。

```
     10101                  101
  ×    101           101/10011
  --------              101
     10101              -----
    00000                011
+  10101                 000
  --------               -----
   1000001                111
                          101
                          -----
                           10
```

2. CRC 的编码

设待编码的 n 位有效数 $C_nC_{n-1}\cdots C_2C_1$，循环冗余校验码的编码过程需要 3 步。

①将 n 位有效数 $C_nC_{n-1}\cdots C_2C_1$ 表示为多项式 $M(x)$ 的形式。

$$M(x)=C_nx^{n-1}+C_{n-1}x^{n-2}+\cdots+C_2x^1+C_1$$

②选择一个 $k+1$ 位的生成多项式 $G(x)$，$M(x)$ 乘以 x^k 之后，再除以 $G(x)$，得到 k 位的余数 $R(x)$ 和商 $Q(x)$。

$$\frac{M(x)\cdot x^k}{G(x)}=Q(x)+\frac{R(x)}{G(x)}$$

③得到的余数 $R(x)$ 就是所求的校验位，将它拼接到 n 位有效数之后，得到 $n+k$ 位的 CRC 编码。

例 2-16　对四位有效信息 1101 编码成 7 位 CRC 循环码，k 为 3，选 $G(x)=x^3+x^1+1$。

$$M(x)=x^3+x^2+1$$
$$M(x)x^k=(x^3+x^2+1)x^3=x^6+x^5+x^3$$
$$M(x)x^k/G(x)=1101000/1011=1111+001/1011$$
$$R(x)=001$$

得到 7 位的 CRC 码 1101001。因为 n 为 4，k 为 3，所以本 CRC 称为(7,4)码。

3. CRC 的校验方法

将生成的 CRC 码发送出去，在目标点收到 CRC 码后，再用生成多项式 $G(x)$ 去除，如果能够整除，则接收到的 CRC 码没有出现错误；如果余数不为 0，则表示接收到的码中某一位出现错误。由于不同的位出错后，所对应的余数不同，所以根据余数就能判断出是哪一位出错了，因此也就能纠正出错的数位。

对于例 2-16 中生成多项式 $G(x)=x^3+x^1+1$，表 2-7 列出了(7,4)码出错的所有模式。

表 2-7　(7,4)码的出错所有模式

	D_7	D_6	D_5	D_4	D_3	D_2	D_1	余数	出错位
正确码	1	1	0	1	0	0	1	000	无
错误码 1	1	1	0	1	0	0	0	001	第 1 位
错误码 2	1	1	0	1	0	1	1	010	第 2 位
错误码 3	1	1	0	1	1	0	1	100	第 3 位
错误码 4	1	1	0	0	0	0	1	011	第 4 位
错误码 5	1	1	1	1	0	0	1	110	第 5 位
错误码 6	1	0	0	1	0	0	1	111	第 6 位
错误码 7	0	1	0	1	0	0	1	101	第 7 位

从表 2-7 可得，当 CRC 码的 7 位中某一位出错，都可以根据余数的值找到对应的出错位了。例如余数为 100，表示 D_3 出错，只要把出错的 1 改为 0 即可。

当有效位 n 和生成多项式都不变时，不同的待传输有效数 n 位数所对应的出错模式都是相同的。相同的有效位 n，选择了不同的生成多项式，则出错模式也不同。

4.CRC 的生成多项式

在 CRC 中生成多项式起到了非常重要的作用，并非任何一个 $k+1$ 位的多项式都能作为 $G(x)$ 使用，它应满足以下 3 个条件：

①任何一位出错都不能使余数为 0。

②不同的位出错，使余数不同。

③对于余数继续做模 2 除法，应该使余数循环，不能除尽。

CRC 的 $G(x)$ 的选择依靠经验，常用的有 3 种多项式作为标准而广泛使用。

$$G_{12}(x)=x^{12}+x^{11}+x^{3}+x^{2}+x+1$$

$$G_{16}(x)=x^{16}+x^{15}+x^{2}+1$$

$$G_{16}(x)=x^{16}+x^{12}+x^{5}+1$$

2.6 加法器

运算器是计算机进行算术逻辑运算的主要部件。计算机中最基本的算术运算是加法运算，通过补码可以把减法转换为加法，通过移位加法把乘法转换为加法，加法器是算术运算器的基础。

2.6.1 加法器

加法器是由全加器及其配合的数字逻辑电路组成的。全加器(Full Adder，FA)是一个三端输入、两端输出的逻辑电路。3 个输入量：本位操作数 A_i 和 B_i，低位传过来的进位 C_{i-1}。两个输出量：本位和 S_i，向高位输出的进位 C_i，逻辑框图如 2-15 所示。

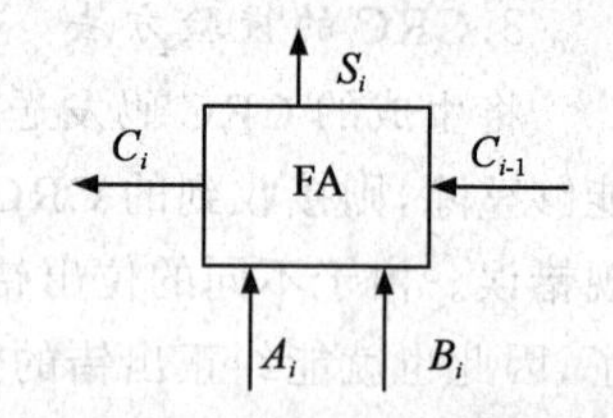

图 2-15 全加器的逻辑框图

二进制一位的三个数 A_i、B_i、C_{i-1} 相加，和值为一个二进制位 S_i 和一个进位 C_i。其真值表如表 2-8 所示。

表 2-8 全加器真值表

C_{i-1}	A_i	B_i	C_i	S_i
0	0	0	0	0
0	0	1	0	1
0	1	0	0	1
0	1	1	1	0
1	0	0	0	1
1	0	1	1	0
1	1	0	1	0
1	1	1	1	1

根据真值表，全加器的逻辑表达式为

$$S_i = A_i \oplus B_i \oplus C_{i-1}$$
$$C_i = A_iB_i + (A_i \oplus B_i)C_{i-1}$$

使用与门、或门、异或门构造出全加器的逻辑电路，如图 2-16 所示。

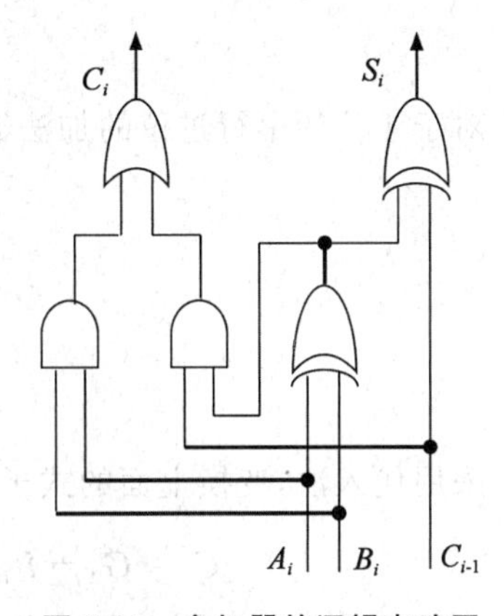

图 2-16　全加器的逻辑电路图

2.6.2　串行进位的加法器

类似十进制的多位数加法，两个操作数右对齐，从右到左，逐位相加，低位的进位参与高位的计算。设 n 位二进制位的操作数 A 与 B 相加和为 S，则需要 n 个全加器，把低位的进位传递给高一位的加法器参与加法运算，再把进位传递给更高一位的加法器，如图 2-17 所示，n 个全加器通过进位信号串连接起来，这样的进位网络称为进位链。

$$A = (A_nA_{n-1}\cdots A_2A_1)_2$$
$$B = (B_nB_{n-1}\cdots B_2B_1)_2$$

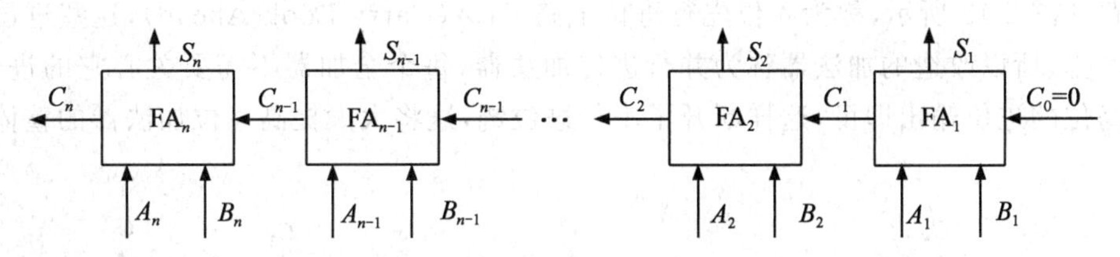

图 2-17　串行进位的加法器

从图 2-17 的串行进位的加法器，可得 A 与 B 的和 S 的值为

$$S = (C_nS_nS_{n-1}\cdots S_2S_1)_2$$

虽然 n 个全加器可以同时工作，但是每个进位是需要低位全加器提供的，需要串行进位的信号，即进位信号是逐级形成的，所以串行进位又称行波进位。n 位加法器需要进行 n 次加法依次操作才能完成，所以加法的最长运算时间主要取决于进位信号的传递时间，而每个全加器本身的求和延迟变成了次要因素了。对于 n 位的串行进位加法器，n 的值越大，需要的运算时间越长。

2.6.3　加法器逻辑结构的改进

提高 n 位加法器速度的关键是尽量加快进位的产生和传递的速度。分析全加器的进位、串行进位链，解决好进位信号的传递速度。

$$C_i = A_iB_i + (A_i \oplus B_i)C_{i-1}$$

(1)A_iB_i 项，只与本位数值有关，故称本位进位产生函数，记作 G_i。

(2)$(A_i \oplus B_i)C_{i-1}$ 项，C_{i-1} 是否起到作用，取决于 $A_i \oplus B_i$ 是否为“1”，将 $A_i \oplus B_i$ 称为进位传递函数，记作 P_i。

$$C_i = G_i + P_i C_{i-1}$$

对于 4 位的串行进位的加法器的进位为

$$C_1 = G_1 + P_1 C_0$$
$$C_2 = G_2 + P_2 C_1$$
$$C_3 = G_3 + P_3 C_2$$
$$C_4 = G_4 + P_4 C_3$$

采用代入法,变换上面的式子为

$$C_1 = G_1 + P_1 C_0$$
$$C_2 = G_2 + P_2(G_1 + P_1 C_0) = G_2 + P_2 G_1 + P_2 P_1 C_0$$
$$C_3 = G_3 + P_3(G_2 + P_2 G_1 + P_2 P_1 C_0)$$
$$= G_3 + P_3 G_2 + P_3 P_2 G_1 + P_3 P_2 P_1 C_0$$
$$C_4 = G_4 + P_4 G_3 + P_4 P_3 G_2 + P_4 P_3 P_2 G_1 + P_4 P_3 P_2 P_1 C_0$$

可见,4 个进位输出仅与进位产生函数 G_i 和进位传递函数 P_i 以及 C_0 有关,并行进位的逻辑电路如图 2-18 所示,称为 4 位先行进位电路 CLA(Carry Look Ahead),这些进位信号可以同时产生,所以改造的加法器称为并行进位加法器,每个全加器不需要关心它的进位输出,只要最高位的进位输出即可,这样断开了串行进位链,这将大大提高 4 位加法器的整体的运算速度。

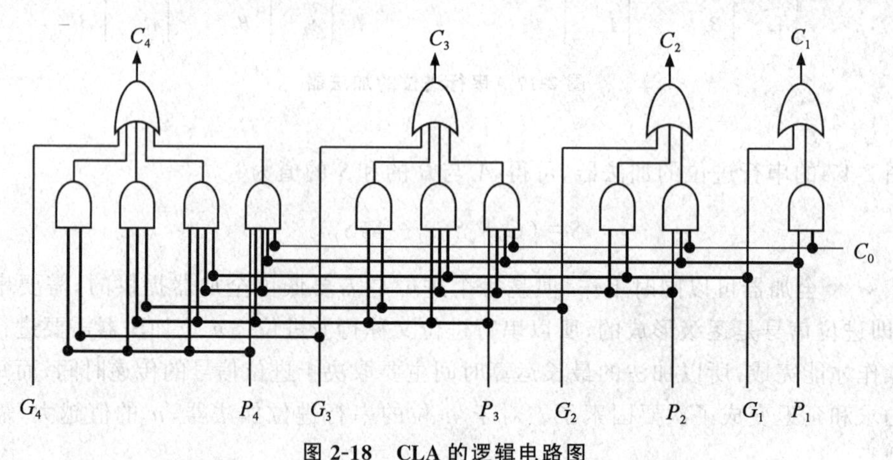

图 2-18 CLA 的逻辑电路图

随着加法器位数 n 的增加,进位函数所蕴含的逻辑项将越来越多,使得进位电路越来越复杂,采用完全的并行运算无法实现。通常采用分组并行进位的方式,把 n 位分为若干等长的小组,小组内各位之间实现并行进位,小组之间采用串行进位或并行进位方式。

例如 16 位加法器,以 4 位为一组,分成 4 组。每组可以采用图 2-18 和 4 个全加器封装成一个 4 位 CAL 加法器,如图 2-19 所示。可以对全加器进行修改,使之能够输出 G_i 和 P_i,则 CLA 加法器电路可以进一步简化。级联 4 个 CLA 加法器,很容易构成 16 位的组间串行进位的加法器,如图 2-20 所示。

组间串行进位的电路中,运算的速度也受制于串行 CLA 加法器的数目,CLA 加法器的数

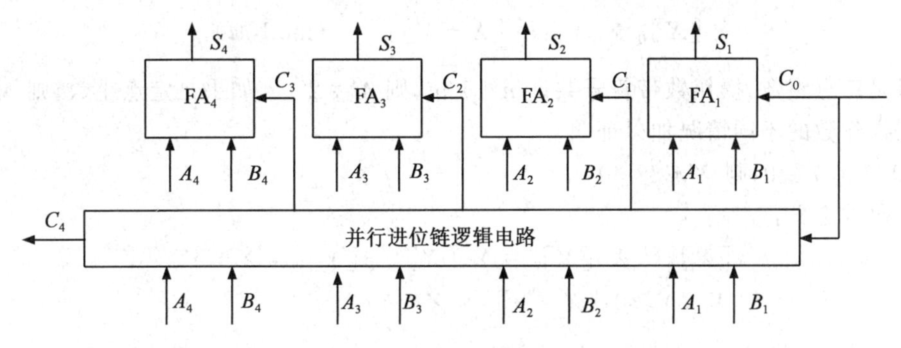

图 2-19 CLA 加法器电路图

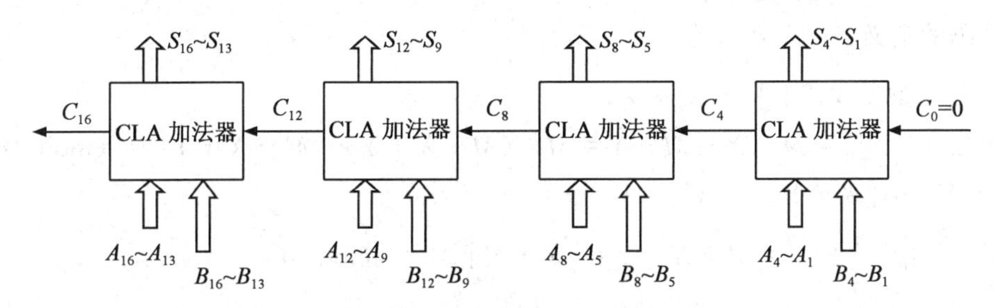

图 2-20 16 位组间串行进位加法器

目越多,进位延迟的时间就越长。为了加快进位的速度,可以采用并行进位链的思想,消除组间的进位。

$$C_4 = G_4 + P_4 G_3 + P_4 P_3 G_2 + P_4 P_3 P_2 G_1 + P_4 P_3 P_2 P_1 C_0$$

$$C_4 = G_1^* + P_1^* C_0$$

其中 $G_1^* = G_4 + P_4 G_3 + P_4 P_3 G_2 + P_4 P_3 P_2 G_1$;$P_1^* = P_4 P_3 P_2 P_1$。$G_1^*$ 称为组进位产生函数,P_1^* 称为组进位传递函数,它们只与组内的 $G_4 \sim G_1$ 和 $P_4 \sim P_1$ 有关。依次类推:

$$C_8 = G_2^* + P_2^* C_4 = G_2^* + P_2^* (G_1^* + P_1^* C_0) = G_2^* + P_2^* G_1^* + P_2^* P_1^* C_0$$

$$C_{12} = G_3^* + P_3^* C_8 = G_3^* + P_3^* G_2^* + P_3^* P_2^* G_1^* + P_3^* P_2^* P_1^* C_0$$

$$C_{16} = G_4^* + P_4^* C_{12} = G_4^* + P_4^* G_3^* + P_4^* P_3^* G_2^* + P_4^* P_3^* P_2^* G_1^* + P_4^* P_3^* P_2^* P_1^* C_0$$

构造一个成组先行进位电路(Block Carry Look Ahead,BCLA),在此基础上构造 4 位 BCLA 加法器,4 个 BCLA 加法器和一个 CLA 电路就可以实施多级的先行进位方式。

2.7 定点数的加减运算

带符号的定点数的表示方式有原码、反码和补码 3 种。补码进行运算不用先判断数的绝对值,直接带着符号输入到加法器参与即可,因为它实现起来最方便,所以当前计算机都是选择定点数作为补码实施运算。

2.7.1 定点数的补码加法

任意两数的补码之和等于该两数和的补码。

$$[X]_补+[Y]_补=[X+Y]_补 \quad (\text{mod } M)$$

如果是定点整数，操作数带符号共计 $n+1$ 位，则 $M=2^{n+1}$，如果是定点小数，则 $M=2$。根据操作数的不同情况加以证明。

(1) $X\geqslant0, Y\geqslant0$，则 $X+Y\geqslant0$

由补码的定义：

$$[X]_补=X, [Y]_补=Y; [X]_补+[Y]_补=X+Y$$
$$X+Y\geqslant0; [X+Y]_补=X+Y$$

所以 $[X]_补+[Y]_补=X+Y=[X+Y]_补$

(2) $X<0, Y<0$，则 $X+Y<0$

由补码的定义：

$$[X]_补=M+X, [Y]_补=M+Y,$$
$$[X]_补+[Y]_补=M+X+M+Y=M+(M+X+Y)=M+X+Y \quad (\text{mod } M)$$
$$X+Y<0; [X+Y]_补=M+(X+Y)$$

所以 $[X]_补+[Y]_补=M+X+Y=[X+Y]_补 \quad (\text{mod } M)$

(3) $X\geqslant0, Y<0$

由补码的定义：

$$[X]_补=X, [Y]_补=M+Y，则$$
$$[X]_补+[Y]_补=X+M+Y=M+X+Y$$

$X+Y$ 的值分为 2 种情况。

① $X+Y\geqslant0$

$$[X]_补+[Y]_补=X+M+Y=X+Y=[X+Y]_补 \quad (\text{mod } M)$$

② $X+Y<0$

$$[X]_补+[Y]_补=X+M+Y=[X+Y]_补$$

(4) $X<0, Y\geqslant0$

结论与(3)相同，只需要把 X 与 Y 的位置对调即可。

例 2-17 五位定点整数 $X=7, Y=-9, Z=-3$，求 $X+Y$ 和 $Y+Z$ 的值。

$[X]_补=[7]_补=(00111)_2$ $[Y]_补=[-9]_补=(10111)_2$ $[Z]_补=[-3]_补=(11101)_2$

$[X]_补+[Y]_补=(00111)_2+(10111)_2=(11110)_2$

$[X+Y]_补=[7-9]_补=[-2]_补=(11110)_2=[X]_补+[Y]_补$

$[Y]_补+[Z]_补=(10111)_2+(11101)_2=(110100)_2=(10100)_2 \quad (\text{mod } 2^5)$

$[Y+Z]_补=[-9-3]_补=[-12]_补=(10100)_2=[Y]_补+[Z]_补$

2.7.2 定点数的补码减法

根据补码加法公式可以推出

$$[X-Y]_补=[X+(-Y)]_补=[X]_补+[-Y]_补$$

例 2-18　五位定点整数 $X=7, Y=-9, Z=-3$，求 $X-Z$ 和 $Y-Z$ 的值。

$[X]_{补}=[7]_{补}=(00111)_2$　$[Y]_{补}=[-9]_{补}=(10111)_2$　$[Z]_{补}=[-3]_{补}=(11101)_2$

$[-Z]_{补}=[3]_{补}=(00011)_2$

$[X]_{补}+[-Z]_{补}=(00111)_2+(00011)_2=(01010)_2$

$[X-Z]_{补}=[7-(-3)]_{补}=[10]_{补}=(01010)_2=[X]_{补}+[-Z]_{补}$

$[Y]_{补}+[-Z]_{补}=(10111)_2+(00011)_2=(11010)_2$

$[Y-Z]_{补}=[-9-(-3)]_{补}=[-6]_{补}=(11010)_2=[Y]_{补}+[-Z]_{补}$

2.7.3　定点数运算中的溢出处理

例 2-19　五位定点整数 $X=15, Y=3, Z=-14$，求 $X+Y$ 和 $Z-Y$ 的值。

$[X]_{补}=[15]_{补}=(01111)_2$　$[Y]_{补}=[3]_{补}=(00011)_2$　$[Z]_{补}=[-14]_{补}=(10010)_2$

$[-Y]_{补}=[-3]_{补}=(11101)_2$

$[X+Y]_{补}=[X]_{补}+[Y]_{补}=(01111)_2+(00011)_2=(10010)_2=[-14]_{补}$

$[Z-Y]_{补}=[Z]_{补}+[-Y]_{补}=(10010)_2+(11101)_2=(01111)_2=[15]_{补}$　　$(\mathrm{mod}\ 2^5)$

分析例 2-19 可知，两个正数相加，结果为负数；一个负数减去一个正数，等于两个负数相加，结果为正数，这样的运算显然是错误的。这不是补码的加减法规则出错了，而是运算的结果超出了补码的表示范围，这种错误现象称为溢出。一旦发生溢出，留下的结果将不正确。因此计算机本身应设置溢出判断逻辑，如果发生溢出将中断并显示“overflow”标志，或者通过溢出处理程序修改比例因子，然后重新运算。溢出的处理方法，分为有符号数和无符号数处理方案，以定点有符号整数为例进行分析。

字长为 $n+1$ 位的定点整数(其中最高位为符号位)，采用补码表示。当运算结果大于 2^n-1 或小于 -2^n 时，则产生溢出。设 X、Y 是两个 $n+1$ 位的补码整数，其二进制位如下所示。

$$[X]_{补}=X_s\,X_n\,X_{n-1}\cdots X_1$$
$$[Y]_{补}=Y_s\,Y_n\,Y_{n-1}\cdots Y_1$$
$$[Z]_{补}=[X]_{补}+[Y]_{补}=Z_sZ_nZ_{n-1}\cdots Z_1$$

1. 单符号位判断方法

X_s 和 Y_s 同号，与 Z_s 异号，则发生溢出。如果 X 和 Y 是异号，肯定不会发生溢出。如果 X 和 Y 是正整数，发生溢出则称为正溢；如果 X 和 Y 是负整数，发生溢出则称为负溢。

溢出 V 的条件为

$$V=\overline{X_s}\,\overline{Y_s}Z_s+X_sY_s\overline{Z_s}$$

2. 双高位判断方法

在补码运算中，设 C_f 为符号位向左的进位，C_s 为数值部分最高位向符号位产生的进位。分析了正溢出可知，数值最高为 n 位进位给符号位(C_s 为 1)，但是符号位没有产生进位(C_f 为 0)；分析了负溢出可知，数值最高为 n 位没有进位给符号位(C_s 为 0)，然而符号位产生了进位(C_f 为 1)。如果 C_f 和 C_s 同时进位,或都没有进位,不会产生溢出。所以 C_f 和 C_s 两位相异,产生溢出。溢出 V 的条件为

$$V = C_f \oplus C_s$$

3.双符号位判断方法

给补码添加一个符号位,既能方便地检查出来是否发生溢出,又能表示补码的符号,这种补码称为变形补码。

$$[X]_{补} = X_{s1}\ X_{s2}\ X_n X_{n-1} \cdots X_1$$
$$[Y]_{补} = Y_{s1}\ Y_{s2}\ Y_n\ Y_{n-1} \cdots Y_1$$
$$[Z]_{补} = [X]_{补} + [Y]_{补} = Z_{s1}\ Z_{s2}\ Z_n Z_{n-1} \cdots Z_1$$

在双符号位的情况下,左边的符号位叫作真符,代表了该整数的真正符号。两个符号位和单个符号补码一样都作为数的一部分参与运算。

例 2-20 四位定点整数 $X = 15, Y = 3, Z = -14$。以变形补码的形式,求 $X - Y$、$X + Y$、$Z + Y$ 和 $Z - Y$ 的值。

$[X]_{补} = [15]_{补} = (001111)_2$ $[Y]_{补} = [3]_{补} = (000011)_2$ $[Z]_{补} = [-14]_{补} = (110010)_2$

$[-Y]_{补} = [-3]_{补} = (111101)_2$

$[X - Y]_{补} = [X]_{补} + [-Y]_{补} = (001111)_2 + (111101)_2 = (1001100)_2 = (001100)_2$
$= [12]_{补} \quad (\mathrm{mod}\ 2^6)$

$[X + Y]_{补} = [X]_{补} + [Y]_{补} = (001111)_2 + (000011)_2 = (010010)_2$

$[Z + Y]_{补} = [Z]_{补} + [Y]_{补} = (110010)_2 + (000011)_2 = (110101)_2$

$[Z - Y]_{补} = [Z]_{补} + [-Y]_{补} = (110010)_2 + (111101)_2 = (101111)_2 \quad (\mathrm{mod}\ 2^6)$

双符号位的含义如下:

$Z_{s1} Z_{s2} = 00$,结果为正数,无溢出

$Z_{s1} Z_{s2} = 01$,结果为正溢

$Z_{s1} Z_{s2} = 10$,结果为负溢

$Z_{s1} Z_{s2} = 11$,结果为负数,无溢出

可见,两个符号值相同不发生溢出,两个符号值相异时溢出,则 V 的条件为

$$V = Z_{s1} \oplus Z_{s2}$$

双符号位实质上是扩大了模,对于数值位为 n 位的定点整数来说,模等于 2^{n+2}。

对于定点小数的溢出,也可以采用上面的几种方法实现判断。

无符号整数运算中也会出现溢出,如果溢出则将标志 OF 置为"1",并给出"Overflow"信号,表示运算溢出出错了。无符号数可以通过采用变形补码的形式进行判断。

在计算机系统中,通常无符号数来表示存储器的地址,实现两个存储器地址减,获得偏移量的;或者一个地址加上一个偏移量,获得另外一个存储器地址。地址的溢出程序一般不做判断,通常采用忽略的方式,依靠操作系统来判断是否在本进程的存储空间内,实现安全操作。

2.7.4　补码定点数加减运算器的实现

定点整数的加法和减法，都可以转换为补码的加法来实现。

$$[A+B]_{补}=[A+B]_{补}=[A]_{补}+[B]_{补}$$
$$[A-B]_{补}=[A+(-B)]_{补}=[A]_{补}+[-B]_{补}$$

$[-B]_{补}$可以通过$[B]_{补}$连同符号位在内求反末尾加 1 得到。设操作数 A 和 B 都是 n 位数，最高位为符号位，对图 2-17 的串行进位加法器进行简单修改，实现补码定点数的加减运算，如图 2-21 所示。

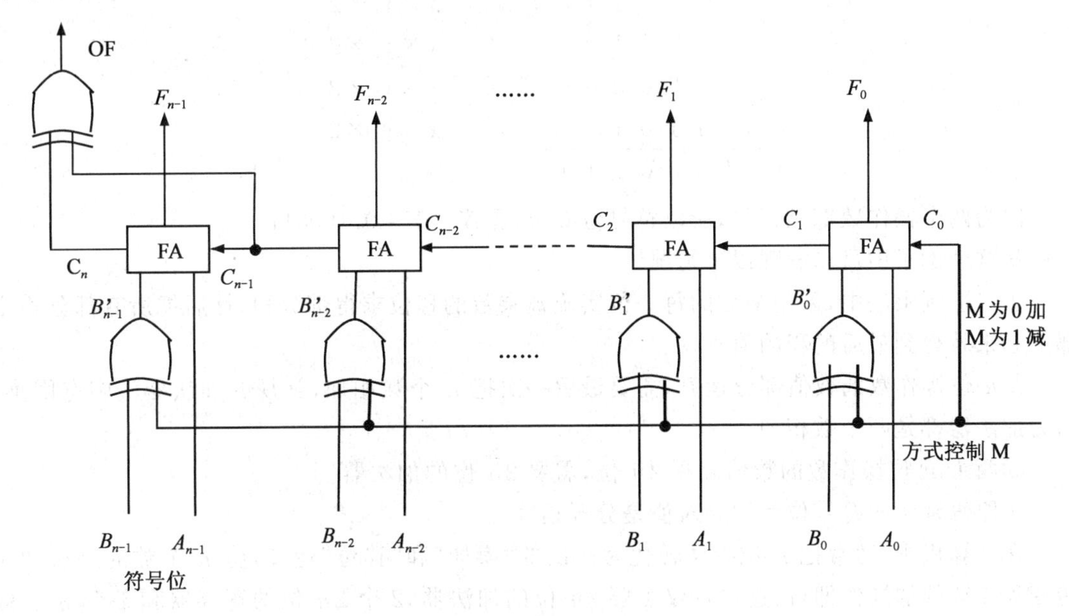

图 2-21　串行定点数加减运算器

图中 M 为控制方式，当为加法时，M 为 0，异或运算器不改变 B 的值，直接输入到全加器中，而且 C_0 也为 0。如果为减法时，M 为 1，异或运算器对 B 的值取反，再输入到全加器中，C_0 为 1，实现了 B 的各位取反，再加 1，求出 $-B$ 的补码，参与运算，实现了补码的减法运算。溢出运算采用双高位判断方法，对符号位的进位和数值最高位的进位的异或运算判断是否溢出，溢出则 OF 为 1。

2.8　定点数的乘法运算

对于常规的冯·诺依曼计算机，乘法运算大多数采用递推算法来实现，也就是由累加和移位来实现。有的计算机采用大规模集成电路的阵列乘法器来实现。

2.8.1　定点乘法

1. 原码一位乘法

原码乘法中操作数采用原码表示，积的符号由两个操作数的符号位异或运算得到，积的值由两个操作数的乘法得到。假设两个 $n+1$ 位定点小数进行原码乘法，如下所示。

被乘数：$[X]_{原}=X_S.X_1X_2\cdots X_n$

乘数：$[Y]_{原}=Y_S.Y_1Y_2\cdots Y_n$

乘积：$[Z]_{原}=(X_S\oplus Y_S).(0.X_1X_2\cdots X_n)\times(0.Y_1Y_2\cdots Y_n)$

例 2-21 设被乘数 $X=0.1101$，乘数 $Y=0.1011$，用竖式求 $X\times Y$ 的积。

乘数 $Y=0.1011=0.y_1y_2y_3y_4$

```
          0 . 1 1 0 1        被乘数
        × 0 . 1 0 1 1        乘数
        -------------
              1 1 0 1        x×y4×2^-4
            1 1 0 1          x×y3×2^-3
          0 0 0 0            x×y2×2^-2
 +      1 1 0 1              x×y1×2^-1
 ---------------------
 0 . 1 0 0 0 1 1 1 1
```

因为两个操作数都是正数，所以符号位 0，最后 $X\times Y=0.10001111$。

从这个例子中可以发现以下情况。

①二进制乘法中，采用乘数的每一位实施被乘数的移位求得部分积，然后把所有部分积全部加起来就得到最后的积的值。

②n 位操作数的数值部分运算，需要最后一次把 n 个数相加，常规的加法器实施有困难，因为加法器都是两个数相加。

③两个 n 位操作数的数值之积 $2n$ 位，需要 $2n$ 位的加法器。

④原码乘法的符号位和积绝对值是分开运算的。

在计算机中，通常把 n 位乘法转化为 n 次的“累加”和“移位”运算，将 n 个数的一次加法转变为连续的加操作即可，这样仅仅需要 $2n$ 位的加法器，2 个 $2n$ 位的寄存器和 1 个 n 位的寄存器，一个计数器，以及一个逻辑控制电路即可实现 n 位的原码乘法，如图 2-22 所示。

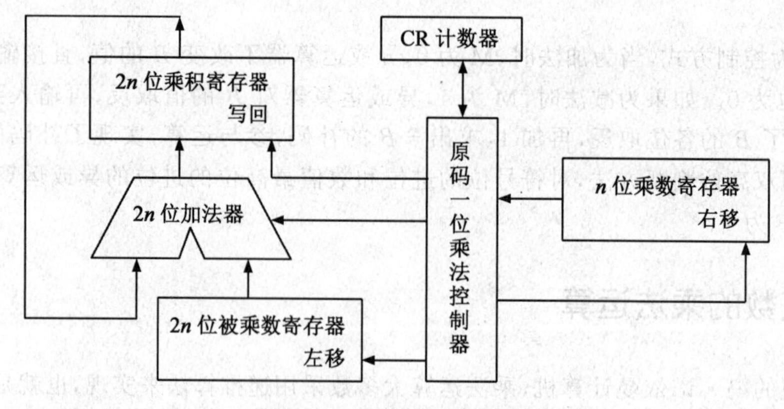

图 2-22 原码一位乘法器

图 2-22 所示的原码一位乘法器仅仅是乘法中被乘数和乘数的绝对值的运算。乘法器初始化时，把 n 位被乘数放到 $2n$ 位被乘数寄存器，高 n 位为 0；乘数放到 n 位乘数寄存器；$2n$ 位乘积寄存器和 CR 计数器都初始化 0。乘法器逻辑控制电路开始控制进行乘法运算。

①从乘数寄存器取得最低位；如果为“1”，控制乘积寄存器和被乘数寄存器的数据相加，和放到乘积寄存器；如果为“0”不实施加操作。

②CR 计数器加 1 一次，计数器的值是否为 n，如果是转移到⑤。

③将被乘数寄存器左移 1 位。

④将乘数寄存器右移 1 位，转移到①。

⑤$2n$ 位乘积寄存器的值为积的绝对值；控制两个操作数的符号位进行异或运算。把两个部分合并在一起得到 $2n+1$ 位则是原码一位乘法的积，运算结束。

图 2-22 中实现的乘法运算中，总有一半的位数为 0，只有一半的数位中包含有用数据，所以 $2n$ 位的加法器有些浪费，也使得乘法的速度大大降低。分析例 2-21，可以采用乘积右移的方式。

例 2-22　设被乘数 $X=0.1101$，乘数 $Y=0.1011$，用竖式求 $Z=X\times Y$ 的积。

选择一个累加器 A，初始化为 0；X 的数据值 $|X|$ 部分放到寄存器 B（n 位被乘数寄存器）中，Y 的数据值 $|Y|$ 部分放到寄存器 C（n 位乘数寄存器）中，按照寄存器 C 的最低位实施控制。为了简化运算，$2n$ 位累加器 A 借助寄存器 C 的部分位，竖虚线的左边部分为累加器 A 的低位，具体运算过程如下所示。

A	C	说明
0.0000	101**1**	C4 = 1, + B
+0.1101		
0.1101		
→0.0110	1 101**1**... 1101**1**	部分积右移一位
+0.1101		C4 = 1, + B
1.0011		
→0.1001	111**0**	部分积右移一位
+0.0000		C4 = 0, + 0
0.1001		
→0.0100	1111	C = 1, + B
+0.1101		
1.0001		
→0.1000	1111	部分积右移一位

$Z=X\times Y=0.10001111$，结果值和例 2-21 的一样。如果被乘数 X 和乘数 Y 是有符号数，符号位单独进行异或运算可以获得，$Z_s=X_s\oplus Y_s$。

根据对例 2-22 的分析，可以简化图 2-22 的逻辑电路图为如图 2-23 所示，加法器变为 n 位；n 位被乘数寄存器 R_2 变为固定不变了；初始时 n 位乘数放置寄存器 R_1，同时左部可以放置积的低位部分，积的高位在 $n+1$ 位寄存器 R_0 中，累加后 R_0 值右移一位到 R_1 中。对于带符号数的乘法，采用一个异或电路单独计算出积的符号。

乘法器初始化时，把被乘数放到被乘数寄存器 R_2；乘数放到寄存器 R_1；寄存器 R_0 和计数器 CR 都初始化 0。乘法器逻辑控制电路开始控制进行乘法运算。

①从乘数寄存器取得最低位 y_n；如果为“1”，控制寄存器 R_0 和被乘数寄存器 R_2 的数据相加，和放到寄存器 R_0；如果为“0”不实施加操作，或者加上一个 0 值。

②每次加之后将寄存器 R_0 右移 1 位到寄存器 R_1 之中，同时 R_0 高位补 0。这样寄存器

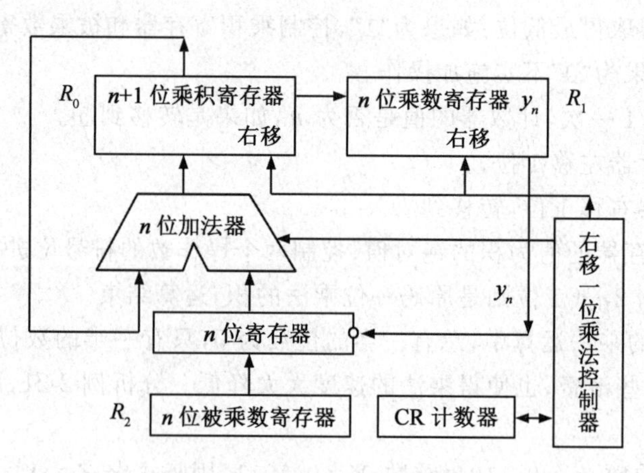

图 2-23 右移原码一位乘法器

R_1 原来的次低位变为 y_n。

③计数器 CR 加 1 一次，计数器的值是否为 n，如果不是转移到①，如果是 n，则停止计数，停止移位加法，转移到④。

④寄存器 R_0 高位 n 位和寄存器 R_1 低位 n 位合并在一起的 $2n$ 位值为积的绝对值；控制两个操作数的符号位进行异或运算。把两个部分合并在一起得到 $2n+1$ 位则是原码一位乘法的积，运算结束。

2. 补码一位乘法

加减运算器都是采用补码进行的，通常也需要补码进行乘法运算，即符号位也参与运算，即补码一位乘法。

(1)校正法

补码的符号位参与乘法运算，所以在原码一位乘法运算规则的基础上，根据不同的情况进行校正，从而获得补码的乘法值，故称为校正法。

以定点小数的补码为基础，分析校正法。设 $[X]_补 = X_0.X_1X_2\cdots X_n$，$[Y]_补 = Y_0.Y_1Y_2\cdots Y_n$，其中 X_0 和 Y_0 为符号位。

①被乘数 X 为任一值，$Y>0$，则 $[Y]_补 = 0.Y_1Y_2\cdots Y_n = Y$。若 $X\geqslant 0$，与无符号数乘法相同，直接可以使用原码一位乘法。

如果 $X<0$，有 $[X]_补 = 2+X = 2^{n+1}+X \pmod 2$，那么

$$[X]_补\times[Y]_补 = (2^{n+1}+X)\times(0.Y_1Y_2\cdots Y_n) = 2+X\times Y = [X\times Y]_补$$

根据 X 的两种情况，都有 $[X\times Y]_补 = [X]_补\times(0.Y_1Y_2\cdots Y_n)$。

②被乘数 X 为任一值，$Y<0$，则 $[Y]_补 = 2+Y$。

$$Y = [Y]_补 - 2 = 1.Y_1Y_2\cdots Y_n - 2 = 0.Y_1Y_2\cdots Y_n - 1$$

$$X\times Y = X\times(0.Y_1Y_2\cdots Y_n - 1) = X\times 0.Y_1Y_2\cdots Y_n - X$$

$$\begin{aligned}[X\times Y]_补 &= [X\times(0.Y_1Y_2\cdots Y_n) - X]_补 \\ &= [X\times(0.Y_1Y_2\cdots Y_n)]_补 + [-X]_补 \\ &= [X]_补\times(0.Y_1Y_2\cdots Y_n) + [-X]_补\end{aligned}$$

从①和②两种情况分析看，无论被乘数的符号如何，只要乘数为正，可以像无符号乘法一样运算；如果乘数为负数，运算方法不变，只是在最后一步加上$[-X]_{补}$进行校正即可。

(2)布斯(Booth)方法

将校正法运算的两种情况写成统一公式为(Y_0为$[Y]_{补}$的符号位)。

$$[X\times Y]_{补}=[X]_{补}\times(0.Y_1Y_2\cdots Y_n)+[-X]_{补}\times Y_0$$

布斯方法只是将这个统一的公式写成递推的公式。

$$\begin{aligned}
[X\times Y]_{补}&=[X]_{补}\times(0.Y_1Y_2\cdots Y_n)+[-X]_{补}\times Y_0\\
&=[X]_{补}\times(0.Y_1Y_2\cdots Y_n)-[X]_{补}\times Y_0\\
&=[X]_{补}\times(2^{-1}Y_1+2^{-2}Y_2+\cdots+2^{-n}Y_n)-[X]_{补}\times Y_0\\
&=[X]_{补}\times(-Y_0+2^{-1}Y_1+2^{-2}Y_2+\cdots+2^{-n}Y_n)\\
&=[X]_{补}\times(-Y_0+(Y_1-2^{-1}Y_1)+(2^{-1}Y_2-2^{-2}Y_2)+\cdots+\\
&\quad(2^{-(n-1)}Y_n-2^{-n}Y_n))\\
&=[X]_{补}\times((Y_1-Y_0)+2^{-1}(Y_2-Y_1)+2^{-2}(Y_3-Y_2)+\cdots+2^{-n}(0-Y_n))\\
&=[X]_{补}\times((Y_1-Y_0)+2^{-1}(Y_2-Y_1)+2^{-2}(Y_3-Y_2)+\cdots+\\
&\quad 2^{-n}(Y_{n+1}-Y_n))\quad 其中\ Y_{n+1}=0\\
&=[X]_{补}\times((Y_1-Y_0)+2^{-1}((Y_2-Y_1)+2^{-1}((Y_3-Y_2)+\cdots+\\
&\quad 2^{-1}(Y_{n+1}-Y_n))\cdots)\\
&=((Y_1-Y_0)\times[X]_{补}+2^{-1}((Y_2-Y_1)\times[X]_{补}+2^{-1}((Y_3-Y_2)\times[X]_{补}\\
&\quad+\cdots+2^{-1}((Y_{n+1}-Y_n)\times[X]_{补}+0))\cdots)
\end{aligned}$$

从括号最里层开始，将上式修改为简写递推形式。

$$\begin{aligned}
&[Z_0]_{补}=0\\
&[Z_1]_{补}=2^{-1}((Y_{n+1}-Y_n)\times[X]_{补}+0))=2^{-1}((Y_{n+1}-Y_n)\times[X]_{补}+[Z_0]_{补}))\\
&[Z_2]_{补}=2^{-1}((Y_n-Y_{n-1})\times[X]_{补}+[Z_1]_{补}))\\
&\vdots\\
&[Z_n]_{补}=2^{-1}((Y_2-Y_1)\times[X]_{补}+[Z_{n-1}]_{补}))\\
&[X\times Y]_{补}=[Z_{n+1}]_{补}=(Y_1-Y_0)\times[X]_{补}+[Z_n]_{补}
\end{aligned}$$

从上式可以发现，每次运算取决于乘法相邻两位数Y_i、Y_{i-1}的值，因此把它们称为乘法的判断位，从而布斯法也称为比较法，如表 2-9 所示。

表 2-9　布斯乘法运算操作

判断位		操作内容
Y_i	Y_{i-1}	
0	0	前次部分积右移一位
0	1	前次部分积加上$[X]_{补}$，将结果右移一位
1	0	前次部分积加上$[-X]_{补}$，将结果右移一位
1	1	前次部分积右移一位

布斯乘法的规则如下。

①参加运算的两个操作数都用补码表示，结果也是补码。

②符号位也参与运算。

③乘数最低位后面增加一位附加位 Y_{n+1}，其初始值为0。

④设累加器存放部分积，初始值为0，设有两个符号位；乘数采用单符号位。被乘数为$[X]_补$双符号位。

⑤操作内容根据判断位 Y_i、Y_{i-1} 进行，规则如表2-9所示。运算后都需要将累加器中部分积右移一位，按照补码的规则移位。

⑥运算 $n+1$ 步，最后一步不移位。

例 2-23　设被乘数 $X=-0.1101$，乘数 $Y=-0.1011$，用竖式求 $X\times Y$ 的积。

$[X]_补=11.0011$，$[-X]_补=00.1101$，$[Y]_补=11.01010$，（最后一个0为附加位）

选择一个累计器A，初始化为0；把$[X]_补$放到B中，$[Y]_补$放到C中。

A	C	说明
00.0000	101010	A初始化为0
+00.1101		Y_iY_{i-1} 为10，$+[-X]_补$
00.1101		
00.0110	110101	部分积右移一位
+11.0011		Y_iY_{i-1} 为01，$+[X]_补$
11.1001		
11.1100	111010	部分积右移一位
+00.1101		Y_iY_{i-1} 为10，$+[-X]_补$
00.1001		
00.0100	111101	部分积右移一位
+11.0011		Y_iY_{i-1} 为01，$+[X]_补$
11.0111		
11.1011	111110	部分积右移一位
+00.1101		Y_iY_{i-1} 为10，$+[-X]_补$
00.1000	1111	

$[X\times Y]_补=(00.10001111)_2$，所以 $X\times Y=0.10001111$。

2.8.2　阵列乘法器

采用移位、相加乘法器执行一次乘法至少是加法器的 n 倍时间，由于现代计算的乘法占全部运算操作的1/3，采用高速乘法部件——阵列乘法是十分必要的。

设有两个不带符号的四位二进制整数 A 和 B，$A=a_3a_2a_1a_0$，$B=b_3b_2b_1b_0$，求 $A\times B$。

采用乘法的竖式，如下所示。

				a_3	a_2	a_1	a_0	被乘数 A
			$\times$	b_3	b_2	b_1	b_0	乘数 B
				a_3b_0	a_2b_0	a_1b_0	a_0b_0	
			a_3b_1	a_2b_1	a_1b_1	a_0b_1		
		a_3b_2	a_2b_2	a_1b_2	a_0b_2			
+	a_3b_3	a_2b_3	a_1b_3	a_0b_3				
P_7	P_6	P_5	P_4	P_3	P_2	P_1	P_0	

根据运算过程，可以得到无符号数阵列乘法器逻辑电路，如图2-24所示。其中FA为全加器，虚线框中是具有并行进位的并行加法器，这种结构可以同时得到各项的部分积，比一维累加的乘法器的运算速度要快得很多。

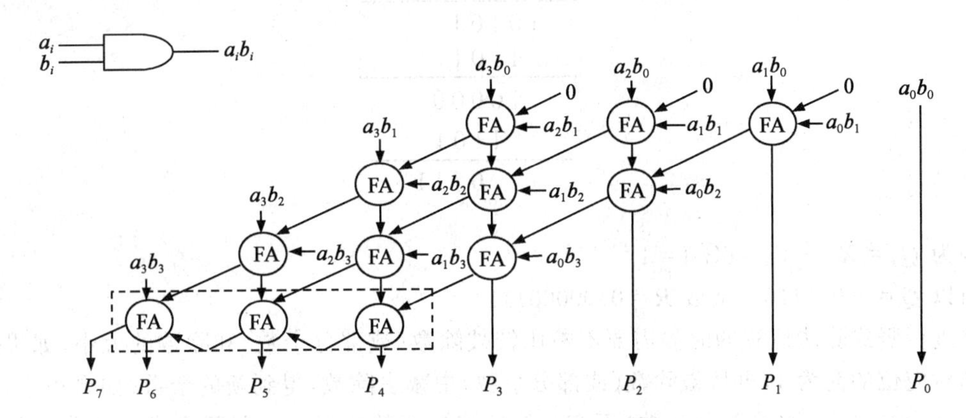

图2-24 4×4位无符号数阵列乘法器逻辑电路

分析图2-24可知，当被乘数和乘数的多位数同时送到阵列乘法器时，加法运算总是从右上角最右边的全加器开始，右边影响左边，上一行影响下一行，左下角的全加器产生的进位需要较长时间的才能产生结果。

2.9 定点数的除法运算

与定点乘法相比，除法出现的频率比乘法少得很多，然而它的硬件实现方案比乘法复杂得多。除法还有一个特殊的约定，即除数不能为“0”。

2.9.1 原码定点除法

1. *原码除法原理*

以定点小数来分析原码的除法，设

被除数 $[X]_{原} = X_s . X_1 X_2 \cdots X_m$

除数 $[Y]_{原} = Y_s . Y_1 Y_2 \cdots Y_n$

其中，X_s、Y_s为符号位，且$Y \neq 0$，约定$|X| < |Y|$

则商 $[Q]_{原} = (X_s \oplus Y_s).(X_1 X_2 \cdots X_m \div Y_1 Y_2 \cdots Y_n)$

则余数 $[R]_{原} = (X_s \oplus Y_s).(R_1 R_2 \cdots R_n)$

其中，$[X]_{原} = [Q]_{原} \times [Y]_{原} + [R]_{原}$，而且满足不等式$0 \leqslant |[R]_{原}| \leqslant 2^{-n} |[Y]_{原}|$

例2-24 设被除数$X = 0.10111101$，$Y = -0.1101$，用竖式求$X \div Y$的商。

```
              1110
1101 ) 10111101
         1101
       ---------
         10101
          1101
       ---------
          10000
           1101
       ---------
           0111
```

因为 $Q_s = X_s \oplus Y_s = 0 \oplus 1 = 1$

所以 $Q = -0.1110$　余数 $R = 0.00000111$

在进行竖式除法运算的时候需要不断比较被除数(或部分余数)和除数的大小,如果大于等于则对应位的商为1,再从被除数(或部分余数)中减去除数,得到新的余数;如果小于,则对应位的商为0,被除数(或部分余数)不变。然后将被除数的下一位移下来或在部分余数的最低位补0,重复上面的运算,直到除尽或得到的商的位数满足运算要求为止。因为需要比较两个数的大小,所以这种除法被称为原码比较除法。

然而计算机没有人那样的能力,即通过观察分析两个数的大小;但可以用两个数的绝对值相减,查看得数是正数和负数,来判断两个数的大小。如果为负数,则需要在余数中恢复减去的值,加上除数即可,这种方法称为原码恢复余数除法。这样便于计算机进行处理。为了便于计算机的处理,将除数右移,更改为部分余数左移,对应位的商写到寄存器的最低位。设计的原码一位除法器逻辑结构如图 2-25 所示,$2n$ 位的加法器执行加减运算,n 位余数寄存器,n 位除数寄存器,n 位商寄存器,CR 计数器。

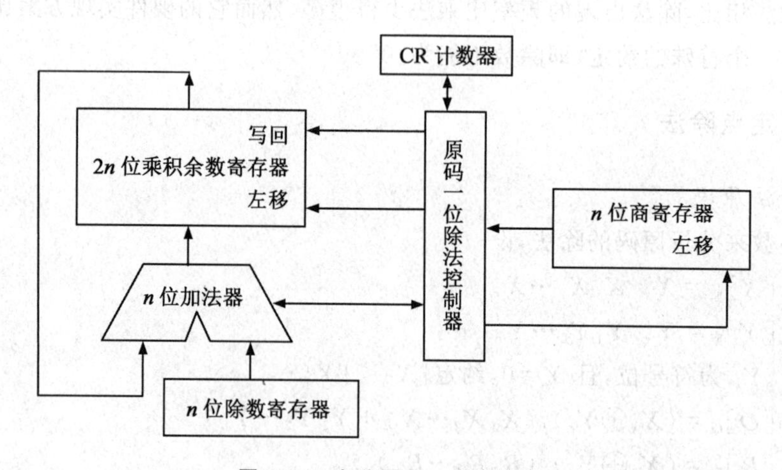

图 2-25　左移原码一位除法器

除法器初始化时,把被除数绝对值放到余数寄存器;除数绝对值放到 n 位除数寄存器;商寄存器和计数器 CR 都初始化 0。除法器逻辑控制电路开始控制进行除法运算:

①从余数寄存器取得高 n 位,通过加法器减去除数寄存器除数,并写回到余数寄存器的高 n 位。

②检查余数寄存器，如果为非负数，则将商寄存器左移一位，最低位置为 1；如果为负数，则将余数寄存器的高 n 位与除数寄存器相加，并将结果写回寄存器的高 n 位，再将商寄存器左移一位，最低位置为 0。

③将余数寄存器左移 1 位。

④计数器 CR 加 1 一次，计数器的值是否为 n，如果不是转移到①。

⑤n 位商寄存器的值为商的绝对值；控制两个操作数的符号位进行异或运算。把两个部分合并在一起得到 $n+1$ 位则是原码一位除法的商，余数寄存器的值为放大了 2^n 倍的余数，除法运算结束。

2. 恢复余数法

原码的除法的加减都是原码，计算不方便。可以采用补码进行减法，简化减法。仍然采用除法两个操作数的绝对值进行除法，符号位单独进行异或运算。求解出除数绝对值的负数的补码进行减法运算，为了便于控制，采用双符号位。

观察例 2-24 和图 2-25，余数寄存器的低位端和商寄存器的高位端都是无用的，完全可以把两个寄存器拼接到一起，这样可以节省一个 n 位的商寄存器，简化了硬件，仅仅使得除法控制逻辑复杂一些即可。

例 2-25　已知 $x=0.10111101$，$y=-0.1101$，求 $x \div y$ 的商及余数。

【解】：$[x]_{原}=0.10111101$，$[y]_{原}=1.1101$，$[-\lvert y\rvert]_{补}=11.0011$，$[\lvert y\rvert]_{补}=00.1101$

	被除数或余数	商 q	说　明
	00.1011	1101	
$+[-\lvert y\rvert]_{补}$	11.0011		作$\lvert x\rvert-\lvert y\rvert$
	11.1110	11010	余数小于0，商上0
$+[\lvert y\rvert]_{补}$	00.1101		恢复余数(被除数)
	00.1011	11010	
	01.0111	10100	商0移入 q，余数左移一位减$\lvert y\rvert$)
$+[-\lvert y\rvert]_{补}$	11.0011		
	00.1010	11001	余数大于0，商上1
	01.0101	10010	商1移入 q，余数左移一位减$\lvert y\rvert$
$+[-\lvert y\rvert]_{补}$	11.0011		
	00.1000	01011	余数大于0，商上1
	01.0000	10110	商1移入 q，余数左移一位减$\lvert y\rvert$
$+[-\lvert y\rvert]_{补}$	11.0011		
	00.0011	10111	余数大于0，商上1
	00.0111	01110	商1移入 q，余数左移一位减$\lvert y\rvert$
$+[-\lvert y\rvert]_{补}$	11.0011		
	11.1010	01110	余数小于0，商上0
$+[\lvert y\rvert]_{补}$	00.1101	01110	商0移入 q
	00.0111	01110	加$\lvert y\rvert$恢复余数

因为 $Q_s=X_s \oplus Y_s=0 \oplus 1=1$

所以 $Q=-0.1110$，进行了 4 次除法，余数 $R=2^{-4}\times 0.0111=0.00000111$。

恢复余数法的缺点是：当某一次加上 $-Y$ 时值为负数，需要多做一次 $+Y$ 恢复余数操作，这样不仅电路设计复杂，同时运算的次数也不固定，从而降低了除法的执行速度。所以恢复余数法在计算机中一般很少采用。

3.原码加减交替法

加减交替法是对恢复余数除法的一种修正。对于 $X \div Y$ 的除法，当某一次求得的差值（余数 R_i）为负数时，不是恢复它，而是继续求下一位商，但是要加上除数（$+Y$）的办法来取代 $-Y$，其他操作不变。这样减少了恢复余数的加法操作，且运算的次数固定，所以应用范围广泛。

在恢复余数法中，若第 $i-1$ 次求商的余数为 R_{i-1}，下一次求商的余数为 R_i，则

$$R_i = R_{i-1} - Y$$

如果 $R_i < 0$，则商的第 i 位上 0，并执行恢复余数操作：$+Y$，并将余数左移一位，再减 Y，得到 R_{i+1}。

$$R_{i+1} = 2(R_i + Y) - Y = 2R_i + Y$$

所以可以得到加减交替法的规则如下：

当余数为正时，商上 1，求下一位商的办法是余数左移一位，再减除数；当余数为负时，商上 0，求下一位商的办法是，余数左移一位，加上除数；所以本方法称为加减交替法，又称为不恢复余数法。但是最后一次商为 0，又需要获得正确的余数，则在最后一次仍需恢复余数。

例 2-26 已知 $x = 0.10111101$，$y = -0.1101$，求 $x \div y$ 的商及余数。

【解】：$|x| = 00.10111101$，$|y| = 00.1101$，$[-|y|]_{补} = 11.0011$，$[|y|]_{补} = 00.1101$

	被除数或余数	商 q	说明
	00.1011	1101	运算初始化情况
$+[-\|y\|]_{补}$	11.0011		作 $\|x\|-\|y\|$
	11.1110	11010	余数为负，商上 0
	11.1101	10100	余数左移一位 $+\|y\|$
$+\|y\|_{补}$	00.1101		
	00.1010	10101	余数为正，商上 1
	01.0101	01010	余数左移一位减 $\|y\|$）
$+[-\|y\|]_{补}$	11.0011		
	00.1000	01011	余数为正，商上 1
	01.0000	10110	余数左移一位减 $\|y\|$
$+[-\|y\|]_{补}$	11.0011		
	00.0011	10111	余数为正，商上 1
	00.0111	01110	余数左移一位减 $\|y\|$
$+[-\|y\|]_{补}$	11.0011		
	11.1010	01110	余数为负，商上 0
$+\|y\|_{补}$	00.1101	0	最后一次 $+\|y\|$ 恢复余数
	00.0111	01110	运算结束

因为 $Q_s = X_s \oplus Y_s = 0 \oplus 1 = 1$

所以 $Q = -0.1110$，进行了 4 次除法，余数 $R = 2^{-4} \times 0.0111 = 0.0000111$。

2.9.2 阵列除法器

和阵列乘法器类似,阵列除法器也是一种并行运算部件,它是在可控制加法减法(CAS)单元的基础上实现的,如图 2-26(a)所示,当 P 为 0 时,CAS 为加法;当 P 为 1 时,CAS 为减法。

设有两个不带符号的六位二进制纯小数 x 和 y,$X=0.x_1x_2x_3x_4x_5x_6$,$Y=0.y_1y_2y_3$,商 $Q=0.q_1q_2q_3$,余数 $R=0.00r_3r_4r_5r_6$,图 2-26(b)中每一个方框为 CAS。在除法阵列中,每一行执行的操作究竟是加法还是减法,取决于前一行输出的符号是否与被除数的符号一致。当出现不够减时,部分余数相对于被除数来说要改变符号,同时产生的相应位的商为 0。除数首先沿着对角线右移,然后加到下一行的部分余数上。当部分余数不改变它的符号时,即产生商 1,下一行操作应该是减法。

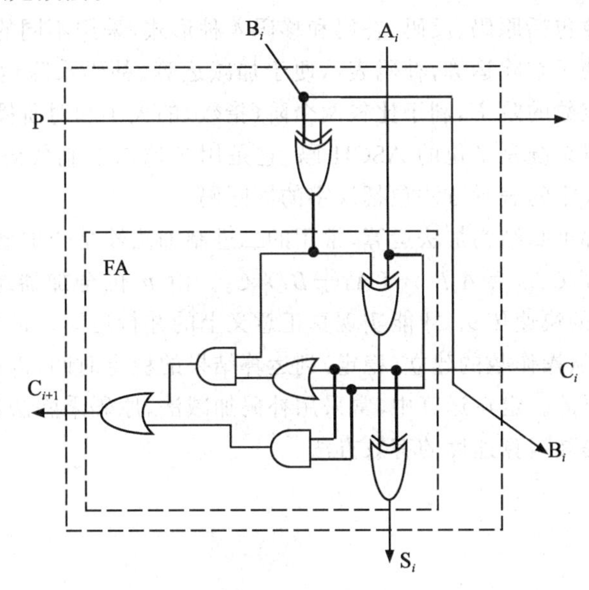

(a)可控加法/减法(CAS)单元的逻辑图

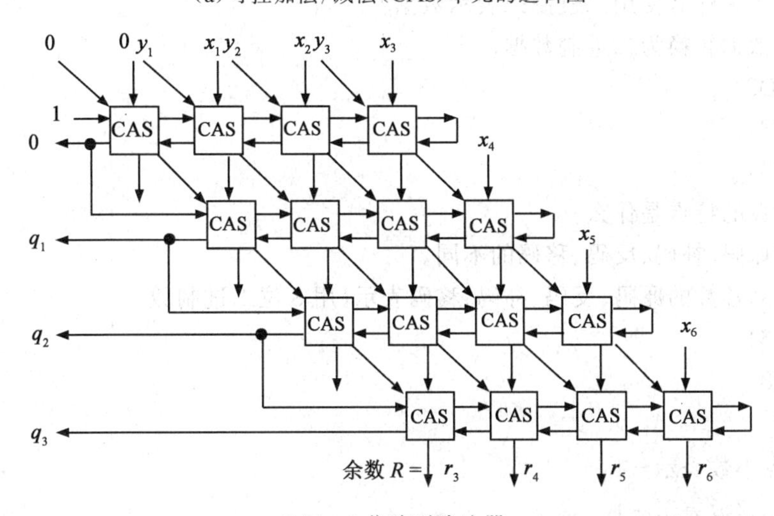

(b)4÷4 位阵列除法器

图 2-26　不恢复余数阵列除法器逻辑结构图

本章小结

表示数值数据通常包括进位计数制，小数点及数的正负3个要素。计算机系统广泛采用二进制，用定点表示和浮点表示解决小数点的问题，用机器数表示数的正负。

一个定点数由符号位和数值域两部分组成。定点数通常有纯小数和纯整数两种表示方法，但只要位数相同，它们所能表示的不同数的个数是相同的。

浮点数包括阶、尾数两部分。数符表示数的正负。阶包括阶符和阶码，用以指明小数点的实际位置，其位数决定了所能表示的浮点数的范围；尾数没有符号位，尾数的位数决定了浮点数表示数的精度。

计算机中的机器数包括原码、反码、补码和移码4种形式，采用不同的机器数，就有不同的运算方法。原码表示便于乘除运算，补码表示便于加减运算，补码乘除运算也有较好算法，而移码主要用于表示浮点数的阶 E，利于比较两个阶（指数）的大小和对阶操作。

国际上采用的字符系统是7位的ASCII码，它是用7位二进制代码表示字符信息，用于非数值数据的处理。汉字的表示方法包括汉字的国际码。

几乎所有的运算都可归结为加法运算，常用的二进制加法器是全加型加法器，其逻辑表达式为 $S_i = A_i \oplus B_i \oplus C_i$，$C_{i+1} = A_iB_i + (A_i \oplus B_i)\ C_i$。由 n 位全加器组成的行波进位加法器，必须解决进位信号的快速传送，才能实现真正意义上的并行运算。进位的递推公式是并行进位的逻辑依据，计算从操作数的建立（稳定）到运算结果的稳定时间，以此为例建立整机概念中的时间概念是很重要的。定点运算中，常采用补码加减法，原码乘除法和补码乘除法。先行进位和阵列乘除法是提高运算速度的有效方法。

习题

1. 计算机中为什么使用二进制来表示数据？

2. 将下列数据转换为二进制数据。

(1) $(A7.D3)_{16}$

(2) $(45.23)_8$

(3) $(35.75)_{10}$

3. 补码运算的特点是什么？

4. 试比较原码、补码、反码、移码的不同。

5. 写出下列各数的原码、反码、补码、移码表示（用8位二进制数）。

(1) $-35/64$

(2) $23/128$

(3) -127

(4) 用定点小数表示 -1

(5) 用定点整数表示 -1。

6. 为什么浮点数要采用规格化？

7. 如何识别浮点数的正负？浮点数能表示的数值范围和数值的精确度取决于什么？

8.浮点数的阶码选用移码表示有何优点?

9.浮点数表示中,当尾数选用补码表示时,如何表示十进制的 -0.5,才能满足规格化表示的要求。

10.写出 IEEE754,32 位浮点数能表示的最大正数,非零最小正数,最大负数和最小负数的表示形式及其真值。

11.有一个字长为 32 位的浮点数,阶码 10 位(包括 1 位阶符),用移码表示;尾数 22 位(包括 1 位尾符)用补码表示,基数 $R=2$。请写出:

(1)最大数的二进制表示;

(2)最小数的二进制表示;

(3)规格化数所能表示的数的范围;

(4)最接近于零的正规格化数与负规格化数。

12.设阶为 5 位(包括 2 位阶符),尾数为 8 位(包括 2 位数符),阶码、尾数均用补码表示,完成下列取值的[$X+Y$],[$X-Y$]运算:

(1)$X=2^{-011}\times 0.100101$　　$Y=2^{-010}\times(-0.011110)$

(2)$X=2^{-101}\times(-0.010110)$　　$Y=2^{-100}\times(0.010110)$

13.简述浮点运算中溢出的处理方法。

14.已知小写英文字母 a 的 ASCII 码值为 61H,现字母 g 被存放在某个存储单元中,若采用偶校验(设最高位为校验位),则该存储单元中存放的十六进制数是什么?

15.“8421 码就是二进制数”。这种说法对吗?为什么?

16.回答奇偶校验码的用途是什么?写出下面几个二进制数的奇/偶校验码的值:01010111 11010100

17.试述海明码和 CRC 校验码的区别是什么。

18.试述加/减法器如何实现减法运算。

19.为什么说并行加法器的进位信号是同时产生的?

20.某加法器进位链小组信号为 $C_4C_3C_2C_1$,低位来的信号为 C_0,请分别按下述两种方式写出 $C_4C_3C_2C_1$ 的逻辑表达式。

(1)串行进位方式

(2)并行进位方式

21.简述采用双符号位检测溢出的方法。

22.何为定点溢出?给出判别定点溢出的两种方法。

23.已知 X 和 Y,用双符号的补码计算 $X+Y$,同时指出运算结果是否溢出。

(1)$X=0.11011$　$Y=0.00011$

(2)$X=0.11011$　$Y=-0.10101$

(3)$X=-0.10110$　$Y=-0.00001$

24.已知 X 和 Y,用双符号的补码计算 $X-Y$,同时指出运算结果是否溢出。

(1)$X=0.11011$　$Y=-0.11111$

(2)$X=0.10111$　$Y=0.11011$

(3)$X=0.11011$　$Y=-0.10011$

25.用原码阵列乘法器、补码阵列乘法器分别计算 $X \times Y$。

(1)$X = 0.11011 \quad Y = -0.11111$

(2)$X = -0.11111 \quad Y = -0.11011$

26.用原码阵列除法器计算 $X \div Y$。

(1)$X = 0.11000 \quad Y = -0.11111$

(2)$X = -0.01011 \quad Y = 0.11001$

第3章 指令系统

本章导读

指令是指示计算机执行某些操作的命令,从用户的角度看,指令是用户使用与控制计算机运行的最小功能单位。从计算机本身的组成看,指令直接与计算机的运行性能和硬件结构密切相关,是设计一台计算机的起点和基础。一台计算机的所有指令的集合构成该机的指令系统。本章首先介绍了指令系统的发展与性能要求,接着重点讲述指令格式、寻址技术和指令类型。学生在学习过程中,应该较好地掌握上述3项内容。

本章要点

- 指令格式
- 寻址技术
- 指令类型

3.1 指令系统的发展与性能要求

3.1.1 指令系统的发展

计算机的程序是由一系列的指令组成的。

指令就是要计算机执行某种操作的命令。从计算机组成的层次结构来说,计算机的指令有微指令、机器指令和宏指令之分。微指令是微程序级的命令,属于硬件;宏指令是由若干条机器指令组成的软件指令,属于软件;而机器指令则介于微指令与宏指令之间,通常简称为指令,每一条指令可完成一个独立的基本操作。

本章所讨论的指令,是机器指令。一台计算机中所有机器指令的集合,称为这台计算机的指令系统。指令系统是表征一台计算机性能的重要因素,它的格式与功能不仅直接影响到机器的硬件结构,而且也直接影响到系统软件和应用程序,影响到计算机的适用范围。

20世纪50年代,由于受电子器件性能的限制,计算机的硬件结构比较简单,所支持的指令系统只有定点加减、逻辑运算、数据传送以及转移等十几至几十条指令。20世纪60年代后期,随着集成电路的出现,硬件功能不断增强,指令系统也越来越丰富。除以上基本指令外,计算机中还设置了乘除运算、浮点运算、十进制运算和字符串处理等指令,指令数目多达一二百条,寻址方式也趋于多样化。

随着集成电路的发展和计算机应用领域的不断扩大,20 世纪 60 年代后期开始出现系列计算机。所谓系列计算机,是指一个厂家生产的,基本指令系统相同、基本体系结构相同的,但具有不同组成和实现的一系列不同型号的计算机。如 IBM360、370、390 系列,Pentium 系列,现代的酷睿系列等。一个系列的计算机往往有多种型号,但由于推出时间不同,采用集成电路的集成度不同,它们在结构和性能上往往有所差异。通常是新机型在性能和价格方面比旧机型优越。系列机解决了各机型的软件兼容问题,其必要条件是同一系列的各机型有共同的指令集,而且新推出机型的指令系统一定包含所有旧机型的全部指令。因此旧机型上运行的各种软件可以不加任何修改便在新机型上运行,大大减少了软件开发费用。

20 世纪 70 年代末期,计算机硬件结构随着 VLSI 技术的飞速发展而越来越复杂化,大多数计算机的指令系统多达几百条,这些计算机被称为复杂指令系统计算机(Complex Instruction Set Computer, CISC)。但是如此庞大的指令系统不但使计算机的研制周期变长,难以保证正确性,不易调试维护,而且由于采用了大量使用频率很低的复杂指令而造成硬件资源浪费。为此人们又提出了便于 VLSI 技术实现的精简指令系统计算机(Reduced Instruction Set Computer,RISC)。

3.1.2 对指令系统性能的要求

指令系统不仅与计算机的硬件结构紧密相关,而且与用户的程序效率(编译程序将源程序翻译成机器语言程序的容易程度和效率)相关。性能较好的指令系统一般都满足下列几方面的要求。

1.完备性

完备性是指用汇编语言编写各种程序时,指令系统提供的指令足够直接使用,而不必用软件模拟来实现。完备性要求指令类型丰富,指令系统功能齐全,使用方便。

一台计算机中最基本、必不可少的指令是不多的。许多指令可用最基本的指令编程来实现。例如,乘除运算指令、浮点运算指令既可直接用硬件来实现,也可用基本指令编写的程序来实现。采用硬件指令的目的是提高程序的运行速度,便于用户编写程序。

2.规整性

规整性包括指令系统的对称性、匀齐性、指令格式和数据格式的一致性。对称性是指在指令系统中所有的寄存器和存储器单元都可同等对待,所有的指令都可使用各种寻址方式;匀齐性是指一种操作性质的指令可以支持各种数据类型,如算术运算指令可支持字节、字、双字整数的运算,十进制数运算和单、双精度浮点数运算等;指令格式和数据格式的一致性是要求指令长度和数据长度有一定的关系,以方便硬件处理和存取。例如指令长度和数据长度通常是字节长度的整数倍。

3.高效率

高效率是指利用该指令系统所编写的程序能够高效率地运行。高效率主要表现在程序占据存储空间小、执行速度快等方面。一般来说,一个功能更强、更完善的指令系统,必定有更好的有效性。

4.兼容性

兼容性是指不同机型之间具有相同的基本结构和共同的基本指令集,目的是给软件资源的重复利用带来方便。对系列机而言,因为不同机型具有相同的基本指令集,因而系列机中各机型上的指令系统是兼容的,所有已编的软件基本可以通用,如 Pentium 32 位机的指令系统与 8086 的 16 位机指令系统具有很好的兼容性,8086 机上的软件基本上可以在 Pentium 32 位机上使用。

3.1.3 低级语言与硬件结构的关系

计算机的程序,就是人们把需要用计算机解决的问题变换成计算机能够识别的一串指令或语句。编写程序的过程,称为程序设计,而程序设计所使用的工具则是计算机语言。

计算机语言有高级语言和低级语言之分。高级语言如 C 和 FORTRAN 等,其语句和用法与具体机器的指令系统无关。低级语言分机器语言(二进制语言)和汇编语言(符号语言),这两种语言都是面向机器的语言,和具体机器的指令系统密切相关。机器语言直接用指令编写程序,而符号语言用指令助记符来编写程序。

计算机能够直接识别和执行的唯一语言是二进制机器语言,但是用它来编写程序很不方便。另一方面,采用符号语言或高级语言编写程序,虽然为人提供了方便,但是机器却不懂这些语言。为此,必须借助汇编程序或编译程序,把符号语言或高级语言翻译成二进制语言。

汇编语言依赖于计算机的硬件结构和指令系统。不同的计算机有不同的指令,所以用汇编语言编写的程序不具有可移植性。

高级语言与计算机的硬件结构及指令系统无关,在编写程序方面比汇编语言优越。但是高级语言程序"看不见"机器的硬件结构,因而不能用它来编写直接访问机器硬件资源(如某个寄存器或存储单元)的系统软件或设备控制软件。为了克服这一缺陷,一些高级语言(如 C 和 FORTARAN 等)提供了与汇编语言之间的调用接口。用汇编语言编写的程序,可作为高级语言的一个外部过程或函数,利用堆栈来传递参数或参数的地址。两者的源程序通过编译或汇编生成目标文件后,利用连接程序把它们连接成可执行文件便可运行。这样,用高级语言编写程序时,若用到硬件资源,则可用汇编程序来实现。

3.2 指令格式

一条指令一般应提供两方面的信息:一是指明操作的性质及功能,即要求 CPU(Operation Code,OP)做何操作,是算数加运算、减运算还是逻辑与运算、或运算功能等,这部分代码称作操作码;二是给出与操作数有关的信息,如直接给出操作数本身或是指明操作数的来源、运算结果存放在何处,以及下一条指令从何处取得等。由于在大多数情况下指令中给出的是操作数来源的地址,仅在个别情况下直接给出操作数本身,所以第二部分往往称作地址码(Address,A)。操作码和地址码各由一定的二进制代码组成,它们的结构与组合形式构成了指令格式,最基本的形态可表示为

操作码字段 OP	地址码字段 A

在设计指令格式时需要考虑以下一些问题。

①指令字长需多少位,是定字长还是变字长。

②操作码结构需多少位，位数与位置固定还是可扩展；是一段操作码还是由若干段组成。

③地址结构——一条指令的执行涉及哪些地址，在指令中给出了哪些地址，哪些地址是隐含约定的。

④寻址方式——如何获得操作数地址，是直接给出还是间接给出，还是经过变址计算获得等。

3.2.1 指令字长

一条指令中所包含的二进制代码的位数，称为指令字长。指令字长取决于操作码字段的长度、操作数地址的个数及长度。而机器字长是指计算机能直接处理的二进制数据的位数，决定了计算机的运算精度。机器字长一般等于内部寄存器的大小。指令字长与机器字长没有固定的关系，指令字长等于机器字长的指令，称为单字长指令；指令字长等于半个机器字长的指令称为半字长指令；指令字长等于2个机器字长的指令称为双字长指令。例如，IBM370系列的指令格式有16位（半字）的，有32位（单字）的，还有48位（一个半字）的。在Pentium系列机中，指令格式也是可变的，有8位、16位、32位和64位不等。

在一个指令系统中，若所有指令字长都是相等的，称为定长指令字结构。NOVA机就采用定长指令字结构，每条指令的字长都是16位。定长结构指令系统控制简单，但不够灵活。若各种指令的字长随指令功能而异，就称为变长指令字结构。现代计算机广泛采用变长指令字结构，指令字长能短则短，需长则长。变长指令结构系统灵活，能充分利用指令字长，但指令的译码控制较复杂。

指令字长的选择应遵循的准则主要有以下几条。

1. 指令字长应尽可能短

通常，短指令比长指令好，短指令可以节省存储空间，减少访存次数，提高指令的执行速度。

指令越短，意味着占用的存储器规模就越小，这是显而易见的。而减少访存次数、提高指令的执行速度体现在增加了单位时间内取出指令的条数上，若存储器传送速率为每秒 T 位，指令平均字长为 L 位，则每秒传送指令数为 T/L 条，L 越小，则 T/L 就越大，单位时间内从存储器中取出的指令条数就越多。在目前的存储技术条件下，取指令的时间比执行指令时间要长得多，故短指令有利于提高计算机的执行速度。

2. 指令字长应等于字节的整数倍

虽然目前大多数计算机都采用变长指令字结构，但指令字长并不是任意的。为了充分利用存储空间，指令字长通常为字节的整倍数，以避免浪费存储空间。

3.2.2 指令的操作码

操作码是指令中表示机器操作类型的部分，其长度决定了指令系统中完成不同操作的指令条数。若某机器的操作码长度固定为 N 位，则最多可以表示 2^N 条指令。操作码位数越多，所能表示的操作种类就越多。所以必须从指令中划出足够的位数来表示计算机全部操作功能。但是，当指令字长一定时，地址码与操作码又是相互制约的。目前指令操作码的编码可以分为规整型和非规整型两类。

1. 规整型（定长编码）

定长编码是一种最简单的编码方法，操作码字段的位数和位置是固定的。当指令字长较长时，允许有足够的操作码位数，可以采取定长编码方式。

定长编码对于简化硬件设计，减少指令译码的时间是非常有利的，通常在指令字长较长的大型、中型计算机及超级小型计算机上广泛采用。如IBM370机和VAX11系列机，操作码的长度均为8位。在IBM370机中不论指令字长为多少位，其操作码字段一律都是8位。8位操作码最多允许表示256条不同的指令，而实际上在IBM370机中仅有183条指令，存在着极大的信息冗余，这种信息冗余也称为非法操作码。

2. 非规整型(变长编码)

变长编码方式中操作码的长度允许有几种不同的选择(可变)，且分散地放在指令字的不同位置上。这种方式能有效地压缩指令中操作码字段的平均长度，在字长较短的小、微型计算机上广泛采用，如PDP—11机中采用的就是这种方式。PDP—11机的指令分为单字长、二字长、三字长3种，操作码字段占4～16位不等，可遍及整个指令字长。显然，操作码字段的位数和位置不固定将增加指令译码和分析的难度，使控制器的设计复杂化。

最常用的非规整型编码方式是扩展操作码法，即操作码位数不采用单一固定不变的位数，而是随地址码个数的变化而变化，操作码采取可变长度的类型。该编码方法利用某些类型指令中地址码字段位数的减少来扩展操作码位数。

根据指令系统的要求，扩展操作码的组合方案可以有很多种，但有两点要注意：不允许短码是长码的前缀，即短码不能与长码的开始部分的代码相同，否则将无法保证解码的唯一性和实时性；各条指令的操作码一定不能重复雷同，而且各类指令的格式安排应统一规整。

假设一台计算机的指令长度为16位，操作码字段为4位，有三个4位的地址码字段，格式为

OP	A_1	A_2	A_3

如果按照定长编码的方法，4位操作码最多只能表示16条不同的三地址指令。假设指令系统中不仅有三地址指令，还有二地址指令(如传送指令)、一地址指令(如加1指令)和零地址指令(如停机指令)，利用扩展操作码法可以在指令字长不变的情况下，使指令的总数远远大于16条。例如，指令系统中要求有15条三地址指令、15条二地址指令、15条一地址指令和16条零地址指令，共61条指令。显然，只有4位操作码是不够的，解决的方法就是向地址码字段扩展操作码的位数。扩展的方法有以下几种。

①4位操作码的编码0000～1110定义了15条三地址指令，留下1111作为扩展窗口，与下一个4位(A_1)组成一个8位的操作码字段。

②8位操作码的编码11110000～11111110定义了15条二地址指令，留下11111111作为扩展窗口，与下一个4位(A_2)组成一个12位的操作码字段。

③12位操作码的编码111111110000～111111111110定义了15条一地址指令，扩展窗口为111111111111，与A_3组成16位的操作码字段。

④最后，16条零地址指令由16位操作码的编码1111111111110000～1111111111111111给出。

3.2.3 地址码的结构

指令所要指明的操作数，可能在存储器中，也可能在CPU的寄存器中，因此指令中给出的

地址信息,可能是存储单元的地址码,也可能是寄存器号。如果在指令中明显给出地址,如写明存储单元号或寄存器号,则这种地址称为显地址。如果地址是以隐含的方式约定,如事先隐含约定操作数在某个寄存器中,或是在堆栈中,这种隐含约定的地址就称为隐地址。

指令的地址结构是指在指令中给出几个地址?给出哪些地址?按照地址结构的不同,可将指令分为四地址指令、三地址指令、二地址指令、一地址指令以及零地址指令等几种。

一般地讲,如果一条指令给出的地址数多,对操作数来源地和存放结果的目的地,将有较多的选择余地。对于字长有限的指令,就需要简化地址结构(即减少显地址数),以减少地址码的长度。因此,在小型计算机与微型计算机中,一般采用二地址指令、一地址指令以及零地址指令。简化地址结构的基本途径,是尽量使用隐地址。

下面沿着简化地址结构的线索,对几种地址结构的指令形式做一介绍。

计算机执行一条指令所需要的全部信息都必须包含在指令中。对于一般的双操作数运算类指令来说,除去操作码之外,指令还应包含以下信息:第一操作数地址,用 A_1 表示;第二操作数地址,用 A_2 表示;操作结果存放地址,用 A_3 表示;下一条将要执行指令的地址,用 A_4 表示。

1. 四地址指令

四个地址信息都在地址字段中明显地给出,四地址指令的格式为

OP	A_1	A_2	A_3	A_4

指令的含义:$(A_1)OP(A_2) \rightarrow A_3$

A_4 = 下一条将要执行指令的地址

其中:A_i 表示地址;(A_i)表示存放于该地址中的内容。

这种格式的主要优点是直观,下一条指令的地址明显。但是最大的缺点是指令中给出 4 个地址,所需位数太多,如果每个地址为 16 位,整个地址码字段就要长达 64 位,所以这种格式只是一种不实用的原始形态。

2. 三地址指令

正常情况下,大多数指令按顺序依次被从主存储器中取出来执行,只有在遇到转移指令时,程序的执行顺序才会改变。因此,可以用一个程序计数器(Program Counter,PC)来存放指令地址。通常每执行一条指令,PC 就自动加 1(设每条指令只占一个主存储器单元),直接得到将要执行的下一条指令的地址。这样,指令中就不必再明显地给出下一条指令的地址了。三地址指令的格式为

OP	A_1	A_2	A_3

指令的含义:$(A_1)OP(A_2) \rightarrow A_3$

$(PC)+1 \rightarrow PC$(隐含)

执行一条三地址的双操作数运算指令,至少需要访问 4 次主存储器。第一次取指令本身,第二次取第一操作数,第三次取第二操作数,第四次保存运算结果。

这种格式省去了一个地址,但指令长度仍比较长,通常在字长较长的大、中型计算机中使用,而小、微型计算机中很少使用。

3.二地址指令

三地址指令执行完后，主存储器中的两个操作数的值保持不变，可供再次使用。然而，通常并不一定需要完整地保留原来两个操作数的值。比如，可让第一操作数地址同时兼作存放结果的地址(目的地址)这样即得到了二地址指令，二地址指令的格式为

OP	A_1	A_2

指令的含义：$(A_1)OP(A_2) \rightarrow A_1$

$(PC)+1 \rightarrow PC$(隐含)

其中：A_1 为目的操作数地址；A_2 为源操作数地址。

二地址指令在使用时有一点必须注意：指令执行之后，目的操作数地址中原存的内容已被覆盖了。

执行一条二地址的双操作数运算指令，同样至少需要访问4次主存储器。

4.一地址指令

一地址指令顾名思义只有一个显地址，一地址指令的格式为

OP	A_1

一地址指令只有一个地址，那么另一个操作数来自何方呢？指令中虽未明显给出，但按事先约定，这个隐含的操作数就放在一个专门的寄存器中。因为这个寄存器在连续性运算时，保存着多条指令连续操作的累计结果，故称为累加寄存器(Accumulator，AC)。

指令的含义：$(AC)OP(A_1) \rightarrow AC$

$(PC)+1 \rightarrow PC$(隐含)

执行一条一地址的双操作数运算指令，只需要访问2次主存储器。第一次取指令本身，第二次取第一操作数。第二操作数和运算结果都放在累加寄存器中，所以读取和存入都不需要访问主存储器。

5.零地址指令

零地址指令格式中只有操作码字段，没有地址码字段，零地址指令的格式为

OP

零地址的算数逻辑类指令是用在堆栈计算机中的，堆栈计算机没有一般计算机中必备的通用寄存器，因此堆栈就成为提供操作数和保存运算结果的唯一场所。通常，参加算术逻辑运算的两个操作数隐含地从堆栈顶部弹出，送到运算器中进行运算，运算的结果再隐含地压入堆栈。有关堆栈的概念将在稍后讨论。

上述5种指令格式并非要求任何一种计算机都具备。各种指令格式各有其优缺点，零地址、一地址和二地址指令具有指令短、执行速度快、硬件实现简单等优点，但是功能相对比较简单，因此大多为结构较简单、字长较短的小型计算机和微型计算机所采用。而二地址、三地址和多地址指令具有功能强、便于编程等优点；但是，指令长，执行时间就长，且结构复杂，多为字长较长的大型计算机和中型计算机所采用。指令格式的选定还与指令本身的功能有关，如停

机指令不管是哪种类型的计算机,都是采用零地址指令格式。

按存放操作数的物理位置来划分,指令格式主要有 3 种类型。第一种为存储器—存储器(SS)型指令,执行这类指令操作时都要涉及内存单元,即参与操作的数据都放在内存里,从内存某单元中取操作数,操作结果存放到内存的另一个单元中,因此,机器执行这种指令需要多次访问内存。第二种为寄存器—寄存器(RR)型指令,执行这类指令过程中,需要多个通用寄存器或专用寄存器,从寄存器中取操作数,把操作结果存放到另一个寄存器中。机器执行寄存器—寄存器型指令的速度很快,因为执行这类指令不需要访问内存。第三种为寄存器—存储器(RS)型指令,执行此类指令时,既要访问内存单元,又要访问寄存器。目前在计算机系统结构中,通常一个指令系统中指令字的长度和指令中的地址结构并不是单一的,往往采用多种格式混合使用,这样可以增强指令的功能。

在计算机中,指令和数据都是以二进制代码的形式存储的,二者在表面上没有什么差别。但是,指令的地址是由程序计数器(PC)规定的,而数据的地址是由指令规定的。因此,在 CPU 控制下访问存储器时绝对不会将指令和数据混淆。为了程序能重复执行,一般要求程序在运行前、后所有的指令都保持不变,因此,在程序执行过程中,要避免修改指令。有些计算机如发生了修改指令情况,则按出错处理。

3.3 寻址技术

寻址指的是寻找本条指令的操作数地址以及下一条要执行的指令的地址。寻址技术包括编址方式和寻址方式。

3.3.1 编址方式

要对寄存器、主存储器和输入/输出设备进行寻址,首先必须对这些设备进行编址。正像一个大楼里有许多房间,首先必须为每一个房间编上一个唯一的号码,人们才能找到要找的房间一样。

在计算机系统中,编址方式是指对各种存储设备进行编码的方法。主要内容包括编址单位、零地址空间的个数等,这里只介绍编址单位的相关内容。

目前常用的编址单位有字编址、字节编址和位编址等几种。本书主要以主存储器的编址方式为例说明各种编址单位的优缺点。

字编址是实现起来最容易的一种编址方式,这是因为每个编址单位与设备的访问单位相一致,即每个编址单位所包含的信息量(如二进制位数)与访问一次设备(指读或写一次寄存器、主存储器和输入/输出设备等)所获得的信息量是相同的。早期的大多数计算机都采用这种编址方式,目前仍有许多计算机采用字编址方式。

在采用字编址的计算机中,每取完一条指令,程序计数器加 1,每从主存储器里读完一个数据,地址计数器加 1,这种控制方式实现起来很简单,地址信息、存储容量等没有任何浪费。它的主要缺点是没有对非数值计算提供支持。从目前计算机的实际应用领域看,非数值应用已经超过了数值应用,而非数值应用要求按字节编址,因为它的基本寻址单位是字节。

目前使用最普遍的编址单位是字节编址,这是为了适应非数值计算的需要,字节编址方式能够使编址单位与信息的基本单位(字节)相一致,这是它的最大优点。然而,如果主存储器的访问单位也是一个字节的话，那么主存储器的带宽就太窄了，必将成为整个计算机系统的瓶颈。通常主存储器的访问单位是编址单位的若干倍。在采用字节编址的计算机中，如果指令长度是64位，那么每执行完一条指令，程序计数器要加8。显然，这种方式存在着地址信息的浪费。

也有部分计算机系统采用位编址方式，如STAR—100巨型机等。这种编址方式的主要优缺点与上面分析的字节编址方式相同，这里不再赘述。所不同的只是地址信息的浪费更大。如果计算机的字长是64位，那么访问一个字需要64个编址单位，访问一个字节也需要8个编址单位。

3.3.2 指令的寻址方式

当操作数或某条指令存储在存储器单元时，其存储单元的编号就是该操作数或指令在存储器中的地址。

在存储器中，操作数或指令字写入或读出的方式可分为：地址指定方式、相联存储方式和堆栈存取方式。几乎所有的计算机在内存中都采用地址指定方式。当采用地址指定方式时，形成操作数或指令地址的方式，称为寻址方式。寻址方式分为两类，即指令寻址方式和数据寻址方式，前者比较简单，后者比较复杂。值得注意的是，在采用传统设计方式的计算机中，内存中指令的寻址与数据的寻址是交替进行的。

寻找下一条将要执行的指令的地址称为指令寻址，又可以细分为顺序寻址和跳跃寻址。

1.顺序寻址方式

由于指令地址在内存中按顺序安排，当执行一段程序时，通常是一条指令接一条指令地顺序进行。就是说，从存储器取出第一条指令，然后执行这条指令；接着从存储器取出第二条指令，再执行第二条指令；接着再取出第三条指令……这种顺序执行程序的过程，称为指令的顺序寻址方式。为此，可通过程序计数器(PC)加1，自动形成下一条指令的地址。

2.跳跃寻址方式

当程序转移执行时，指令的寻址就采取跳跃寻址方式。所谓跳跃，是指下条指令的地址码不是由程序计数器给出，而是由本条指令(程序转移类指令)给出的。注意，程序跳跃后，按新的指令地址开始顺序执行。因此，程序计数器的内容也必须相应改变，以便及时跟踪新的指令地址。

采用指令跳跃寻址方式，可以实现程序转移或构成循环的程序，从而能缩短程序的长度，或将某些程序作为公共子程序引用。指令系统中的各种条件转移或无条件转移指令，就是为了实现指令的跳跃寻址而设置的。

3.3.3 操作数的寻址方式

操作数寻址方式，就是形成操作数有效地址的方法。由于指令中操作数字段的地址码是由形式地址和寻址方式特征位组成的，所以，一般来说，指令中所给出的地址码，并不是操作数的有效地址。有效地址(Effective Address，EA)是操作数在主存中的地址或寄存器地址，是操作数的真正地址。形式地址(用字母A表示)，是指令字中给定的地址量。寻址方式特征位，通常由间址位和变址位组成。如果这条指令无间址和变址的要求，那么形式地址就是操作数的有效地址；如果指令中指明要进行间址或变址变换，那么形式地址就不是操作数的有效地址，而要经过指定方式的变换，才能形成有效地址。因此，寻址过程就是把操作数的形式地址，变换为操作数有效地址的过程。指令的格式为：

操作码(OP)	寻址特征位	地址码

1. 存储结构与存取方式

地址信息取决于存储结构及其存取方式。

(1)CPU 中的寄存器

如果操作数或其地址在 CPU 的寄存器中，指令中只需给出寄存器号或隐地址(根据操作码识别)，这类寄存器称为可编址寄存器。

(2)主存储器

如果操作数或其地址在主存储器中，则应给出相应的存储单元号(即地址码)。主存储器可以随机存取，按字节编址或按字编址，每次访问一个编址单元。

(3)堆栈

堆栈是一种按特定顺序进行存取的存储区，这种特定顺序可归结为“后进先出(LIFO)”或“先进后出(FILO)”。在多数情况下，堆栈是主存储器中指定的一个区域，也可以专门设置一个小而快的存储器作为堆栈区。在堆栈容量很小的情况下，还可以用一组寄存器来构成堆栈。对堆栈的操作一般是针对其栈顶单元进行的，栈顶单元的地址由一个堆栈指针寄存器 SP 给出，指令中一般通过操作码隐含约定，不必明显地给出地址。

(4)外存储器

在外存储器中的数据，往往以数据块为物理组织单位，以文件为软件信息组织单位，采取顺序存取方式，或类似于它的直接存取方式，每次调用、存取一个数据块或一个文件。从软件的角度看，用户可以给出文件名，按文件名存取。在硬件上，应当给出外存储器的寻址信息，如磁盘驱动器号、磁头号、圆柱面号、起始扇区号以及传送量等。这些寻址信息位数较长，且不同设备所需的寻址信息的内容不同，通常不由指令直接给出，而由主机以命令字的形式给出。

(5)外部设备

主机通过外部接口中的相关寄存器，可按字节、字，或按数据块为单位实现与外部设备间的 I/O 传送。因此，仅需要考虑对外部接口寄存器的编址方式，可将这些寄存器视为主存储器单元，与主存储器统一编址；或为它们分配专门的 I/O 端口地址；或为这些外部设备分配专门的设备码，下属若干寄存器名。相应地，可使用通用的数据传送指令，使用常规的寻址方式访问接口；或用专门的 I/O 指令，使用专门的端口地址或设备码访问接口。

2. 数据寻址方式

(1)立即寻址方式

指令的地址码字段指出的不是操作数的地址，而是操作数本身，这种寻址方式称为立即寻址。立即寻址方式的特点是指令执行时间很短，因为它不需要再次访问内存取数，从而节省了访问内存的时间。通常它可为程序提供只使用一次的初始值常数。其缺点是立即数的大小受限于地址字段的长度。其指令的格式为

操作码(OP)	寻址特征位	立即数

(2)直接寻址方式

指令直接给出操作数地址，根据该地址可读取操作数。由于从这个地址即可直接读取操作数，地址不再变化，所以称为直接寻址。所给出的地址是有效地址，或称为绝对地址，这个地址与程序本身在存储器中的存放位置无关。

①直接寻址方式。操作数在主存储器中，指令中直接给出操作数所在主存储器单元的有效地址，即形式地址等于有效地址：EA = A，则该单元所存储的操作数为(A)。直接寻址方式的示意图如图3-1所示。

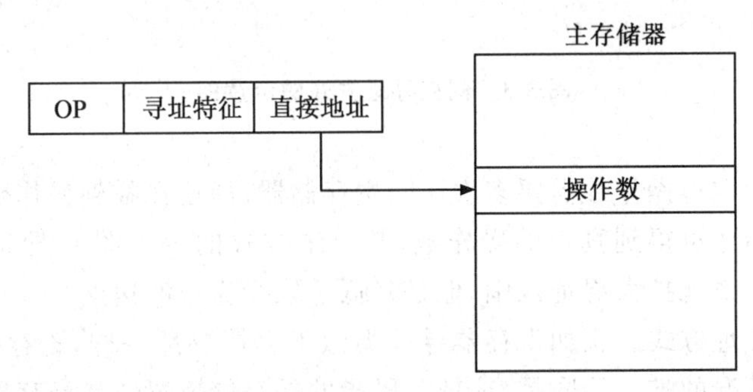

图3-1　直接寻址方式的示意图

②寄存器(直接)寻址方式。操作数在指定寄存器中，指令中给出寄存器号 R_i。这是直接寻址方式的一种，一般称为寄存器寻址方式，此时 $EA = R_i$。

寄存器寻址的优点是指令中只需一个较小的地址字段，不需要存储器访问。寄存器寻址的缺点是地址空间有限(寄存器的数量较少)。寄存器寻址方式的示意图如图3-2所示。

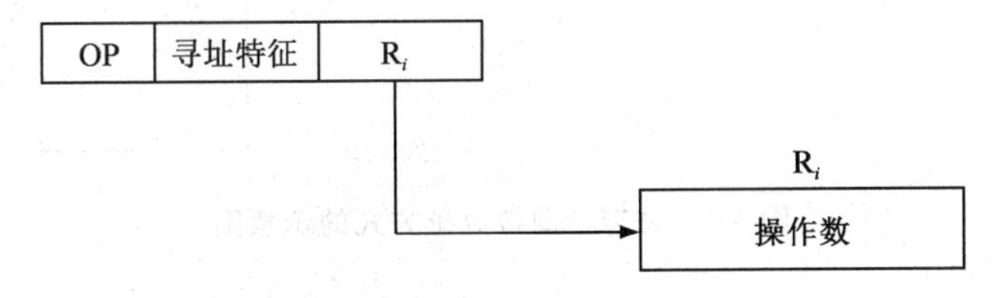

图3-2　寄存器寻址方式的示意图

(3)间接寻址方式

间接寻址是相对于直接寻址而言的，在间接寻址情况下，指令地址字段中的形式地址A不是操作数的真正地址，而是操作数地址的指示器，或者说A单元的内容才是操作数的有效地址。通常有以下几种间接寻址方式。

①间址方式。间接寻址意味着指令中给出的地址A不是操作数的地址，而是存放操作数地址的主存储器单元的地址，简称操作数地址的地址。这样当操作数的地址需要改变时，不必修改指令，只需要修改存放有效地址的那个主存储器单元的内容就可以了。

间接寻址中又有一级间接寻址和多级间接寻址之分。在一级间接寻址中，首先按指令的地址码字段先从主存储器中取出操作数的有效地址，即 EA = (A)，然后再按此有效地址从主存储器中读出操作数,操作数为((A)),其寻址方式的示意图如图 3-3(a)所示。

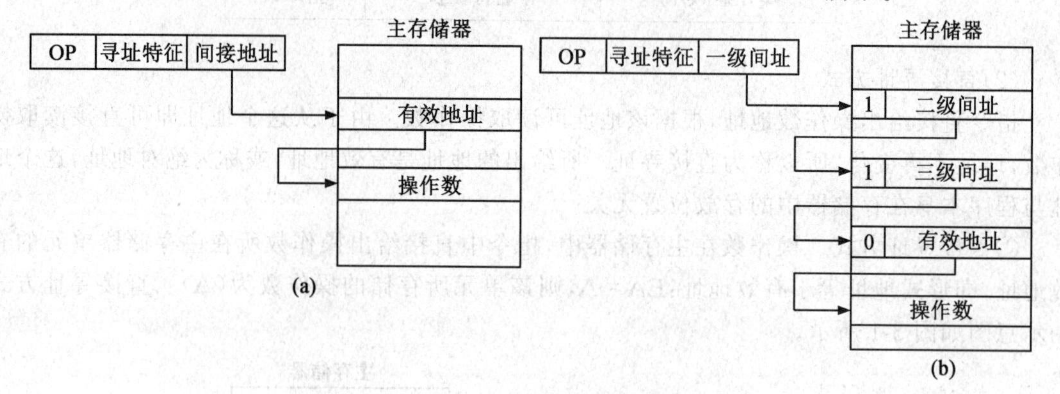

图 3-3 间接寻址方式的示意图

多级间接寻址为取得操作数需要多次访问主存储器,即使在找到操作数有效地址后,还需再访问一次主存储器才可得到真正的操作数,其寻址方式的示意图如图 3-3(b)所示。因此,间接寻址方式可以有效地扩大寻址范围,但是降低了取操作数的速度。

②寄存器间接寻址方式。正如寄存器寻址类似于直接寻址一样,寄存器间接寻址也类似于间址寻址。两种情况的唯一不同是,地址字段指的是存储位置还是寄存器。于是,对于寄存器间接寻址:EA = (R_i),寄存器间接寻址方式的示意图如图 3-4 所示。

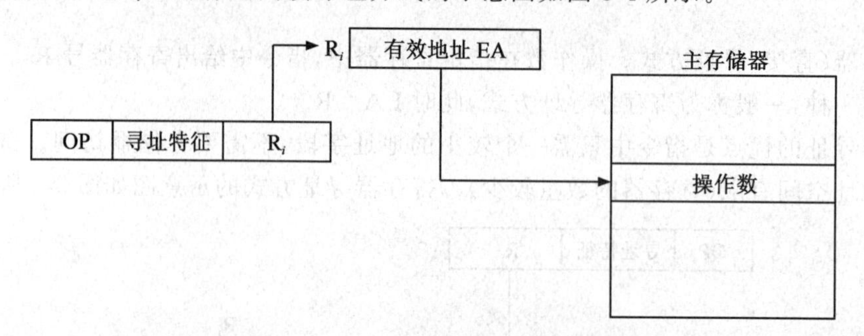

图 3-4 寄存器间接寻址方式的示意图

寄存器间接寻址的优点和不足基本上与间接寻址相同。两者的地址空间限制都通过将地址字段指向一个容有全长地址的位置而被克服了。另外,寄存器间接寻址比间接寻址少一次存储器访问。

③自增型寄存器间址方式和自减型寄存器间址方式。

自增型寄存器间址方式:这是寄存器间址的一种变形,指令中给出存放操作数地址的寄存器号 R_i,从寄存器中读出操作数地址后,寄存器内容自动增量。在字节编址的计算机中,若指向下一个字节,寄存器的内容 +1,若指向下一个字(假设字长为 32 位),寄存器的内容 +4。常用助记符为$(R_i)+$,加号在括号之后,形象地表示先操作后修改。

由于地址指针在操作后自动增量,指向连续的下一个存储单元,所以这种寻址方式适用于数组型操作,或对其他内容的连续数据块操作以及堆栈弹出操作。

自减型寄存器间址方式:这是寄存器间址的又一变形,指令中给出寄存器号,其内容自动减量修改后作为操作数地址，按照该地址访问某主存储器单元，该单元的内容为操作数。常用助记符为$-(R_i)$，形象地表示先修改后操作。

与自增型相比，不同之处在于自减型寄存据间址方式的指针作逆向（递减）修改，而且是先修改后才作为本次操作的地址。因此，这种寻址方式适于对数组、其他内容的数据块作逆向顺序的连续操作，或者用于堆栈压入操作。

(4)相对寻址方式

相对寻址是把程序计数器(PC)中的内容加上指令格式中的形式地址（位移量）D而形成操作数的有效地址，即EA=(PC)+D。程序计数器的内容就是当前指令的地址。“相对”寻址，就是相对于当前的指令地址而言的。采用相对寻址方式的好处是程序员无须用指令的绝对地址编程，因而所编程序可以放在内存的任何地方。如图3-5所示为相对寻址方式的示意图。

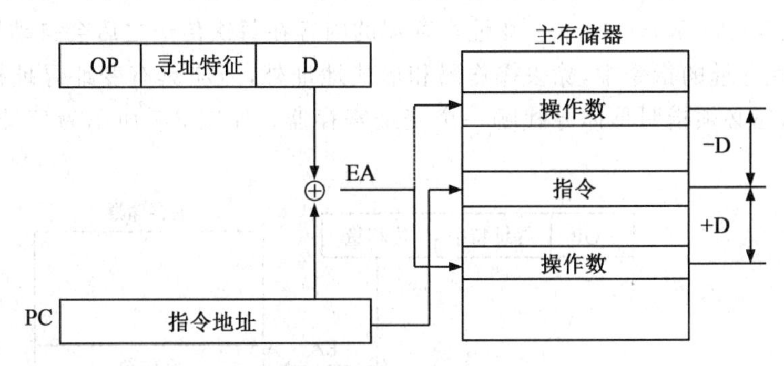

图3-5　相对寻址方式的示意图

(5)基址寻址方式

在基址寻址方式中，基址寄存器R_b的内容加上指令格式中的形式地址（位移量）D而形成操作数的有效地址，如图3-6所示。指令的地址码字段给出的位移量可正可负。基址寻址方式的优点是可以扩大寻址能力。因为同形式地址相比，基址寄存器的位数可以设置得很长，从而可以在较大的存储空间中寻址。

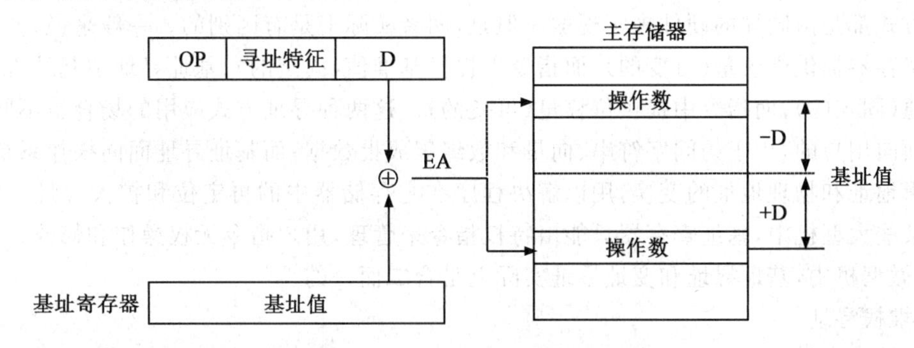

图3-6　基址寻址方式的示意图

基址寻址原是大型计算机采用的一种技术，用来将用户的逻辑地址（用户编程时使用的地址）转化成主存的物理地址（程序在主存储器中的实际地址）。如图3-6所示为基址寻址方式的示意图。

(6)变址寻址方式

变址寻址方式与基址寻址方式计算有效地址的方法很相似,它通过把变址寄存器 R_x 的内容与形式地址相加来形成操作数的有效地址,即 $EA=(R_x)+A$。

但使用变址寻址方式的目的不在于扩大寻址空间,而在于实现程序块的规律变化。为此,必须使变址寄存器的内容实现有规律的变化(如自增 1、自减 1、乘比例系数),而不改变指令本身,从而使有效地址按变址寄存器的内容实现有规律的变化。

变址寻址是一种广泛采用的寻址方式,最典型的用法是将指令中的形式地址作为基准地址,而将变址寄存器的内容作为修改量。在遇到需要频繁修改地址时,无须修改指令,只要修改变址值就可以了,这对于数组运算、字符串操作等成批数据处理是很有用的。例如:要把一组连续存放在主存储器单元中的数据(首地址是 A)依次传送到另一存储区(首地址为 B)中去,则只需在指令中指明两个存储区的首地址 A 和 B(形式地址),用同一变址寄存器提供修改量 K,即可实现 $(A+K)\rightarrow B+K$。变址寄存器的内容在每次传送之后会自动地修改。

在具有变址寻址的指令中,除去操作码和形式地址外,还应具有变址寻址标志,当有多个变址寄存器时,还必须指明具体寻找哪一个变址寄存器。如图 3-7 所示为变址寻址方式的示意图。

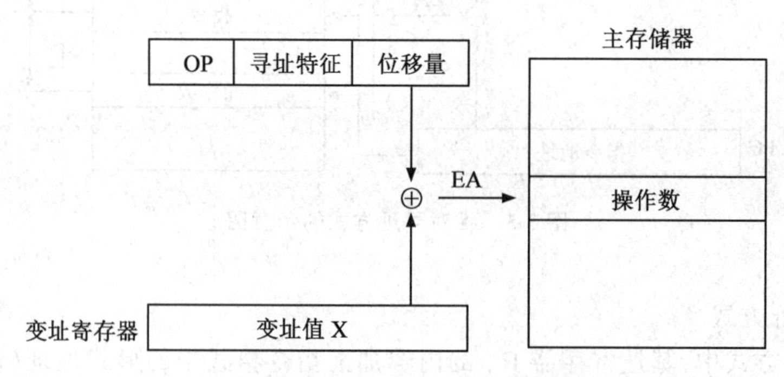

图 3-7 变址寻址方式的示意图

基址寻址和变址寻址在形成有效地址时所用的算法是相同的,而且在一些计算机中,这两种寻址方式都是由同样的硬件来实现的。但是,两者实际上是有区别的。一般来说,变址寻址中变址寄存器提供修改量(可变的),而指令中提供基准值(固定的);基址寻址中基址寄存器提供基准值(固定的),而指令中提供位移量(可变的)。这两种寻址方式应用的场合也不同,变址寻址是面向用户的,用于访问字符串、向量和数组等成批数据;而基址寻址面向操作系统,主要用于逻辑地址和物理地址的变换,用以解决程序在主存储器中的再定位和扩大寻址空间等问题。在某些大型机中,基址寄存器只能由特权指令来管理,用户指令无权操作和修改。在某些小型机、微型机中,基址寻址和变址寻址实际上是合二而一的。

(7)堆栈寻址

在堆栈寻址的指令字中没有形式地址码字段,是一种零地址指令。堆栈寻址要求计算机中设有堆栈。堆栈既可用寄存器组(称为硬堆栈)来实现,也可用主存的一部分连续空间作堆栈(称为软堆栈)。堆栈的运行方式有先进后出或后进先出。堆栈的操作包括入栈(PUSH)和出栈(POP),入栈是把指定的操作数送入堆栈的栈顶;出栈的操作刚好相反,是把栈顶的数据取出,送到指令所指定的目的地。下面以软堆栈为例介绍这两种操作。

在软堆栈中，堆栈的长度（堆栈中元素的数目）是可变的，第一个送入堆栈的数据存放在栈底，最近送入堆栈中的数据存放在栈顶。栈底是固定不变的，而栈顶却是随着数据的入栈和出栈而不断变化，只能由栈顶添加或删除元素。为了指出栈顶，设置一个指针来指出栈顶地址，这个指针称为堆栈指针或堆栈指示器（Stack Pointer，SP）。在一般的计算机中，堆栈从高地址向低地址扩展，即栈底的地址总是大于或等于栈顶的地址（也有一些计算机刚好相反）。

当执行入栈操作时，首先把堆栈指针（SP）减量，然后把数据送入 SP 所指定的单元，即：(SP) − Δ→SP (A)→(SP)；当执行出栈操作时，首先把 SP 所指定的单元（即栈顶）的数据取出，然后根据数据的大小对 SP 增量，即：((SP))→A (SP) + Δ→SP。Δ 取值与内存编址方式有关。若按字编址，则 Δ 取 1；若按字节编址，当字长为 16 位时，则 Δ = 2，字长为 32 位时，Δ = 4。

如图 3-8 和图 3-9 所示为进栈 PUSH A 和出栈 POP A 的示意图，其中假设栈指针始终指向栈顶的满单元，且压入和弹出的数据为一个字节，A 为寄存器或主存储器单元的地址。

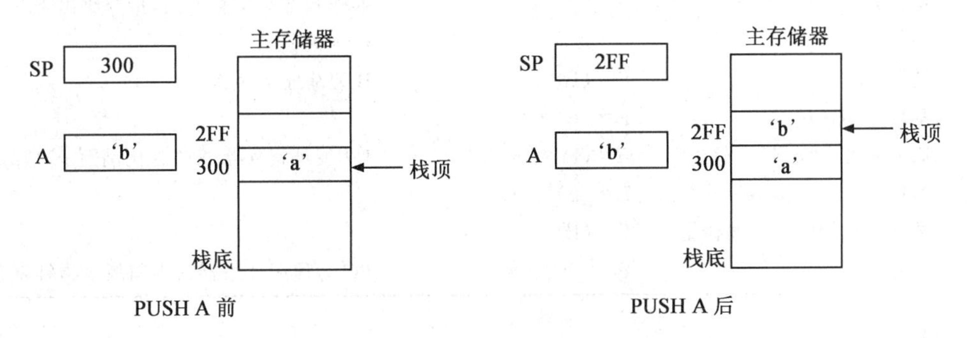

图 3-8　PUSH A 的示意图

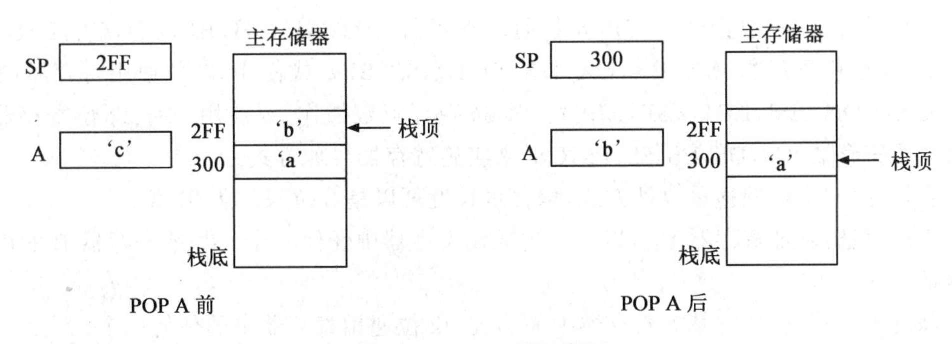

图 3-9　POP A 的示意图

(8)隐含寻址方式

这种类型的指令，不是明显地给出操作数的地址，而是在指令中隐含着操作数的地址。例如，单地址指令格式，就不是明显的在地址字段中给出第二操作数的地址，而是规定累加寄存器（AC）作为第二操作数的地址。指令格式明显指出的仅是第一操作数的地址。因此，累加寄存器（AC）对单地址指令来说是隐含地址。

至此，已介绍了一些常见的寻址方式。对一台具体的计算机而言，可能只采用其中的一些寻址方式,也可能将上述基本寻址方式稍加变化形成某个新的变种,如前面提到的自增(减)型寄存器间址寻址方式,或者是将两种或几种基本寻址方式相结合,形成某种特定的寻址方式,例如,把变址和间址两种方式结合起来,就成为扩展变址方式;把基址和变址两种方式结合起来形成基址变址寻址方式。

3.3.4 寻址方式举例

Pentium 处理器的机器字长为 32 位,具有 8 个 32 位的通用寄存器,外部地址总线宽度为 36 位,但也支持 32 位物理地址空间访问,指令系统支持 9 种寻址方式。表 3-1 列出了这 9 种寻址方式。这里介绍的寻址方式主要是指有效地址的获取方式,用字母 EA 表示。

表 3-1 Pentium 机寻址方式

序号	寻址方式名称	有效地址 EA 算法	说明
1	立即		操作数在指令中
2	寄存器		操作数在某寄存器内,指令给出寄存器号
3	直接	E = A	A 为偏移量
4	基址	E = (B)	B 为基址寄存器
5	基址 + 偏移量	E = (B) + A	
6	比例变址 + 偏移量	E = (I) × S + A	I 为变址寄存器,S 位为比例因子(1,2,4,8)
7	基址 + 变址 + 偏移量	E = (B) + (I) + A	
8	基址 + 比例变址 + 偏移量	E = (B) + (I) × S + A	
9	相对	E = (PC) + A	PC 为程序计数器或当前指令指针寄存器

下面对 32 位寻址方式作几点说明。

①立即数可以是 8 位、16 位、32 位。

②寄存器寻址:一般指令或使用 8 位通用寄存器(AH,AL,BH,BL,CH,CL,DH,DL),或使用 16 位通用寄存器(AX,BX,CX,DX,SI,DI,SP,BP),或使用 32 位通用寄存器(EAX,EBX,ECX,EDX,ESI,EDI,ESP,EBP)。对 64 位浮点数操作,要使用一对 32 位寄存器。少数指令以段寄存器(CS,DS,ES,SS,FS,GS)来实施寄存器寻址方式。

③直接寻址:也称偏移量寻址方式,偏移量长度可以是 8 位、16 位、32 位。

④基址寻址:基址寄存器 B 可以是上述通用寄存器中任何一个。基址寄存器 B 的内容为有效地址。

⑤基址 + 偏移量寻址:基址寄存器 B 可以是 32 位通用寄存器中的任何一个。

⑥比例变址 + 偏移量寻址:也称为变址寻址方式,变址寄存器 I 可以是 32 位通用寄存器中除 ESP 外的任何一个,而且可将此变址寄存器内容乘以 1,2,4 或 8 的比例因子 S,然后再加上偏移量而得到有效地址。

⑦7、8 两种寻址方式是 4、6 两种寻址方式的组合,此时偏移量可有可无。

⑧相对寻址:适用于转移控制类指令。用当前指令指针寄存器的内容(下一条指令地址)加上一个有符号的偏移量,形成 CS 段的段内偏移。

在实地址模式下,逻辑地址形式为段寻址方式:将段名所指定的段寄存器内容(16 位)左移 4 位,低 4 位补全 0,得到 20 位段基地址,再加上段内偏移,即得 20 位物理地址。在保护模式下,32位段基地址加上段内偏移得到32位线性地址。由存储管理部件将其转换成32位的物理地址。无论是实地址模式还是保护模式,段基地址的获取方式是固定的方式。

3.4 指令类型

指令系统的功能决定了一台计算机的基本功能。因此,为了满足计算机功能上的需要,现代计算机一般都包含有数据传送类指令、运算类指令、程序控制类指令以及输入/输出类指令等。

1.数据传送类指令

这类指令包括数据传送指令、数据交换指令、堆栈操作指令。

(1)数据传送指令

数据传送指令包括如下功能。

①把立即数传送到寄存器。

②把立即数传送到存储单元。

③数据从寄存器传送到寄存器。

④数据从寄存器传送到存储单元。

⑤数据从存储单元传送到存储单元。

⑥数据从存储单元传送到寄存器。

注意,并非所有计算机的数据传送指令都能实现上述全部功能。例如:8086系列机的数据传送指令(MOV)就不能实现数据从存储单元到存储单元的传送,因此,切忌凭想象使用指令。

(2)数据交换指令

数据交换指令是实现两个操作数的位置互换的指令,包括以下3种功能。

①寄存器与寄存器之间的数据交换。

②寄存器与存储单元之间的数据交换。

③存储单元与存储单元之间的数据交换。

同样注意,并非所有计算机的数据交换指令都能实现上述功能。

(3) 堆栈操作指令

堆栈指令实际上是一种特殊的数据传送类指令,分为进栈(PUSH)和出栈(POP)两种,在程序中他们往往是成对出现的。

如果堆栈是主存储器的一个特定区域,那么堆栈操作也就是对存储器的操作。

2.运算类指令

(1)算术运算指令

算数运算指令主要用于定点和浮点运算。这类运算包括定点加、减、乘、除指令,浮点加、减、乘、除指令以及加1、减1、等,有些机器还有十进制算数运算指令。

(2)逻辑运算指令

一般计算机都具有与、或、非、异或和测试等逻辑运算指令;有些计算机还设有位操作指令,如位测试、位清除、位求反等指令。

(3)移位指令

根据功能又分为算术移位、逻辑移位和循环移位指令。一般计算机都具有这些指令,其功能如图 3-10 所示。

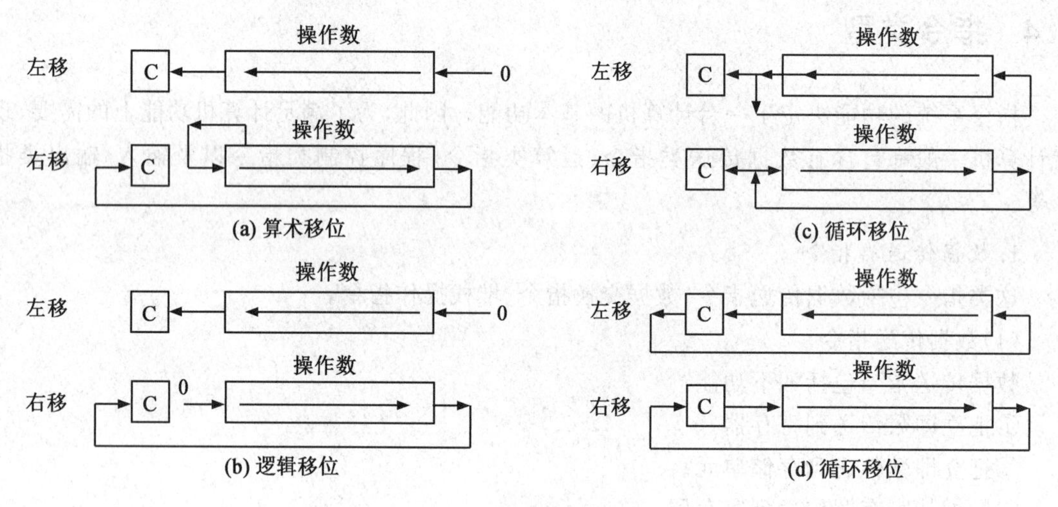

图 3-10　移位操作过程

3.程序控制类指令

(1)转移指令

转移指令包括无条件转移指令和条件转移指令。无条件转移又称必转,在执行时将改变程序的常规执行顺序,不受任何条件的约束,直接把程序转向该指令给出的新的位置执行。

条件转移由前面指令形成的标志寄存器或状态寄存器的有关状态,决定本条指令结束后转向何处取指令。通常当条件成立时,转向转移目标地址单元;当转移条件不成立时,仍按原程序顺序执行。转移条件一般包括:N(结果为负)、Z(结果为零)、V(结果溢出)、C(结果有进位)等。这些标志位,还可以组合成不同状态,如相等、不等、大于、小于、大于等于及小于等于等转移条件。

(2)转子程序与程序返回指令

子程序是一组可以共享的指令序列,可被主程序调用执行。转子程序指令与转移指令之间最大的差别在于:转移指令无须返回,而转子程序指令则需返回。

子程序调用指令就是用来调用子程序的。为了能够从子程序中正确返回到断点继续执行,并能支持多重嵌套和递归调用,现代计算机通常用堆栈来保存返回地址。

(3)程序中断指令

中断一般是在计算机系统出现异常情况或有特殊请求时随机产生的。在计算机中,中断指令一般作为隐指令不提供用户使用。但在某些计算机中设置了可供用户使用的中断指令,以实现系统功能调用和程序请求。如 IBM PC 的中断指令,PDP—11 的自陷指令等。

4.输入/输出类指令

处理机与外部设备之间进行通信的一类指令是输入/输出指令。如用于启动外部设备、测试外部设备状态、读写外部设备的数据等。以处理机为基准,信息由外部设备传向处理机称为输入(Input),信息由处理机传给外部设备称为输出(Output)。

对于采用统一编址(外部设备寄存器和主存储器单元统一编址)方式的计算机来说,不需设置专门的I/O指令,可以用一般的数据传送类指令实现输入和输出,如PDP—11机采用的就是统一编址方式。

对于采用独立编址(外部设备寄存器和主存储器单元分别独立进行编址)方式的计算机来说,则需要有专门的I/O指令,如IBM PC就是一个典型的例子。

5.字符串处理指令

提供非数值处理能力,一般包括字符串传送、比较、查询以及转换等指令。

6.处理机控制类指令

包括停机指令、等待指令、空操作指令、开中断指令、关中断指令以及设置条件码指令等。

7.特权指令

特权指令只能用于操作系统或其他系统软件,而不提供给用户使用。一般来说,在单用户、单任务的计算机中不一定需要特权指令,而在多用户、多任务的计算机系统中,特权指令却是必不可少的。特权指令主要用于系统资源的分配和管理,包括改变系统的工作方式、检测用户的访问权限、修改虚拟存储器管理的段表以及页表及完成进程的创建和切换等。

本章小结

从用户和计算机本身两个角度来看,计算机的指令都是用户使用计算机与计算机本身运行的最小功能单位。一台计算机支持(或使用)的全部指令构成该计算机的指令系统。从计算机本身的组成看,指令系统直接与计算机系统的运行性能、硬件结构的复杂程度等密切相关,是设计一台计算机的起点和基本依据,是计算机系统性能的集中体现。本章首先介绍了机器指令的几种格式,强调了指令中指令操作码和地址码的作用。指令格式的设计是一件十分复杂的工作,既要考虑指令的长度,是定长还是变长,操作码和地址码各占多少位,还要考虑操作数的寻址方式。在介绍指令的格式之后,本章着重介绍指令和操作数的寻址方式,在寻址方式中,指令的寻址方式包括顺序寻址方式和跳跃寻址方式两种;操作数的寻址方式有立即、直接、间接、相对、寄存器、变址和堆栈寻址方式等。寻址方式虽多,但对于某一台计算机而言,不可能也没必要包含所有的寻址方式。一个高效的指令系统并不需要太多的寻址方式,只要能扩大寻址范围、易于计算、方便编程和编译即可。现代计算机一般都包含数据传送类指令、运算类指令、程序控制类指令以及输入/输出类指令等。

习题

1.指令长度和机器字长有什么关系?半字长指令、单字长指令、双字长指令分别表示什么意思?

2.一个完善的指令系统应该包括哪几类指令?

3.什么是CISC?CISC指令系统的特点是什么?

4.什么是RISC?RISC指令系统的特点是什么?

5.零地址指令的操作数来自什么地方?

6.常用的数据寻址方式有哪些？如何计算有效地址？

7.基址寻址和变址寻址有什么区别？

8.在寄存器—寄存器型、寄存器—存储器型和存储器—存储器型这3类指令中，哪类指令的执行时间最长？哪类指令的执行时间最短？为什么？

9.根据操作数所在的位置，指出其寻址方式的名称。

(1)操作数在寄存器中。

(2)操作数的地址在通用寄存器中。

(3)操作数在指令中。

(4)操作数的地址在指令中。

(5)操作数地址的地址在指令中。

(6)操作数的地址为寄存器内容与位移量之和(寄存器为基址寄存器，变址寄存器和程序计数器)。

10.某机器字长16位，直接寻址空间128字，变址时的位移量是-64～+63，16个通用寄存器都可以作为变址寄存器，设计一套指令系统，满足下列寻址类型的要求。

(1)直接寻址的二地址指令3条。

(2)变址寻址的一地址指令6条。

(3)寄存器寻址的二地址指令8条。

(4)直接寻址的一地址指令12条。

(5)零地址指令32条。

11.某机主存储器容量为4M×16，且存储字长等于指令字长，若该机指令系统可完成108种操作，操作码位数固定，且具有直接、间接、变址、基址、相对、立即等6种寻址方式，试回答：

(1)画出一地址指令格式，并指出各字段的作用。

(2)该指令直接寻址的最大范围。

(3)一次间址和多次间址的寻址范围。

(4)立即数的范围(十进制表示)。

(5)相对寻址的位移量(十进制表示)。

(6)上述6种寻址方式的指令哪一种执行时间最短？哪一种最长？为什么？哪一种便于程序浮动？哪一种最适合处理数组问题？

12.指令字长为12位，每个地址码为3位，采用扩展操作码的方式，设计4条三地址指令、16条二地址指令、64条一地址指令和16条零地址指令。

(1)给出一种操作码的扩展方案。

(2)画出指令译码逻辑。

(3)计算操作码的平均长度。

13.某计算机的字长为16位，存储器按字编址，访存指令格式如下所示。

15 11	10 11	10 0
OP	MOD	A

其中，OP 是操作码，MOD 定义寻址方式，其含义见下表，A 为形式地址。设 PC 和 R_X 分别为程序计数器和变址寄存器，字长为 16 位，问：

(1)该格式能定义多少种指令？

(2)各种寻址方式的寻址范围为多少字？

(3)写出各种寻址方式的有效地址 EA 的计算式。

MOD 值	寻址方式
0	立即寻址
1	直接寻址
2	间接寻址
3	变址寻址
4	相对寻址

14. 存储器堆栈的栈顶内容是 1000H，堆栈自底向上生成，栈指针寄存器 SP 的内容是 100H，一条双字长的子程序调用指令位于存储器地址为 2000H、2001H 处，指令的第二个字是地址字段，内容为 3000H。问以下情况 PC、SP 和栈顶的内容。

(1)子程序调用指令被读取之前。

(2)子程序调用指令被执行之后。

(3)从子程序返回之后。

15. 指令格式结构如图所示，试分析指令格式及寻址方式特点。

15　　　10	7	4	3　　　0
OP	—	目标寄存器	源寄存器

16. 某机字长为 16 位，主存储器容量为 64K 字，采用单字长单地址指令，共有 50 条指令。若有直接寻址、间接寻址、变址寻址和相对寻址 4 种寻址方式，试设计其指令格式。

第4章 存储系统

本章导读

现代计算机系统都以存储器为中心，计算机若要开始工作，必须把有关程序和数据装到存储器之后，程序才能开始运行。本章首先介绍存储器的分类、分级结构，接着重点讨论主存储器的工作原理、组成方式以及运用半导体存储芯片组成主存储器的一般原则和方法，此外还介绍了高速缓冲存储器和虚拟存储器的基本原理。

本章要点

- 存储器的分类分级结构
- 主存储器的基本结构
- 随机读写存储器和只读存储器
- 高速缓冲存储器
- 虚拟存储器
- 主存储器的连接与控制

4.1 存储器的组成

4.1.1 存储器的分类

存储器是计算机系统中的记忆设备，用来存放程序和数据。随着计算机的发展，存储器在计算机系统中的地位越来越重要。由于超大规模集成电路技术的应用，使CPU的速度变得惊人，而存储器的取数和存数的速度与它很难适配，这使计算机系统的运行速度在很大程度上受存储器速度的制约。此外，由于I/O设备的不断增多，如果它们与存储器打交道都通过CPU来实现，这将大大降低CPU的工作效率。为此，出现了I/O设备与存储器直接存取的方式(DMA)，这也使存储器的地位更为突出。尤其在多处理器的系统中，各处理器本身都需与其主存储器交换信息，而且各处理器在互相通信中，也都需共享存放在存储器中的数据。因此，存储器的地位就更为显要。可见，从某种意义而言，存储器已成为计算机系统的核心。

当今，存储器的种类繁多，从不同的角度可对存储器做不同的分类。

1.按存储介质分类

存储介质是指能寄存“0”“1”并能区别两种状态的物质或元器件。存储介质主要有半导体器件、磁性材料和光盘等。

(1)半导体存储器

存储元器件由半导体器件组成的叫半导体存储器。现代半导体存储器都用超大规模集成电路工艺制成芯片,其优点是体积小、功耗低、存取时间短。其缺点是当电源停止供电时,所存信息也随即丢失,是一种易失性存储器。近年来已研制出用非挥发性材料制成的半导体存储器,克服了信息易失的弊病。

半导体存储器又可按其材料的不同,分为双极型(TTL)半导体存储器和 MOS 半导体存储器两种。前者具有高速的特点,后者具有高集成度的特点,并且制造简单、成本低廉、功耗小,故 MOS 半导体存储器被广泛应用。

(2)磁表面存储器

磁表面存储器是在金属或塑料基体的表面上涂一层磁性材料作为记录介质,工作时磁层随载磁体高速运转,用磁头在磁层上进行读写操作,故称为磁表面存储器。按载磁体形状的不同,可分为磁盘、磁带和磁鼓。现代计算机中已很少采用磁鼓。由于用具有矩形磁滞回线特性的材料作磁表面物质,它们按其剩磁状态的不同而区分“0”或“1”,而且剩磁状态不会轻易丢失,故这类存储器具有非易失性的特点。

(3)磁芯存储器

磁芯是由硬磁材料做成的环状元件,在磁芯中穿有驱动线(通电流)和读出线,这样便可进行读写操作。磁芯属磁性材料,也是不易失的永久记忆存储器。不过,磁芯存储器的体积过大、工艺复杂、功耗太大,故 20 世纪 70 年代后,逐渐被半导体存储器取代,目前几乎已不被采用。

(4)光盘存储器

光盘存储器是用激光在记录介质(磁光材料)上进行读写的存储器,具有非易失性的特点。由于光盘存储器具有记录密度高、耐用性好、可靠性高和可互换性强等特点,光盘存储器越来越多地被用于计算机系统。

2. 按存取方式分类

按存取方式可把存储器分为随机存取存储器、只读存储器、顺序存储器和直接存取存储器 4 类。

(1)随机存取存储器(Random Access Memory,RAM)

RAM 是一种可读写存储器,其特点是存储器的任何一个存储单元的内容都可以随机存取,而且存取时间与存储单元的物理位置无关。计算机系统中的主存储器都采用这种随机存储器。由于存储信息原理的不同,RAM 又分为 SRAM(以触发器原理寄存信息)和 DRAM(以电容充放电原理寄存信息)。

(2)只读存储器(Read Only Memory,ROM)

ROM 是能对其存储的内容读出,而不能对其重新写入的存储器。这种存储器一旦存入了原始信息后,在程序执行过程中,只能将内部信息读出,而不能重新写入新的信息去改变原始信息。因此,通常用它存放固定不变的程序、常数以及汉字字库,甚至用于操作系统的固化。只读存储器与随机存储器可共同作为主存储器的一部分,统一构成主存的地址域。

早期只读存储器的存储内容根据用户要求，厂家采用掩膜工艺，把原始信息记录在芯片中，一旦制成后无法更改，称为掩膜型只读存储器（Masked ROM，MROM）。随着半导体技术的发展和用户需求的变化，只读存储器先后派生出可编程只读存储器（Programmable ROM，PROM）、可擦除可编程只读存储器（Erasable Programmable ROM，EPROM）以及用电可擦除可编程的只读存储器（Electrically Erasable Programmable ROM，EEPROM）。近年来还出现了快擦型存储器 Flash Memory，这种存储器具有 EEPROM 的特点，而速度却比 EEPROM 快得多。

(3)串行访问存储器

如果对存储单元进行读写操作时，需按其物理位置的先后顺序寻找地址，则这种存储器称为串行访问存储器。显然这种存储器由于信息所在位置的不同，使得读写时间均不相同。如磁带存储器，不论信息处在哪个位置，读写时必须从其介质的始端开始按顺序寻找，故这类串行访问的存储器又称为顺序存取存储器。还有一种属于部分串行访问的存储器，如磁盘。在对磁盘读写时，首先直接指出该存储器中的某个小区域（磁道），然后再顺序寻访，直至找到位置。故其前段是直接访问，后段是串行访问，称其为直接存取存储器。

3. 按在计算机中的作用分类

按在计算机系统中的作用不同，存储器又可分为主存储器、辅助存储器和缓冲存储器。主存储器的主要特点是可以和 CPU 直接交换信息。辅助存储器是主存储器的后援存储器，用来存放当前暂时不用的程序和数据，不能与 CPU 直接交换信息。两者相比，主存储器的速度快、容量小、每位价格高；辅助存储器速度慢、容量大、每位价格低。缓冲存储器用在两个速度不同的部件之间，如 CPU 与主存储器之间可设置一个高速缓冲存储器（Cache），起到缓冲作用。

4.1.2　存储器的分级结构

对存储器的要求是容量大、速度快、价格低（每位价格）。对容量的要求是存储器能够存放用户足够大、足够复杂的应用程序和数据。对速度的要求是能跟上 CPU 速度，足够快速地向 CPU 提供指令和数据。由于近年 CPU 的速度提高得很快，所以对存储器速度的要求也越来越高。对价格的要求是人们希望存储器的价格越低越好，至少要合理。

但是，在一个存储器中要求同时兼顾这三方面是困难的。三者之间存在以下矛盾。

①速度越快，每位价格就越高。

②容量越大，总价格就越高。

③容量越大，速度就越慢。

很显然摆在设计者面前的难题是不仅需要大容量，而且需要低的每位价格，因此设计者希望采用提供大容量存储器的技术，但为了满足性能要求，又必须使用昂贵、容量较低和存取时间短的存储器。

为了解决单个存储器容量和速度的矛盾，应用了访问局部性原理，即把存储体系设计成为层次化的结构以满足使用要求。在这个层次化存储系统（Memory Hierarchy）中，一般由寄存器、高速缓存（Cache）、主存储器和外存（硬盘、磁带、光盘等）组成，而不是依赖单一的存储部件或技术。如图 4-1 所示为一个通用层次结构。

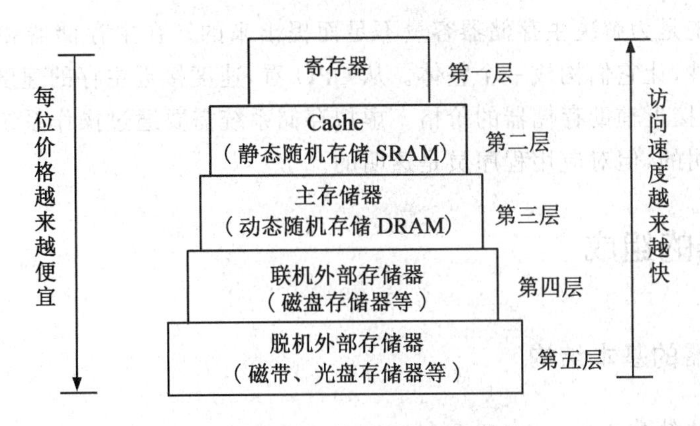

图 4-1　存储系统的通用层次结构

图 4-1 中由上至下，每位的价格越来越低，速度越来越慢，容量越来越大，CPU 访问的频度也越来越少。最上层的寄存器通常都制作在 CPU 芯片内。寄存器直接在 CPU 内部参与运算，CPU 内可以有十几个、几十个寄存器，这些寄存器的速度最快、位价格最高、容量最小。主存储器用来存放将要参与运行的程序和数据，其速度与 CPU 的速度差距较大，为了使它们之间的速度能更好地匹配，在主存储器与 CPU 之间，插入了一种比主存速度更快、容量更小的高速缓冲存储器 Cache，显然其位价格要高于主存储器。主存储器与缓存之间的数据调动是由硬件自动完成的，对程序员是透明的。以上三层存储器都是由速度不同、位价不等的半导体存储材料制成，它们都设在主机内。第四、五层是辅助存储器，其容量比主存储器大得多，大都用来存放暂时未用到的程序和数据文件。CPU 不能直接访问辅助存储器，辅助存储器只能与主存储器交换信息，因此辅助存储器的速度可以比主存储器慢得多。辅助存储器与主存储器之间信息的调动，均由硬件和操作系统来实现。辅助存储器的位价格是最低廉的。

实际上，存储器的层次结构主要体现在 Cache—主存储器（Cache 存储系统）和主存储器—辅助存储器（虚拟存储系统）这两个存储层次上，如图 4-2 所示。

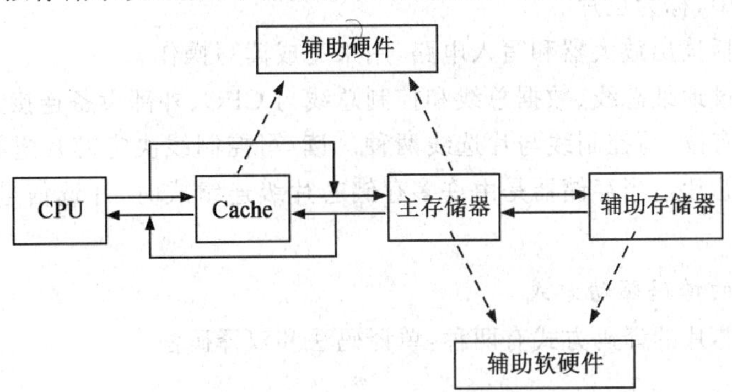

图 4-2　Cache—主存储器层次和主存储器—辅助存储器层次

Cache 存储系统是为解决主存储器速度的不足的问题而提出来的。在 Cache 和主存储器之间，增加了辅助硬件，让它们构成一个整体。从 CPU 看，速度接近 Cache 的速度，容量是主存储器的容量，每位价格接近于主存储器的价格。由于 Cache 存储系统全部用硬件来调度，因此它对应用程序员和系统程序员都是透明的。

虚拟存储系统是为解决主存储器容量不足而提出来的。在主存储器和辅助存储器之间，增加辅助的软硬件，让它们构成一个整体。从CPU看，速度接近主存的速度，容量是虚拟的地址空间，每位价格接近辅助存储器的价格。虚拟存储系统需要通过操作系统来调度，因此对系统程序员是不透明的，但对应用程序员是透明的。

4.2 主存储器的组成

4.2.1 主存储器的基本结构

1. 主存储器的结构

主存储器通常由存储体、地址译码驱动电路和读写电路组成，随着超大规模集成电路技术的发展，半导体存储器件已将它们集成到一块芯片上。单片内存的内部结构如图4-3所示。

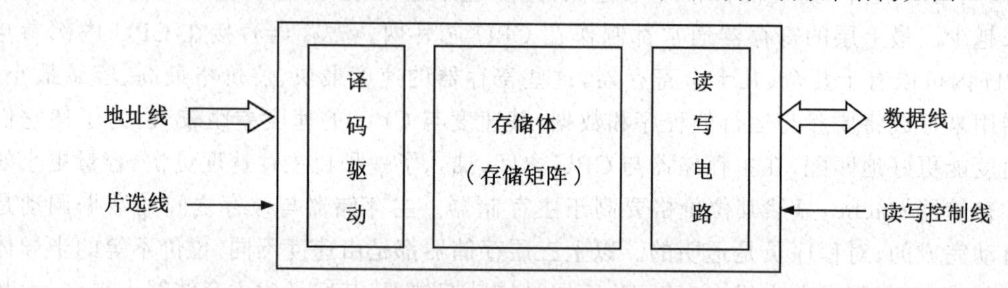

图 4-3 主存储器芯片的基本结构

在片选信号有效的情况下，译码驱动能把地址总线送来的地址信号翻译成对应存储单元的选择信号，该信号在读写电路的配合下完成对被选中单元的读写操作。

存储体(存储矩阵)是存储单元的集合。在容量较大的存储器中往往把各个字的同一位组织在一个集成片中，称为位片。

读写电路包括读出放大器和写入电路，用来完成读写操作。

存储芯片通过地址总线、数据总线和控制总线与CPU、外部设备连接。

控制线主要有读/写控制线与片选线两种。读/写控制线决定芯片进行读写操作，片选信号用来选择存储芯片。当存储器是由许多存储芯片级连组成时，片选信号用来确定哪个芯片被选中。

2. 主存储器的译码驱动方式

半导体存储芯片的译码方式有两种：单译码法和双译码法。

(1)单译码法

在单译码(线选法、字选法)方式下，地址译码器只有一个，其输出称为字选线，选择某个字的所有位。它的特点是用一根字选择线(字线)，直接选中一个存储单元的各位，故在存储容量较大、存储单元较多的情况下，这种方法就不适用了。如图4-4所示，以一个简单的32×8的存储芯片为例，将所有基本存储电路排成32行×8列，每一行对应一个字，每一列对应其中的一位。图中有5条地址线，经过译码产生32条字线($w_0 \sim w_{31}$)，某一字线被选中时，同一行中的各位就都被选中，由读写电路对各位实施读出或写入操作。

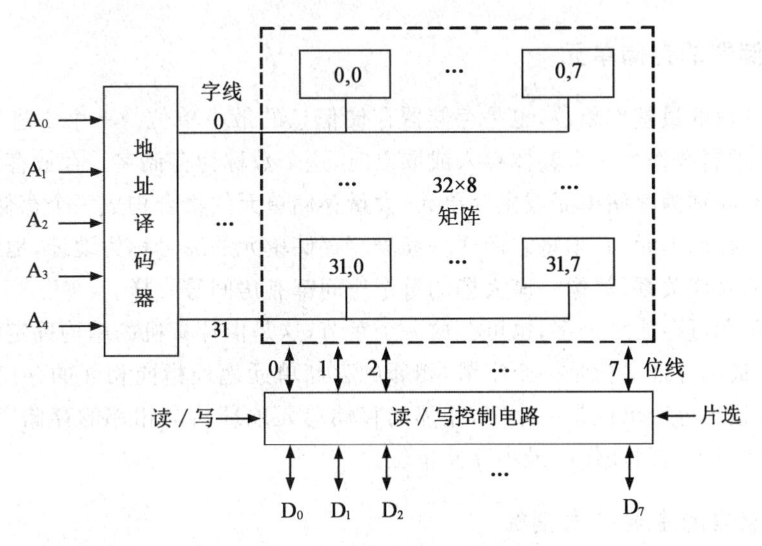

图 4-4　单译码方式存储芯片

(2)双译码法

在双译码(重合法)方式中,地址译码器分为 X 和 Y 两个译码器。它把 n 位地址线分成(接近相等的)两部分,分别进行译码,产生一组行选择线 X 和一组列选择线 Y,每一根 X 线选中存储矩阵中位于同一行的所有单元,每一根 Y 线选中存储矩阵中位于同一列的所有单元,当某一单元的 X 线和 Y 线同时有效时,相应的存储单元被选中。由于被选单元是由 X、Y 两个方向的地址决定的,故称重合法。如图 4-5 所示为一个 1 K×1 位双译码结构示意图。显然只要用 64 根选择线(X、Y 两个方向各 32 根),便可方便地找到 1024 个存储单元中的任何一个。如果采用单译码方式,将有 1024 根译码输出线。双译码方式与单译码方式相比,减少了选择线的数目,适用于容量较大的存储器芯片。

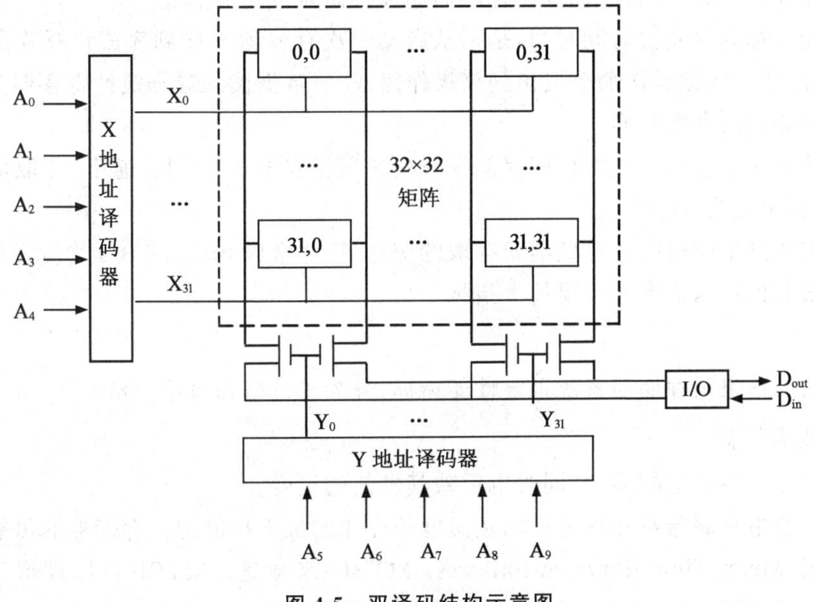

图 4-5　双译码结构示意图

4.2.2 主存储器的存储单元

位是二进制数的最基本单位，也是存储器存储信息的最小单位。一个二进制数由若干位组成，当这个二进制数作为一个整体存入或取出时，这个数称为存储字。存放存储字或存储字节的主存储器空间称为存储单元或主存单元，大量存储单元的集合构成一个存储体，为了区别存储体中的各个存储单元，必须将它们逐一编号。存储单元的编号称为地址，地址和存储单元之间有一对一的对应关系，就像一座大楼的每个房间都有房间号一样。

一个存储单元可存放一个字，也可存放一个字节，这是由计算机的结构确定的。对于字节编址的计算机，最小寻址单位是一个字节，相邻的存储单元地址指向相邻的存储字节；对于字编址的计算机，最小寻址单位是一个字，相邻的存储单元地址指向相邻的存储字。所以，存储单元是对主存储器可访问操作的最小存储单位。

4.2.3 主存储器的主要技术指标

1.存储容量

在一个存储器中可以容纳的存储单元总数通常称为该存储器的存储容量。存储容量是存储器系统的首要性能指标，因为存储容量越大，则系统能够保存的信息量就越多，相应计算机系统的功能就越强。存储容量常用字数或字节(Byte)数表示，如 32 KB、512 MB、64 GB。外存中为了表示更大的存储容量，通常还采用 GB、TB 等单位。其中 B 表示字节，一个字节定义为 8 个二进制位，因此计算机中一个字的字长通常是 8 的倍数。

$$1\ \mathrm{KB}=2^{10}\ \mathrm{B} \qquad 1\ \mathrm{MB}=2^{20}\ \mathrm{B} \qquad 1\ \mathrm{GB}=2^{30}\ \mathrm{B} \qquad 1\ \mathrm{TB}=2^{40}\ \mathrm{B}$$

2.存取速度

存储器的存取速度直接决定整个计算机系统的运行速度，因此，存取速度也是存储器系统的重要性能指标。可分别用存取时间、存取周期和存储器带宽来描述。

存取时间又称为存储器访问时间，是指从启动一次存储器操作到完成该操作所经历的时间。具体来说，从一次读操作命令发出到该操作完成，将数据读入数据缓冲寄存器为止所经历的时间就是存储器的存取时间。

存取周期是指连续启动两次访问存储操作所需间隔的最小时间。通常，存取周期要略大于存取时间，其单位为 ns。

存储器带宽是单位时间内存储器所存取的信息量，通常以 bit/s 或 B/s 为度量单位。存储器带宽是衡量数据传输速率的重要技术指标。

3.价格

存储器的成本也是存储器系统重要性能指标，分为总价格和每位价格。

4.其他技术指标

功耗反映存储器耗电的多少，同时也反映其发热的程度。

可靠性一般指存储器对外界电磁场及温度等变化的抗干扰能力。存储器的可靠性用平均故障间隔时间(Mean Time Between Failures，MTBF)来衡量。MTBF 可以理解为两次故障之间的平均时间间隔。MTBF 越长，可靠性越高，存储器的正常工作能力越强。

集成度指在一块存储器芯片内能集成多少个基本存储电路,每个基本存储电路存放一位二进制信息,因此集成度常用位/片来表示。

性能价格比(简称性价比)是衡量存储器经济性能好坏的综合指标,它关系到存储器的实用价值。其中性能包括前述的各项指标,而价格是指存储单元本身和外部电路的总价格。

4.3 随机读写存储器和只读存储器

4.3.1 随机存取存储器(RAM)

1. 随机存取存储器基本单元电路

(1)静态随机存取存储器的基本单元电路

SRAM 的基本存储单元由 6 个 MOS 管组成,其中,2 个 MOS 反相器交叉耦合构成触发器,一个存储单元存储一位二进制代码。这种电路有两个稳定的状态,并且 A、B 两点的电平总是互为相反的,因此能表示一位二进制的 1 和 0。如图 4-6 所示,VT_1、VT_2 管构成触发器,它的状态决定了存储的信息,假设:VT_1 管导通,VT_2 管截止,表示 0 状态;VT_1 管截止,VT_2 管导通,表示 1 状态。VT_3、VT_4 管用作选通门,控制读写操作。VT_5、VT_6 管是负载管。电路中有一条字线,用来选择这个记忆单元,还有两条位线,用来传送读写信号。

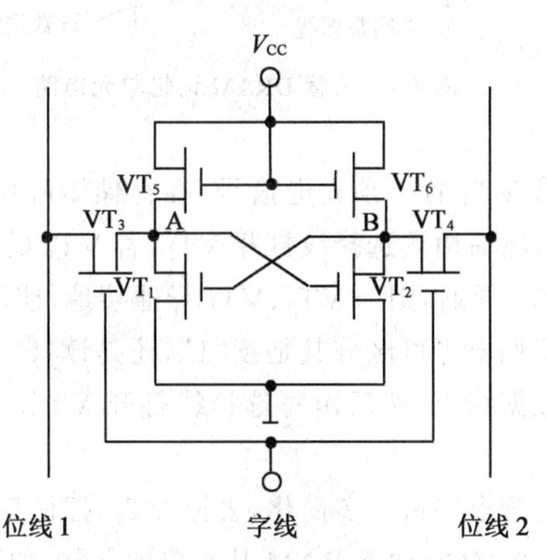

图 4-6　六管 SRAM 记忆单元电路

当记忆单元未被选中时,字线保持低电平,使 VT_3、VT_4 管截止,触发器与位线隔开,原状态保持不变。当字线上加上高电平,VT_3、VT_4 管导通,该记忆单元被选中,可以进行读/写操作。

读过程为:位线 1 和位线 2 分别与 A 点和 B 点相通,若记忆单元原存 1(VT_1 截止,VT_2 导通),B 点电位为低,则位线 2 为低电平(读 1)。若原存 0(VT_1 导通,VT_2 截止),A 点电位为低,则位线 1 为低电平(读 0)。

写过程为:写 1 时,令位线 1 为高电平,位线 2 为低电平,迫使 B 点为低电平,不管触发器原来处于何种状态，一定使 VT_1 截止，VT_2 导通，成为1状态；若写0，则令位线1为低电平，位线2为高电平。所以，也称位线1为读/写1线，称位线2为读写0线。

(2)动态存储器的基本单元电路

动态存储器和静态存储器不同，DRAM 的基本存储电路是利用电容存储电荷的原理来保存信息的。当电容C有电荷时，为逻辑1；没有电荷时，为逻辑0。但由于任何电容都存在漏电现象，所以，当电容C有电荷时，过一段时间由于电容的放电过程导致电荷流失，信息也就丢失了。因此，需要周期性地对电容进行充电，以补充泄露的电荷，通常把这种补充电荷的过程称为刷新。DRAM 的基本存储电路主要有六管、四管、三管和单管等几种形式，在这里主要介绍三管和单管基本单元电路。

三管 MOS 电路如图 4-7 所示，VT_1、VT_2、VT_3 3 个 MOS 管组成三管 MOS 动态 RAM 基本单元电路。

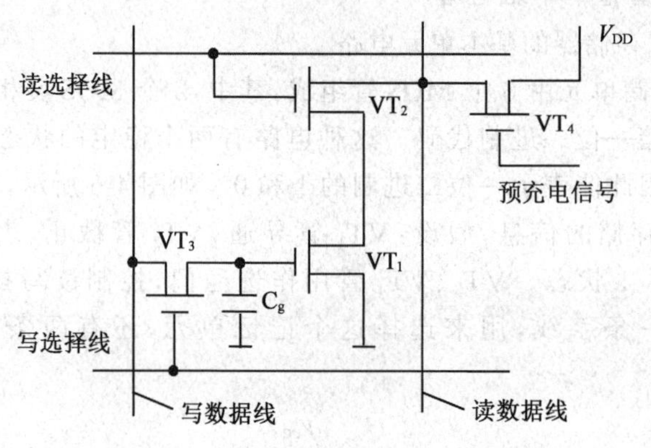

图 4-7　三管 DRAM 记忆单元电路

读出时，先对预充电管 VT_4 置一预充电信号（在存储矩阵中，每一列共用一个 VT_4 管），使读数据线达高电平 V_{DD}，然后由读选择线打开 VT_2，若 VT_1 的极间电荷 C_g 存有足够多的电荷（被认为原存“1”），使 VT_1 导通，则因 VT_2、VT_1 导通接地，使读数据线降为零电平，读出“0”信息。可见，由读出线的高低电平可区分其是读“1”，还是读“0”，只是它与原存信息反相。写入时，将写入信号加到写数据线上，然后由写选择线打开 VT_3，这样 C_g 便能随输入信息充电（写“1”）或放电（写“0”）。

为了提高集成度，将三管电路进一步简化，去掉 VT_1，把信息存在电容 C_s 上，将 VT_2、VT_3 合并成一根管子 VT，得单管 MOS 动态 RAM 基本单元电路，如图 4-8 所示。当字线为高电平时，该电路被选中。

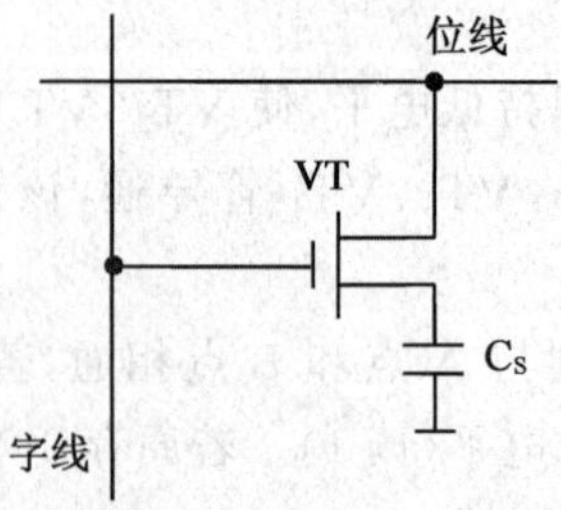

图 4-8　单管 DRAM 记忆单元电路

执行读操作时，若原存数据为“1”，C_s 上的电荷经位线泄放，位线上有输出信号，若原存为“0”，C_s 上无电荷，位线上无输出信号。

执行写操作时，若写“1”，位线为高电平对 C_s 充电；若写“0”，位线上为低电平，C_s 上的电荷很快被泄放掉。

单管电路的主要优点是集成度高，功耗小，但从上面的分析可以得出，单管电路本身是破坏性读出，也就是说，在读操作完成后，原来存储的信息便被破坏，必须采用再生措施。

动态 MOS 电路所用的管子数目少，占硅片面积和功耗都大大减少，因此集成度比较高，但由于需要刷新，所以存取速度比不上静态 MOS 电路。

2. RAM 芯片

RAM 芯片通过地址线、数据线和控制线与外部连接。地址线是单向输入的，其数目与芯片容量有关。如容量为 1024×8 时，地址线有 10 根；容量为 32 KB×4 时，地址线有 15 根。数据线是双向的，既可输入，也可输出，其数目与数据位数有关。如 1024×8 的芯片，数据线有 8 根；32 KB×4 的芯片，数据线有 4 根。控制线主要有读/写控制线和片选线两种，读写控制线用来控制芯片是进行读操作还是写操作的，片选线用来决定该芯片是否被选中。各种 RAM 芯片的外引脚主要有以下几种：

①地址线——A_i

②数据线——D_i

③片选线——$\overline{CE}$ 或 $\overline{CS}$

④读写控制线——$\overline{WE}$ 或 $\overline{OE}/\overline{WE}$

⑤电源线：V_{cc}——+5V，工作电源

GND——地

有些 SRAM 芯片有两根读写控制线：读允许线 $\overline{OE}$ 和写允许线 $\overline{WE}$。有些 SRAM 芯片只有 1 根读写控制线：$\overline{WE}=0$ 时，写允许；$\overline{WE}=1$ 时，读允许。

由于 DRAM 芯片的集成度高，容量大，为了减少芯片引脚数量，DRAM 芯片把地址线分成相等的两部分，分两次从相同的引脚送入。两次输入的地址分别称为行地址和列地址，行地址由行地址选通信号（Row Address Select，$\overline{RAS}$）送入存储芯片，列地址由列地址选通信号（Column Address Select，$\overline{CAS}$）送入存储芯片。由于采用了地址复用技术，因此，芯片每增加一条地址线，实际上是增加了两位地址，也即增加了 4 倍的容量。

在 DRAM 芯片中，可以不设专门的片选线 $\overline{CE}$，而用行选通信号 $\overline{RAS}$、列选通信号 $\overline{CAS}$ 兼作片选信号。

3. RAM 的读写时序

(1)静态 RAM 读写时序

①读时序。如图 4-9(a)所示是典型的 SRAM 芯片的读周期时序，在整个读周期中 $\overline{WE}$ 始终为高电平（故图中省略）。读周期 t_{RC} 表示对该芯片进行两次连续读操作的最小间隔时间。读时间 t_A 表示从地址有效到数据稳定所需的时间。图中 t_{co} 是从片选有效到输出稳定的时间。可见只有当地址有效经 t_A 后，且当片选有效经 t_{co} 后（片选信号在地址有效之后变为有效，使芯片被选中），数据才能稳定输出，这两者必须同时具备。根据 t_A 和 t_{co} 的值，便可知当地址有效后，经 t_A-t_{co} 时间必须给出片选有效信号，否则信号不能出现在数据线上。

需注意,从片选失效到输出高阻需一段时间 t_{ODT},故地址失效后,数据线上的有效数据有一段维持时间 t_{OHA},以保证所读数据可靠。

②写时序。如图 4-9(b)所示是典型的 SRAM 芯片的写周期时序。写周期 t_{WC} 是对芯片进行连续两次写操作的最小间隔时间。写周期包括滞后时间 t_{AW}、写入时间 t_W 和写恢复时间 t_{WR}。在有效数据出现前,RAM 的数据线上存在着前一时刻的数据,故在地址线发生变化后,$\overline{CS}$、$\overline{WE}$ 均需滞后 t_{AW} 再有效,以避免将无效数据写入 RAM。但写允许失效后,地址必须保持一段时间,称为写恢复时间。此外,RAM 数据线上的有效数据(即 CPU 送至 RAM 的写入数据 D_{IN})必须写允许在失效前 t_{DW} 时间出现,并延续一段时间 t_{DH}(此刻地址仍有效,$t_{WR} > t_{DH}$)以保证数据可靠写入。

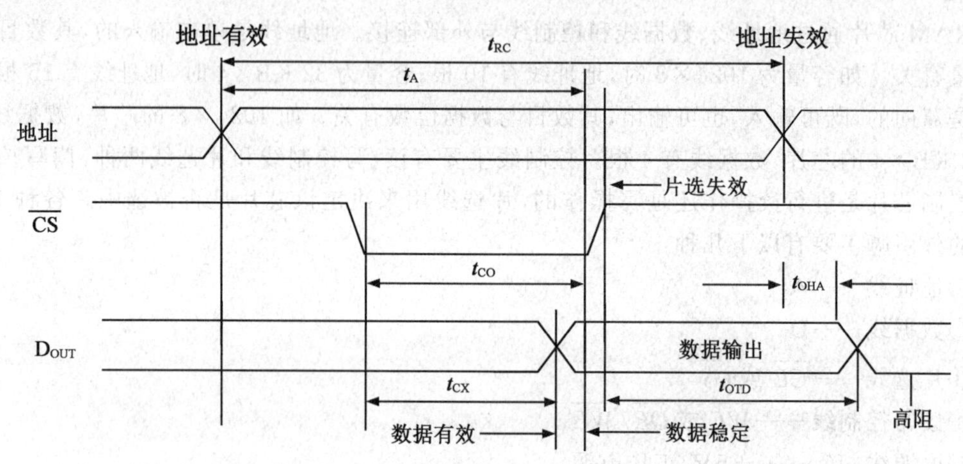

图 4-9(a) SRAM 芯片的读周期时序图

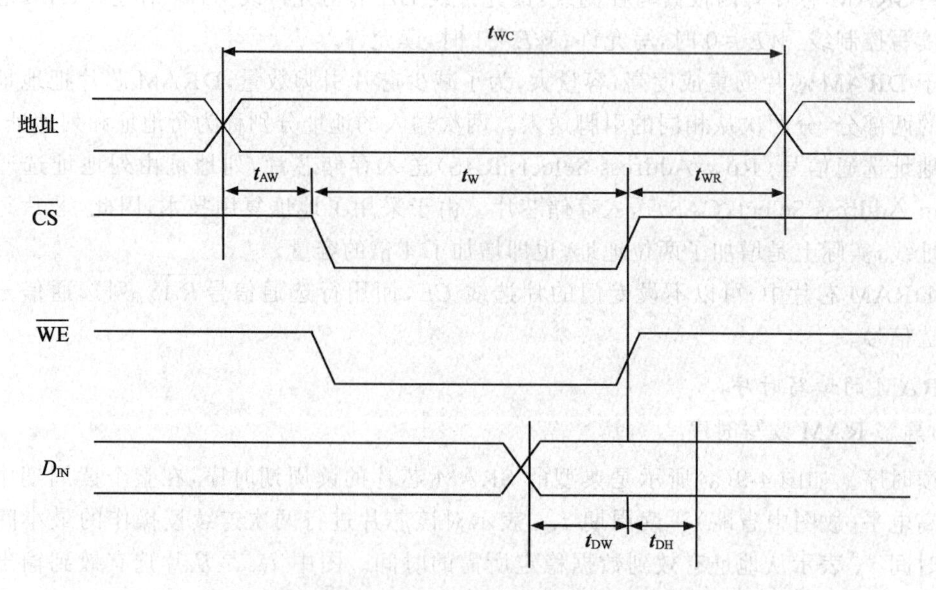

图 4-9(b) SRAM 芯片的写周期时序图

(2)动态 RAM 读写时序

由于动态 RAM 的行、列地址是分别传送的,在分析其时序时,要特别注意 $\overline{RAS}$、$\overline{CAS}$ 与地址的关系。先将行地址送入行地址锁存器,再将列地址送入列地址锁存器。如图 4-10(a)所示是典型的 DRAM 芯片的读周期时序,如图 4-10(b)所示是典型的 DRAM 芯片的写周期时序。

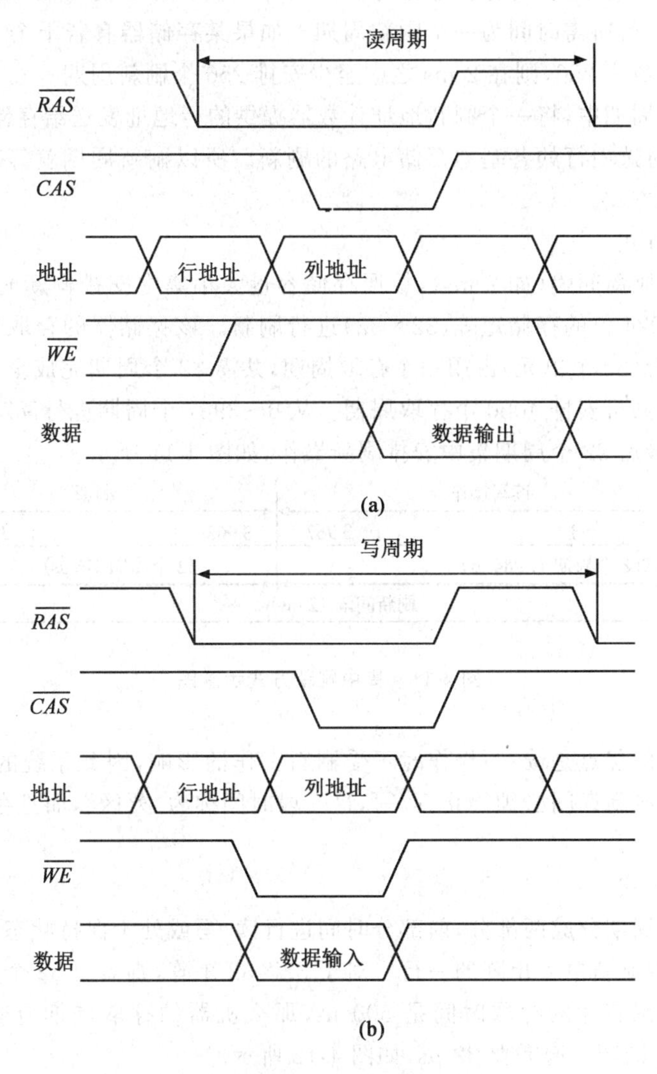

图 4-10 DRAM 的读写时序图

①读时序。在读周期中,首先是行地址选通信号有效($\overline{RAS}=0$),将地址线上输入的行地址锁存到行地址锁存器中,然后列地址选通信号有效($\overline{CAS}=0$),将列地址锁存到列地址锁存器中。写允许信号为高电平($\overline{WE}=1$),表示是读操作,经过一定的时间延迟后读出的一位数据锁存到输出锁存器中,完成一次读操作过程。

② 写时序。在写周期中,地址传送过程与读周期类似,只是写允许信号应在 $\overline{CAS}$ 有效之前有效($\overline{WE}=0$),表示是写操作,并且应将待写入的数据锁存到输入数据锁存器中,经过一定的时间延迟后,该数据将被写入到指定的存储单元中,完成一次写操作过程。

4.动态 RAM 的刷新

为了维持 DRAM 记忆单元的存储信息,隔一定时间必须刷新。隔多少时间刷新一次,主要是根据栅极电容电荷的泄放速度来决定的。一般动态 MOS 存储器每隔 2 ms、4 ms 或 8 ms 必须进行一次刷新,称为最大刷新间隔。

对整个存储器系统来说,各存储器芯片可以同时刷新。对每块 DRAM 芯片来说,则是按行刷新,每次刷新一行所需时间为一个刷新周期。如果某存储器有若干个 DRAM 芯片,其中容量最大的一块行数为 256,则在 2 ms 之中至少安排 256 个刷新周期。

在存储器刷新周期中,将一个刷新地址计数器提供的行地址发送给存储器,然后执行一次读操作,便可完成对选中行的各基本存储电路的刷新。所以刷新周期就等于存取周期。一般有 3 种典型的刷新方式。

(1)集中刷新方式

在允许的最大刷新间隔(如 2 ms),按照存储容量大小集中安排刷新时间,此刻要停止读写操作。如果对 1024 位的存储矩阵(32×32)进行刷新。该存储器的存取周期为 500 ns。现采用按行刷新,每行(32 个单元)占用一个存取周期,共需 32 个周期完成全部的刷新。那么在刷新间隔 2 ms 内,共可安排 4000 个存取周期。从 0～3967 个周期进行读写操作或保持状态,而从 3968～3999 最后 32 个周期集中安排刷新操作,如图 4-11 所示。

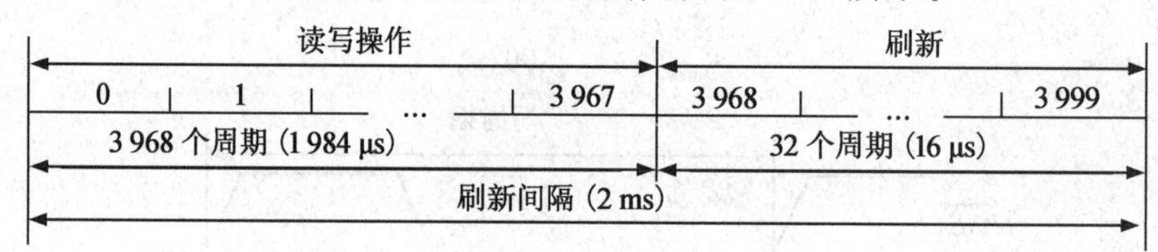

图 4-11 集中刷新方式示意图

集中刷新方式的优点是读/写操作时不受刷新工作的影响,因此系统的存取速度比较高。主要缺点是在集中刷新期间必须停止读/写,这一段时间称为“死区”,而且存储容量越大,死区就越长。

(2)分散刷新方式

把系统的存取周期分成两部分,前部分时间进行读/写或处于保持状态。后部分时间进行刷新,在一个周期内刷新单元矩阵的一行。对于 32×32 矩阵,则需要 32 个周期后才能把全部单元刷新完毕。如果芯片的存取时间是 500 ns,那么机器的存取周期应安排两倍的时间即 1 μs,整个存储芯片刷新一遍需要 32 μs,如图 4-12 所示。

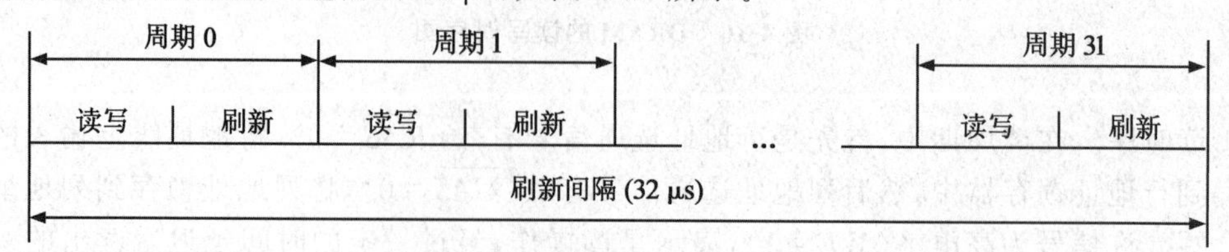

图 4-12 分散刷新方式示意图

从图 4-12 中可以看出,这种刷新方式没有死区,但是,它也有很明显的缺点,一是加长了系统的存取周期,降低了整机的速度;二是刷新过于频繁(本例中每 32 μs 就重复刷新一遍),

尤其是当存储容量比较小的情况下，没有充分利用所允许的最大刷新间隔（2 ms）。

（3）异步刷新方式

把上述两种方式结合起来，并充分利用刷新间隔 2 ms 的时间，可以采用在 2 ms 内分散地把 32 行刷新一遍，那么每行平均刷新的时间间隔（相邻两行的刷新间隔）为

$$最大刷新间隔时间 \div 行数 = 2\ \text{ms}/32 = 62.5\ \mu\text{s}$$

即每隔 62.5 μs 安排一个刷新周期。在刷新时封锁读写，如图 4-13 所示。

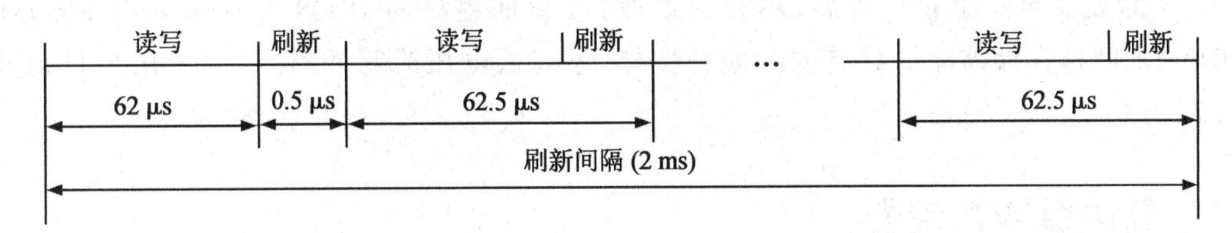

图 4-13 异步刷新方式示意图

异步刷新方式虽然也有死区，但比集中刷新方式的死区小得多，仅为 0.5 μs。这样可以避免使 CPU 连续等待过长的时间，而且减少了刷新次数，是比较实用的一种刷新方式。

消除“死区”的方法，还可采用不定期的刷新方式。其基本做法是：把刷新操作安排在不访问存储器的空闲时间里，如利用 CPU 取出指令后进行译码的这段时间，这时，刷新操作对 CPU 是透明的，故又称为透明刷新。这种方式既不会出现死区，又不会降低存储器的存取速度；但是控制比较复杂，实现起来比较困难。

4.3.2 只读存储器（ROM）

只读存储器中的信息在使用时是不能改变的，只能读出，故常用于存放系统启动程序和参数表，也用来存放常驻内存的监控程序或操作系统的常驻内存部分，甚至还可以存放字库或某些语言的编译程序和解释程序。根据制造工艺的设置方法，只读存储器可分为以下几种。

1. 掩膜 ROM（Masked ROM）

掩膜 ROM（MROM），在生产时已由制造厂用掩膜技术将一定的程序写入其中，写入后的程序用户不能更改，只能读出。它大多用于有固定程序和产量很大的产品中。

2. 一次可编程 ROM（Programmable ROM）

一次可编程 ROM（PROM）中的程序是由用户自行写入的，但一经写入，就无法更改。

3. 可擦除可编程 ROM（Erasable PROM）

可擦除可编程 ROM（EPROM）可由用户自行写入程序，写入后的内容，可用紫外线灯照射来擦除，然后可重新写入新的程序，且可多次擦除，多次改写。EPROM 一般用于软件或系统的开发阶段，一旦设计过程彻底完成，可用 MROM 或 PROM 取代。换下来的 EPROM 还可以反复使用。

4. 电可擦除可编程 ROM（Electrically EPROM）

电可擦除可编程 ROM（E^2PROM）是一种可用电信号进行清除和重写的存储器，使用方

便，尽管如此，它却不能作为通用的 RAM 使用，因为它的写周期比读周期长得多。

5. 闪速存储器

闪速存储器(Flash Memory)是 20 世纪 80 年代中期出现的一种快擦写型存储器，其主要特点是：既可在不加电的情况下长期保存信息，又能在线进行快速擦除与重写，兼备了 EPROM 和 RAM 的优点。

目前，大多数微型机的主板采用闪速存储器来存储基本输入/输出系统(BIOS)程序。由于 BIOS 的数据和程序非常重要，不允许修改，故早期主板的 BIOS 芯片多采用 PROM 或 EPROM。闪速存储器除了具有的一般特性外，还有低电压改写的特点，便于用户自动升级 BIOS。

4.4 高速缓冲存储器

4.4.1 Cache 的功能和基本原理

1. Cache 的功能

Cache 是为了解决 CPU 与主存储器之间速度不匹配而采用的一项重要技术。Cache 位于主存储器与 CPU 之间，其容量约为几 K 字节到几百 K 字节，由高速的 SRAM 组成。新型的 CPU 芯片常在芯片内集成 1～2 个 Cache，从而能组成两级以上的 Cache 系统。Cache 用来存放当前最活跃的程序和数据，作为主存储器某些局部区域的副本，例如存放现行指令地址附近的程序，以及当前要访问的数据区内容。由于编程时指令地址的分布基本上连续，对循环程序段的执行往往要重复若干遍，在一个较短的时间间隔内，对存储器的访问大部分将集中在一个局部区域之中，这种现象被称为程序的局部性。我们将这一局部区域的内容从主存复制到 Cache 中，使 CPU 高速地从 Cache 中读取程序与数据，其速度可比主存高 5～10 倍。这一过程由硬件实现，编程地址仍是主存地址，因此对程序员来说看到的仍是访问主存储器，而 Cache 是透明的。随着程序的执行，Cache 内容也相应地被替换。

2. Cache 的基本结构

Cache 除包含 SRAM 外，还要包含控制逻辑。若 Cache 在 CPU 芯片外，其控制逻辑一般与主存储器控制逻辑合成在一起，称为主存/Cache 控制器，若 Cache 在 CPU 内，则由 CPU 提供它的控制逻辑。控制逻辑包含主存地址寄存器、主存—Cache 地址变换机构、替换控制器件和 Cache 地址寄存器。Cache 存储体多采用与 CPU 相同类型的半导体集成电路制成的高速存储单元。整个 Cache 存储器作为最高一级存储器直接接受 CPU 访问，而 CPU 不仅与 Cache 相接，还与主存储器仍保持通路。

在主存—Cache 存储体系中，所有的程序和数据都在主存中，Cache 存储器只是存放主存储器中的一部分程序块和数据块的副本，这是一种以块为单位的存储方式。Cache 和主存储器被分成块，每块由多个字节组成。CPU 与 Cache 之间的数据交换以字为单位，而 Cache 与主存储器之间的数据交换以块为单位。一个块由若干字组成，是定长的。

Cache 的基本结构如图 4-14 所示。

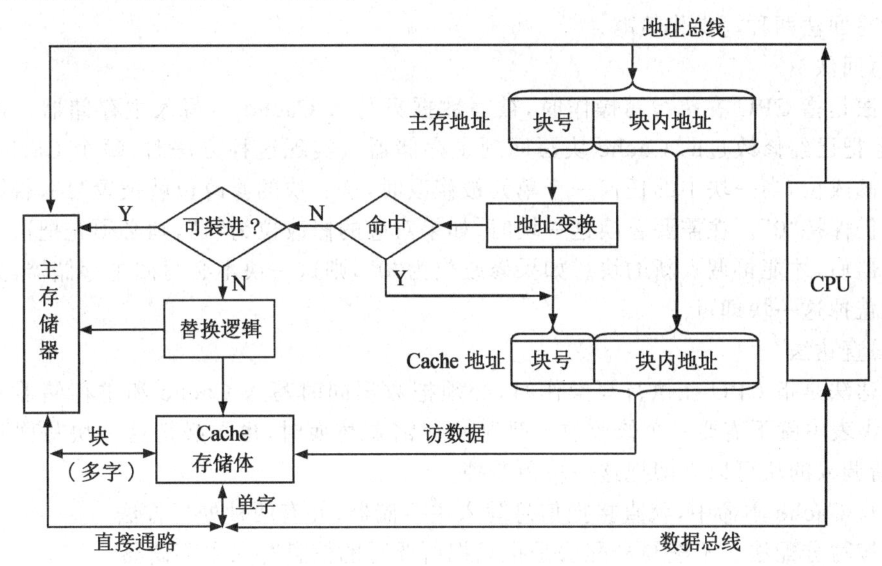

图 4-14　Cache 的基本结构图

4.4.2　Cache 的读写操作

由程序访问局部性可知，Cache 中的程序块和数据块会使 CPU 要访问的内容在大多数情况下已经在 Cache 存储器里了，CPU 的读写操作主要在 CPU 和 Cache 之间进行。

为了要达到这样一个目标，在 Cache 中要存放部分主存储器内容(指令或数据)，CPU 存取主存储器的操作希望绝大部分在 Cache 中找到，Cache 中动态地保留整个慢速主存储器中部分数据和指令的副本(拷贝)。

首先介绍几个相关的概念。

①命中：CPU 访问主存单元，该单元内容正好也在 Cache 中。

②失效(不命中)：CPU 访问主存单元，该单元内容不在 Cache 中。

③命中率：在一个程序执行期间，Cache 完成存取的次数是 n，主存完成存取的总次数是 m，则命中率 $H = n/(m + n)$。

在带有 Cache 的两级存储体系中，设 Cache 的访问时间为 T_0，主存的访问时间为 T_1，命中率为 H，则 CPU 访问存储器的平均访问时间为 T：$T = H T_0 + (1 - H) T_1$。下面具体分析一下 Cache 的读写操作。

1. Cache 的读操作

当 CPU 读取主存储器中一个字时，便发出此字的内存地址到 Cache 和主存储器。此时 Cache 控制逻辑依据地址判断此字当前是否在 Cache 中：若是(命中)，此字立即传送给 CPU；若不是，则用主存储器读周期把此字从主存储器读出送到 CPU，与此同时，把含有这个字的整个数据块从主存储器读出送到 Cache 中。若 Cache 存储器已被装满，则需在替换控制部件的控制下，根据某种替换算法，用此块信息替换掉 Cache 中原来的某块信息。

2. Cache 的写操作

由于 Cache 的内容只是主存储器部分内容的副本，它应当与主存储器内容保持一致。而

CPU 对 Cache 的写入更改了 Cache 的内容。如何与主存储器中的内容保持一致,可选用写直达法和写回法两种写操作策略。

(1)写回法

写回法是指 CPU 在执行写操作时,被写数据只写入 Cache 不写入主存储器。仅当需要替换时,才把已经修改过的 Cache 块写回到主存储器。实现这种方法时,每个 Cache 块必须配置一个修改位,当一块中的任何一个单元被修改时,这一块的修改位就被置"1",否则这一块的修改位仍保持"0"。在需要替换这一块时,如果对应的修改位为"1",则必须先把这一块写回到主存储器后,才能再调入新的块。如果修改位为"0",则这一块不必写回主存储器,只要重新调入块覆盖掉这一块即可。

(2)写直达法

写直达法是指 CPU 在执行写操作时,必须把数据同时写入 Cache 和主存储器。这样在 Cache 的块表中就不需要一个修改位。当某一块需要替换时,也不必把这一块写回到主存储器中去,新调入的块可以立即把这一块覆盖掉。

如果写 Cache 不命中,就直接把信息写入主存储器,并有两种处理方法。

①不按写分配法。不按写分配法是指只把所要写的信息写入主存储器。

②按写分配法。按写分配法是指在把所要写的信息写入主存储器后还把这个块从主存储器中读入 Cache。

4.4.3 主存储器与 Cache 的地址映像

在 Cache 中,地址映像是指把主存储器地址空间映像到 Cache 地址空间,也就是把存放在主存储器中的程序按照某种规则装入 Cache 中。地址映像的方法有 3 种:全相联映像、直接映像和组相联映像。

1. 全相联映像

全相联映像就是让主存储器中任何一个块均可以映像装入到 Cache 中任何一个块的位置上,如图 4-15 所示。全相联映像方式比较灵活,Cache 的块冲突率最低、空间利用率最高,但是地址变换速度慢,而且成本高,实现起来比较困难。

2. 直接映像

直接映像是指主存储器中的每一个块只能被放置到 Cache 中唯一的一个指定位置,若这个位置已有内容,则产生块冲突,原来的块将无条件地被替换出去。直接映像方式是最简单的地址映像方式,成本低,易实现,地址变换速度快,而且不涉及其他两种映像方式中的替换算法问题。但这种方式不够灵活,Cache 的块冲突率最高、空间利用率最低。

直接映像规则如图 4-16 所示 。如主存储器的第 0 块、第 8 块,只能映像到 Cache 的第 0 块;而主存储器的第 1 块、第 9 块,只能映像到 Cache 的第 1 块…直接映像的关系可定义为 $K = I \bmod 2^c$。

其中:K 为 Cache 的块号,I 为主存的块号,2^c 为 Cache 的块数。

3. 组相联映像

组相联映像将主存储器空间按 Cache 大小等分成区后,再将 Cache 空间和主存储器空间中的每一区都等分成大小相同的组。让主存储器各区中某组中的任何一块,均可直接映像装入 Cache 中对应组的任何一块位置上,即组间采取直接映像,而组内采取全相联映像。

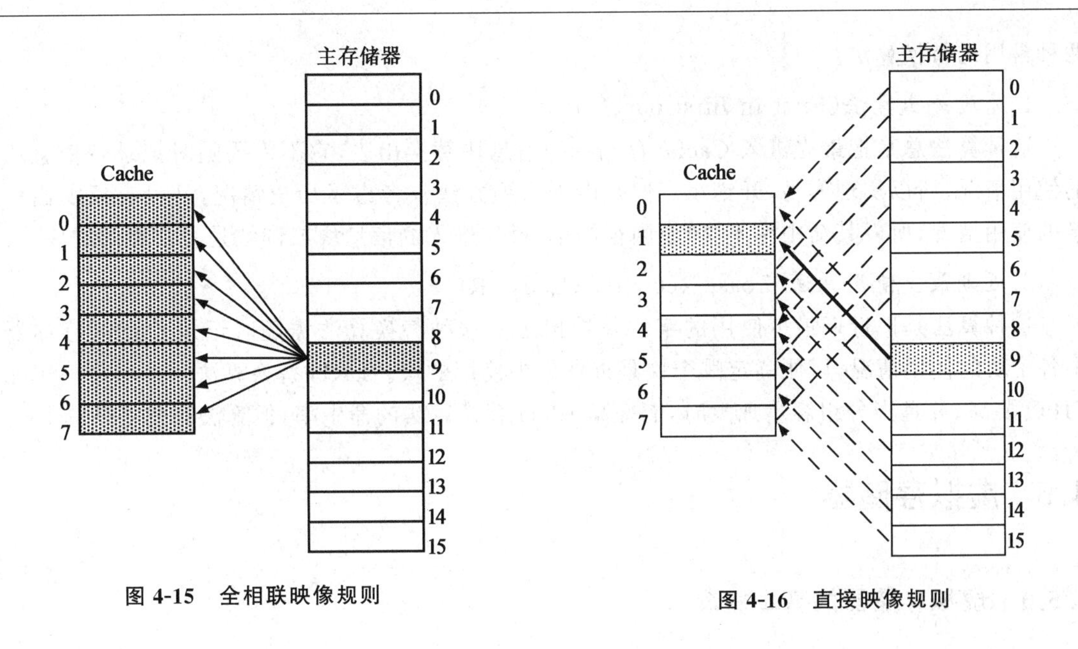

图 4-15　全相联映像规则　　　图 4-16　直接映像规则

组相联映像实际上是全相联映像和直接映像的折中方案，所以其优点和缺点介于全相联和直接映像方式的优缺点之间。

组相联映像规则如图 4-17 所示。主存分成 2 区，每区 4 组，每组 2 块；Cache 分为 4 组，每组 2 块。主存储器的第 9 块可以映像到 Cache 的第 0 或 1 块的位置上。

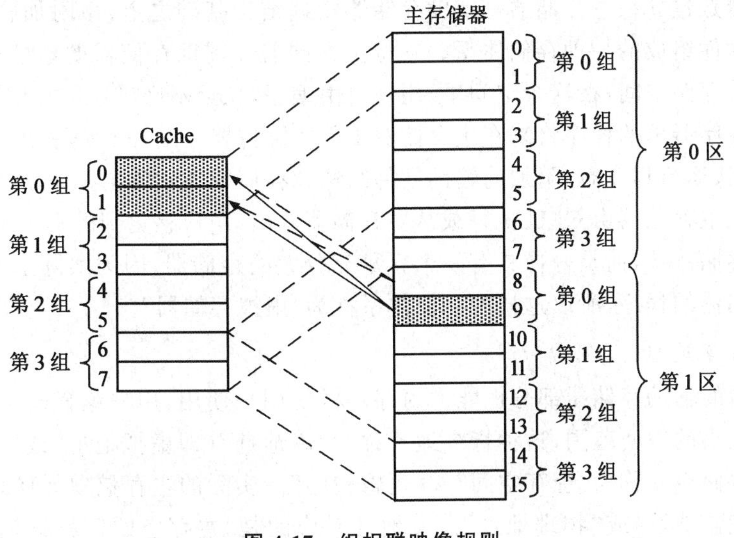

图 4-17　组相联映像规则

4.4.4　替换策略

当新的主存块需要调入 Cache 存储器而它的可用位置又已被占满时，就产生了替换策略(算法)问题。前面已经提到过直接映像不需要替换算法，而在其他两种映像中，为了使 Cache 中总保持使用频率高的信息，就需要研究替换算法，使 Cache 获得最高的命中率。下面介绍两种常用的替换算法。

1. 先进先出算法(First in First out,FIFO)

这种算法总是把最先进入 Cache 存储器的信息块替换出去,它不需要随时记录各信息块的使用情况,所以实现容易,开销小。但是由于这种方法只考虑了历史情况,并没有反映出信息的使用情况,所以其命中率不高,原因很简单,最先进入的信息块或许就是经常要用的块。

2. 近期最少使用算法(Least Recently Used,LRU)

这种算法是把近期最少使用的字块替换出去。这种替换算法需随时记录 Cache 存储器中各个块的使用情况,以便确定哪个块是近期最少使用的块。LRU 替换算法的平均命中率比 FIFO 要高,并且当分组容量加大时,能提高 LRU 替换算法的命中率,但算法有些复杂。

4.5 虚拟存储器

4.5.1 虚拟存储器的基本概念

虚拟存储器是在主存储器—辅助存储器层次上的进一步发展和完善,它指的是基于主存储器—辅助存储器物理结构,由负责信息划分及主存储器—辅助存储器之间信息调度的辅助硬件及操作系统的存储管理软件所组成的存储系统。

1. 虚拟存储器的基本概念

虚拟存储器是建立在主存储器—辅助存储器物理结构基础之上,由附加硬件装置及操作系统存储管理软件组成的一种存储体系。它将主存储器和辅助存储器的地址空间统一编址,形成一个庞大的存储空间,在这个空间里,用户自由编程,完全不必考虑主存储器是否装得下,或者放在辅助存储器里的程序将来在主存储器中的实际位置。编好的程序由计算机操作系统装入辅助存储器,运行程序时,附加的辅助硬件结构和存储管理软件会把辅助存储器的程序一块块地自动调入主存储器由 CPU 执行或从主存储器调出,用户感觉到的不再是处处受主存储器容量限制的存储系统,而是好像具有一个容量充分大的存储器,因为实际上 CPU 仍然只能执行调入主存储器的程序,所以这样的存储体系称为“虚拟存储器”。

2. 虚地址和实地址

虚拟存储器的辅助存储器部分也能像内存一样供用户使用,用户编程时指令地址允许涉及辅助存储器大小的空间范围,这种指令地址称为“虚地址”(即虚拟地址)或“逻辑地址”。虚拟地址对应的存储空间称为“虚存空间”或“逻辑空间”。实际的主存储单元的地址则称为“实地址”(即主存储器地址)或“物理地址”。实地址对应的是“主存空间”,亦称“物理空间”。显然,虚地址范围比实地址大得多。

虚拟存储器的用户程序以虚地址编址并放在辅助存储器里,程序运行时 CPU 以虚地址访问主存储器,由辅助硬件找到虚地址和物理地址的对应关系判断这个虚地址指示的存储单元是否已装入主存储器。如果在主存储器,CPU 就直接执行已在主存储器的程序;如果不在主存储器,则要把辅助存储器中的内容向主存储器调度,这种调度同样以程序块为单位进行。计算机存储系统管理软件和相应的硬件把访问单元所在的程序块从辅助存储器调入主存储器,并且把程序虚地址变换成实地址,然后再由 CPU 访问主存储器。虚拟存储器程序执行中各程序块在主存储器和辅助存储器之间进行自动调度和地址变换，主存储器—辅助存储器形成一个统一的有机体，对于用户是透明的。由于 CPU 只对主存储器操作，虚拟存储器存取速度主要取决于主存储器而不是慢速的辅助存储器，但又具有辅助存储器的容量和接近辅助存储器的成本，更为重要的是程序员可以在比主存储器大得多的空间范围内编制程序且免去对程序分块、存储空间动态分配的繁重负担，大大缩短了应用软件的开发周期。所以虚拟存储器是实现小内存运行大程序的有效办法，在大、中、小、微型计算机系统中都得到应用。

3. 虚拟存储器和 Cache 存储器

虚拟存储器和主存储器—Cache 存储器是两个不同层次的存储体系，从原理上看，主存储器—辅助存储器层次和主存储器—Cache 层次有很多相似之处，所采用的地址变换及映射方法和替换策略，从原理上看是相同的，且都是基于程序的局部性原理。它们遵循以下原则：

①把程序中最近常用的部分驻留在高速存储器中。

②一旦这部分变得不常用了，把它们送回到低速存储器中。

③这种换入换出是由硬件或操作系统完成的，对用户是透明的。

④力图使存储系统的性能接近高速存储器，价格接近低速存储器。

但是，主存储器—辅助存储器组成的虚拟存储器和主存储器—Cache 存储器有更多的不同之处，现总结如下：

①Cache 存储器采用与 CPU 速度匹配的快速存储元件弥补了主存储器和 CPU 之间的速度差距，而虚拟存储器虽然最大限度地减少了慢速辅助存储器对 CPU 速度的影响，但是它的主要功能是用来弥补主存储器和辅助存储器之间的容量差距，具有提供大容量和程序编址方便的优点。

②两个存储体系均以信息块作为存储层次之间基本信息的传送单位。Cache 存储器每次传送的信息块是定长的，而虚拟存储器信息块划分方案很多，有页、段等，长度均在几至几百 K 字节左右。

③CPU 访问快速 Cache 存储器的速度比访问主存储器快 5～10 倍。虚拟存储器中主存储器的速度要比辅助存储器缩短 100～1000 倍以上。

④主存储器—Cache 存储体系中 CPU 与 Cache 和主存储器都建立了直接访问的通路，一旦不命中时，CPU 直接访问主存储器并同时进行向 Cache 调度信息块，从而减少 CPU 等待的时间，即 CPU 可以直接访问 Cache 和主存储器。但是 CPU 不能直接访问辅助存储器，它们之间没有直接通路，一旦 CPU 要执行的程序块不在主存储器中，即不命中时，只能从辅助存储器中调度程序块到主存储器，而 CPU 只能暂停执行。

⑤Cache 存储器存取信息的过程、地址变换和替换策略全部由硬件实现，所以对各类程序员均是透明的。主存储器—辅助存储器层次的虚拟存储器基本上由操作系统的存储管理软件辅助一些硬件进行信息划分和主存储器—辅助存储器之间的调度，所以对设计存储管理软件的系统程序员来说，它是不透明的；而对于广大用户来说，因为虚拟存储器提供了庞大的逻辑空间可以任意使用，所以对应用程序的开发人员是透明的。

4.5.2 页式虚拟存储器

页式管理不考虑程序的逻辑功能，完全面向存储器物理结构。页式管理将辅助存储器和主存储器空间都分成大小相同的存储空间，称为“页”。辅助存储器的页为虚页，主存储器的页为实页。页的大小一般是每页 512B 到几 KB。

主存储器空间按页顺序排列，主存储器地址格式由两部分组成，即实页号及页内偏移。程序所用的虚地址分为虚页号及页内偏移。由于页面的大小相同，所以虚、实地址中的页内偏移相同。页式管理在内存中为每一用户设置一页表，用来记录虚地址各页在实存中的位置，页表中的每一行记录了与某个虚页对应的若干信息，包括虚页号、装入位和实页号等，作为虚实地址变换的依据。页表按虚页号顺序排列，页表在内存中的起始地址放在页表基地址寄存器中。如果页表中的第一个字段给出的页号是连续的，则这一个字段可以省掉。当程序的某一页调入主存储器时，将主存储器实际地址的页号记录在页表中，并将装入位置“1”，说明该页已在主存储器。当访问主存储器时，把页表的起始地址和虚地址中的虚页号相加就能得到这个被访问页的页表地址。如图 4-18 所示为页式虚拟存储器的虚—实地址的变换过程。访问这个页表地址，就能得到被访问页的所有信息。

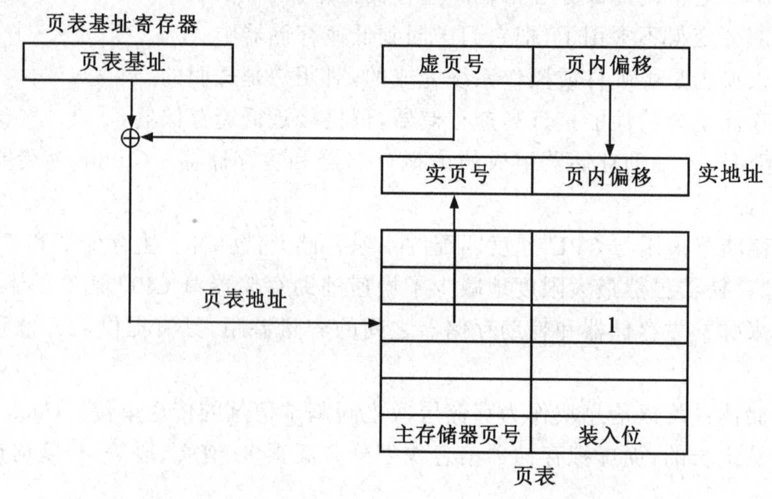

图 4-18 页式虚拟存储器的虚—实地址变换

若装入位为“1”，把得到的主存储器页号与虚地址中的页内偏移直接拼接起来得到主存储器的实际地址。若装入位为“0”，则产生缺页中断，需要根据替换算法将缺页调入。

页式虚拟存储器每页的长度是固定的，页表的建立很方便，新页的调入也容易实现。但是由于程序不可能正好是页面的整数倍，最后一页的零头将无法利用而造成浪费。同时，页不是逻辑上独立的实体，使程序和数据的处理、保护和共享都比较麻烦。

4.5.3 段式虚拟存储器

任何一个大程序，住往都包含着逻辑上相互独立的程序段，段式管理是将程序按其逻辑功能分段。程序段可以是主程序，也可以是各种子程序，还可以是数据块、数组、表格或向量等。各程序段的大小不等，其逻辑地址均从 0 开始，装入时按段分别装入主存储器，运行时按段进行虚实地址变换。

段式管理需要在内存中建立段表。每一程序段在段表中都占有一个表目，表目中记录了各段存入内存的实地址及其他有关信息，内容主要包括段号（或段名）、在主存储器的起始地址、段长、装入位等字段。其中，如果第一个字段用段号而不用段名表示，而且段号是连续的，则这一字段可以省掉。在每个表目中设置一位装入位的目的是指明某段是否已装入主存储器。因此，段表实际上是程序的逻辑结构与其在主存储器中所存放位置之间的对应关系。段表位于内存，段表首地址记录在段表基址寄存器中。当进行主存储器访问时，需要将虚地址转换成实际地址。虚地址格式由两部分组成：段号及段内偏移。

把段表的起始地址和虚地址中的段号相加就能得到这个程序段的段表地址。访问这个段表地址，就能得到有关该程序段的全部信息。查该段的装入位，若该段已在内存即装入位为"1"，则由该表目中取出该段在实存中的首地址与段内偏移相加，得到实际地址。若装入位为"0"，说明该段尚未装入，需从辅助存储器调入。如图4-19所示为段式虚拟存储器的虚—实地址的变换过程。

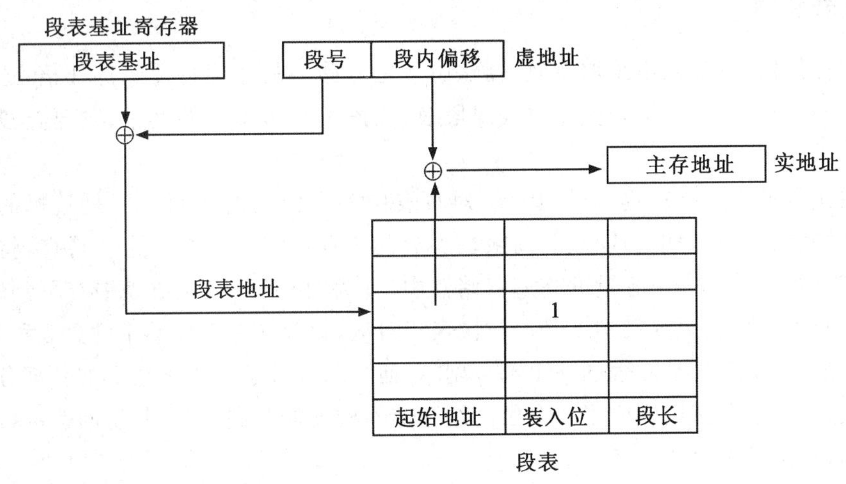

图4-19 段式虚拟存储器的虚—实地址变换

段式虚拟存储器有如下几个优点：

①段的界限分明。

②段易于编译、管理、修改和保护。

③便于多道程序共享。

④有些类型的段(如堆栈、队列)具有可变长度，便于有效利用主存储器空间。

段式虚拟存储器的缺点是段的长度参差不齐，给主存储器空间的分配带来麻烦，容易使主存储器形成不能利用的零头。

4.5.4 段页式虚拟存储器

由于段式、页式各有优缺点，为充分发挥它们的优点，采用了段页式管理。段页式管理将程序先按逻辑功能分为段，每段再分为页，主存储器空间也划分成若干同样大小的页，所以虚地址格式包括了段号、段内页号、页内偏移3部分。实地址则只有实页号及页内偏移。在内存中建立段表和页表。段表的功能是用来登记每个程序段的各自页表在内存中的首地址。当进行地址变换时，由段表基址寄存器给出段表的首地址，虚地址的段号指明要访问段表中的哪一个表目，两者相加找到该段相应的页表在主存储器中的首地址。将首地址再与虚地址中的段内虚页号相加，找到页表中的某一表目，将该表目中登记的实页号与虚地址中页内偏移组装后，得到实地址。段表、页表格式与前述基本相同，只是段表中不再登记实存段首地址，改成登记该段对应页表在内存中存放的首地址。另外段页式管理中，段的起点不像纯段式那样是任意的，而必须是主存储器中某页面的起点。页表的格式与页式管理完全相同。但页表的个数与段数相同，即每个段都有自己的页表。段页式管理兼有段、页二者的优点，缺点是要经过3次读内存才能完成虚实地址的变换。第一次读段表得页表首地址，第二次读页表得实页号，第三次才形成实地址读得数据，降低了地址变换的速度。包括读取这个数据本身在内，共需四次访问主存储器。要想使虚拟存储器的速度接近主存储器的速度，必须加快查表的速度，解决办法是建立快表。

4.5.5 快表和慢表

在虚拟存储器中，如果不采取有效措施，访问主存储器的速度将要降低几倍，这是因为在页式或段式虚拟存储器中，必须先查页表或段表；在段页式虚拟存储器中，既要查段表也要查页表。

程序在执行过程中具有局部性，因此，对页表中各存储字的访问并不是随机的。也就是说，在一段时间内，对页表的访问只是局限在少数几个存储字内。根据这一特点，将当前最常用的页表信息存放在一个小容量的高速存储器中，称为“快表”，当在快表中查不到时，再从存放在主存储器中的页表中查找实页号。与快表相对应，存放在主存储器中的页表称为“慢表”。慢表是一个全表，快表只是慢表的一个部分副本，而且只存放了慢表中很少的一部分。

实际上，快表与慢表也构成了一个由两级存储器构成的存储系统，其访问速度接近于快表的速度，存储容量是慢表的容量。

4.6 主存储器的连接与控制

4.6.1 主存储器与CPU的连接

由若干存储芯片构成的主存储器需要与CPU连接，才能在CPU的控制下完成读写操作。CPU对存储器进行如下读/写操作。

①地址总线给出地址信号，选择要进行读写操作的存储单元。

②通过控制总线发出读/写控制信号。

③在数据总线上交流信息。

因此，存储器同中央处理器连接时，要完成地址线、数据线和控制线的连接。

1.地址线及其连接

CPU能访问多大主存储器空间与CPU能给出多少位地址密切相关。若CPU给出30位地址，则CPU能访问1 G主存储器单元。在这种情况下主存储器空间的配置不可超过1 G存储单元，若超过1 G存储单元，则超出的部分是不能被CPU访问的。CPU访问主存储器的地址经地址总线送到主存储器芯片的地址输入端。CPU提供的地址线数往往比存储芯片的地址线数要多。通常总是将CPU地址线的低位与存储芯片的地址线相连接。CPU地址线的高位或作存储器芯片扩充时使用，或做其他用法，如做片选信号等。

2. 数据线及其连接

CPU的字长决定了CPU与主存储器之间并行交换数据的位数，也决定了字存储单元的位数。64位CPU配置的存储器字存储单元的长度也为64位。实现主存储器与CPU连接也需要64位数据总线支持。与地址线一样，CPU的数据线数与存储芯片的数据线数也不一定相等。此时，需要对存储芯片扩位，使其数据线数与CPU的数据线数相等。

3. 控制线及其连接

控制线主要包括读/写控制线和片选线。CPU的读/写控制线一般可直接与存储芯片的读/写控制端相连，通常高电平为读，低电平为写。

片选信号的连接是CPU与存储芯片正确工作的关键。由于存储器是由许多存储芯片叠加组成的，哪一片被选中完全取决于该存储芯片的片选控制端 $\overline{CS}$ 是否能接收到来自CPU的片选有效信号。

片选有效信号与CPU的访存控制信号 $\overline{MREQ}$（低电平有效）有关，因为只有当CPU要求访问存储器时，才要求选择存储芯片。若CPU访问I/O，则 $\overline{MREQ}$ 为高，表示不要求存储器工作。此外，片选信号还和地址有关，因为CPU给出的存储单元的地址的位数往往大于存储芯片的地址线数，故那些未与存储芯片连上的高位地址必须和访存控制信号共同作用，产生存储器的片选信号。通常需要用到一些逻辑电路，如译码器及其他各种门电路。

4.6.2　主存储器容量的扩展

目前生产的存储器芯片的容量是有限的，难以满足实际需要，因此必须将若干存储芯片连在一起才能组成容量满足要求的主存储器。根据存储器所要求实现的存储容量和选定的单个存储器芯片的容量，就可以计算出总的芯片数，设目标存储器的容量是 $M \times N$ 位，单个存储芯片的容量是 $m \times n$ 位，则

$$总片数 = \frac{要求实现的存储容量}{已知的单个存储芯片的容量} = (M/m) \times (N/n)$$

目前生产的存储器芯片的容量是有限的，需要在字和位两方面进行扩充才能满足实际存储的要求。为了达到这一目的，常常采用下列方法。

1. 位扩展法（位扩展指的是加大字长）

位扩展是指增加存储字长，这种方法的适用场合是存储器芯片的容量满足存储器系统的要求，但其字长小于存储器系统的要求，即当 $M/m = 1$，$N/n > 1$ 时。

例4-1　使用64 K×1位的RAM存储芯片，组成64 K×8位的存储器。

解：如图4-20所示，这种方法是位扩展法。

此时只加大字长（由1位变成了8位），而存储器的字数与存储器芯片的字数相一致（为64 K），所需芯片数为：$\frac{64\ K}{64\ K} \times \frac{8}{1} = 8$ 片。

图中每一片RAM是 $2^{16} \times 1$，故地址线为16条，$A_0 \sim A_{15}$，可满足整个存储体容量的要求，将每个芯片的16位地址线按引脚名称一一并联，各芯片的片选信号 $\overline{CS}$ 以及读写控制信号 $\overline{WE}$ 也都分别连在一起。

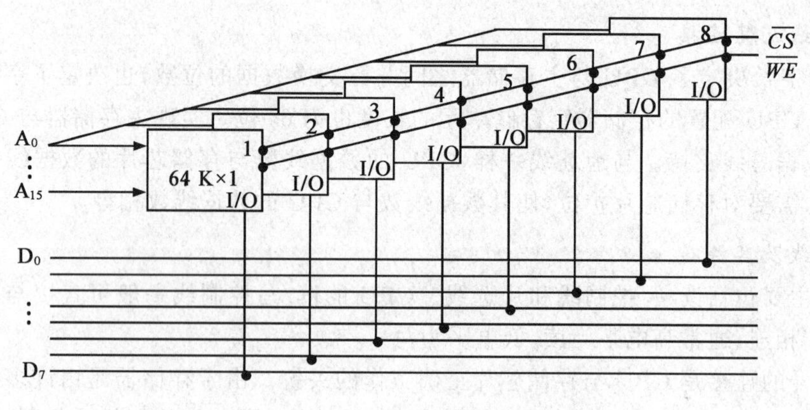

图 4-20　位扩展连接图

每片对应数据的 1 位(只有 1 条数据线),故只需将它们分别接到数据总线上的相应位即可。

在这种连接时,每一条地址线有 8 个负载,每一条数据线有一个负载。当 CPU 访问该存储器时,其发出的地址和控制信号同时传给这 8 个芯片,选中每个芯片的同一单元,相应单元的内容被同时读至数据总线的各位,或将数据总线上的内容分别同时写入相应单元。

2. *字扩展法*

字扩展指的是增加存储器中字的数量,这种方法的适用场合是存储器芯片的字长满足存储器系统的要求,但其容量太小,即当 $N/n=1, M/m>1$ 时。

连接时将芯片的地址线、数据线、读写控制线并联,而由片选信号来区分各片地址,故片选信号端连接到选片译码器的输出端。

例 4-2　用 8 K×8 位的存储器芯片采用字扩展法组成 32 K×8 位的存储器。

解:此时只增加字数(由 8 K 变成了 32 K),而存储器的字长与存储器芯片的字长相一致(为 8 位),所需芯片数为 $\frac{32\text{ K}}{8\text{ K}}\times\frac{8}{8}=4$ 片。

存储器的连接图如图 4-21 所示,4 个芯片的数据端与数据总线 $D_0 \sim D_7$ 相连,地址总线低位地址 $A_0 \sim A_{12}$ 与各芯片的 13 位地址线相连,而两个高位地址 A_{13} 和 A_{14} 经译码器和 4 个片选端相连,这 4 片的地址空间分配见表 4-1。

表 4-1　地址空间分配表

片号	地　址		说明
	A_{14} A_{13}	A_{12} A_{11} ⋯ A_1 A_0	
1	0 0	0 0 ⋯ 0 0	最低地址
	0 0	1 1 ⋯ 1 1	最高地址
2	0 1	0 0 ⋯ 0 0	最低地址
	0 1	1 1 ⋯ 1 1	最高地址
3	1 0	0 0 ⋯ 0 0	最低地址
	1 0	1 1 ⋯ 1 1	最高地址
4	1 1	0 0 ⋯ 0 0	最低地址
	1 1	1 1 ⋯ 1 1	最高地址

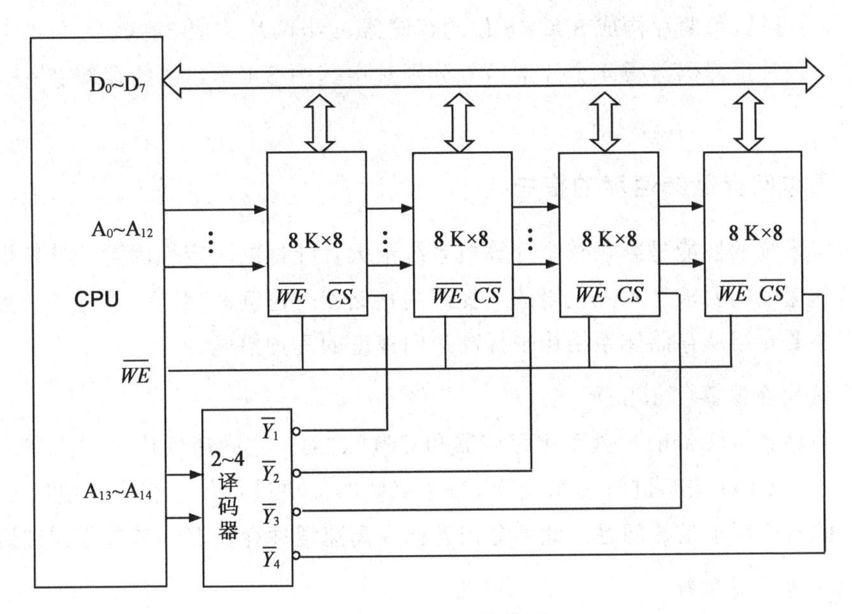

图 4-21 字扩展连接图

3.字和位同时扩展法

这种方法的适用场合是存储器芯片的字长和容量均不能满足存储器系统的要求，即当$M/m>1$，$N/n>1$时。

如图 4-22 所示，这种方法是字和位同时扩展法。此时既加大了字长(由 4 位变成了 8 位)，又增加了字数(由 8 K 变为 32 K)，所需芯片数为：$\frac{32\ \text{K}}{8\ \text{K}}\times\frac{8}{4}=8$片。

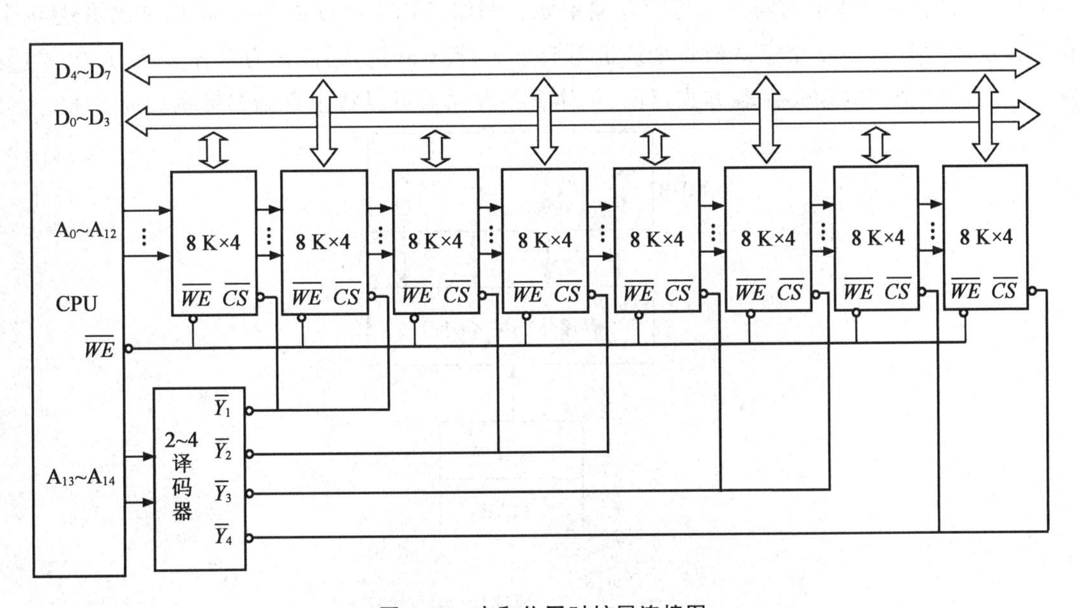

图 4-22 字和位同时扩展连接图

由图 4-22 可见，每两片构成 8 K×8 位的存储器，4 组两片构成 32 K×8 位的存储器。地址线 A_{13}、A_{14} 经片选译码器得 4 个片选信号分别选中其中 8 K×8 位的存储芯片。$\overline{WE}$ 为读写控制信号。

4.6.3 提高访问存储器速度的措施

主存储器系统的性能是影响整个计算机系统最大吞吐量的决定性因素。计算机应用对存储器的容量和速度的要求是永无止境的。提高主存储器的速度和容量一直是一个重要的研究课题。以下主要介绍从存储体系结构来提高访问速度的几种措施。

1. 高速缓冲存储器(Cache)

高速缓冲存储器(Cache)，处于主存储器和 CPU 之间。它的速度快，可与 CPU 的速度相匹配。Cache 与 CPU 按字进行信息交换，与主存储器按块进行信息交换。使用 Cache 可有效弥补主存储器速度不足的问题。此部分内容已在高速缓冲存储器一节进行详细讲述。

2. 并行主存储器系统

并行主存储器系统可在一个存取周期中并行存取多个字，使主存储器并行工作，从而依靠整体信息吞吐率的提高来解决 CPU 与主存储器之间速度不匹配问题。并行主存储器系统包括双端口存储器、多端口存储器、单体多字存储器和多体交叉存储器等。其中单体多字存储器和多体并行、多体交叉存储器技术在高速大型计算机系统中普遍采用。

(1)单体多字存储器

单体多字存储器采用多个并行存储模块共用一套地址寄存器，按同一地址码并行访问各自的对应单元。如图 4-23 所示，n 个存储体并行排列，通过共用的地址寄存器中的内容，可以同时访问 n 个存储体中的同一编号的存储单元。例如：当 CPU 读内存时，可以读出沿这 n 个存储模块顺序存放的 n 个字。设每个地址对应于 n 字×w 位，因此称为单体多字方式。与一次只能访问一个字的顺序存取方式相比，单体多字存储器可以将主存储器带宽提高 n 倍。

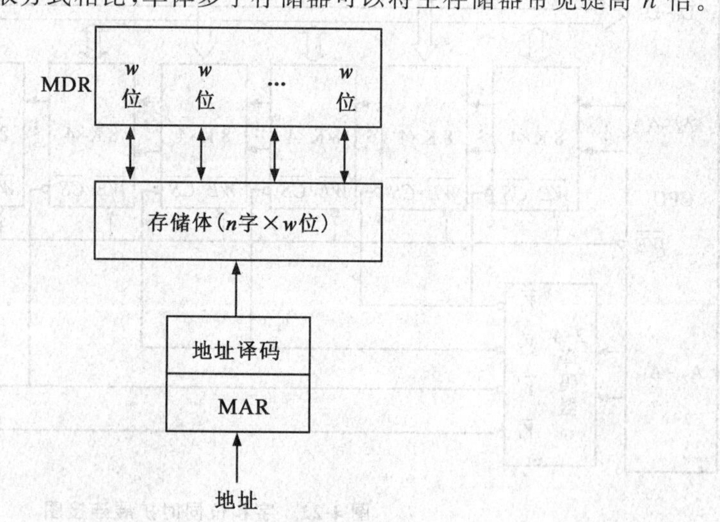

图 4-23 单体多字并行存储器

单体多字结构特别适用于向量之类的计算。如在执行向量运算指令时，若一个向量型操作数中包含 n 个标量操作数，则可按同一地址将它们分别按顺序存放于 n 个并行存储体之中。

当然，采用单体多字存储器的前提是指令或数据在主存储器中必须是连续存放的。如果遇到转移指令或操作数不能连续存放，采用这种方法提高存取速度的效果就不明显了。

(2)多体并行方式

多体单字是指存储体内有多个容量相同的存储模块，而且各存储模块都有各自独立的地址寄存器、译码器和数据寄存器。各存储模块可独立进行工作。它们能各自以同等的方式与CPU传递信息，形成可以同时工作又独立编址且容量相同的 n 个分存储体，这就是多体并行方式。如图4-24所示的是多模块组成的多体并行方式主存储器系统。主存储器地址寄存器的高位表示模块号，低位表示块内地址。程序按块内地址连续存放，多个存储体允许并行操作。采用多体并行方式的主存储器可以提高系统的吞吐率。例如，当一个存储体用以执行程序时，另一个存储体可用来与I/O设备进行信息交换。

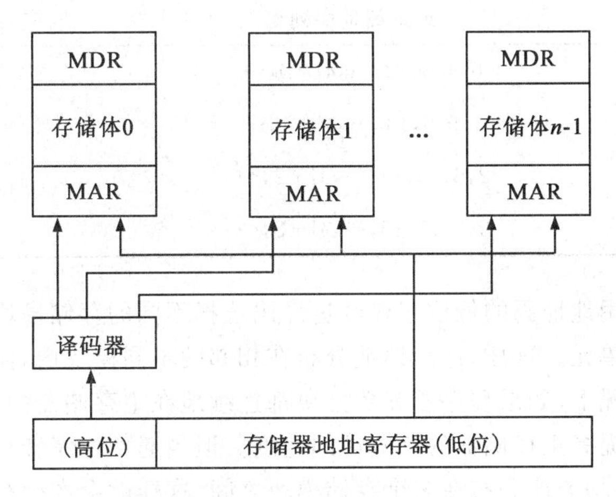

图4-24　多体并行存储器

(3)多体交叉方式

多体交叉是多体存储器的另一种组成形式，交叉存取是指各个模块的存储单元交叉编址且存取时间均匀分布在一个存取周期内。多个模块采用交叉编址，连续的地址被安排在不同的模块中。如果在 M 个模块上交叉编址（$M=2^m$），则称为模 M 交叉编址。通常采用的编址方式，如图4-25所示。设存储器包括 M 个模块，每个模块的容量为 L。各存储模块进行低位交叉编址，连续的地址分布在相邻的模块中。第 j 个模块第 i 个存储单元的地址编号应按下式给出：$M\times i+j$（其中 $i=0,1,2,\cdots,L-1$；$j=0,1,2,\cdots,M-1$）。

现以由4个分体组成的多体交叉存储器为例说明常用的编址方式。4个分体 M_0、M_1、M_2、M_3 的编址序列，如表4-2所示。

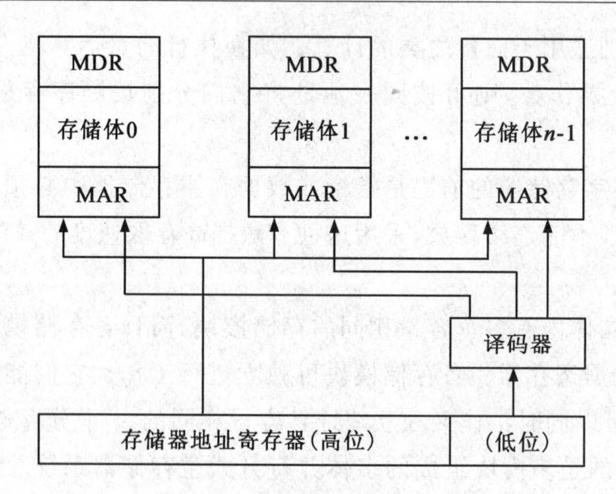

图 4-25 多体交叉存储器

表 4-2 模四交叉编址

模块号	地址编址序列	对应二进制地址的最低两位
M_0	0,4,8,12,…,4i+0,…	00
M_1	1,5,9,13,…,4i+1,…	01
M_2	2,6,10,14,…,4i+2,…	10
M_3	3,7,11,15,…,4i+3,…	11

这种编址方式使用地址码的低位字段经过译码选择不同的存储模块。而高位字段指向相应的模块内部的存储单元。这样,连续地址分布在相邻的不同模块内,而同一模块内的地址都是不连续的。理想情况下,如果程序段和数据块都连续地在主存储器中存放和读取。那么,这种编址方式将大大地提高主存储器的有效访问速度。但当遇到程序转移或随机访问少量数据时,访问地址就不一定均匀地分布在多个存储模块之间,这样就会产生存储器访问冲突而降低了使用率。

多体交叉存储器中,连续的地址分布在相邻的存储体中,而同一存储体内的地址都是不连续的,这种编址方式又称为横向编址。

多个并行存储模块可以用两种不同的方式进行访问:一是所有模块同时启动一次存储周期,相对各自的数据寄存器并行地读出或写入信息;二是 M 个模块按一定的顺序轮流启动各自的访问周期,启动两个相邻模块的最小时间间隔等于单模块访问周期的 $1/M$,前一种称为同时访问,后一种称为交叉或分时访问。

同时访问并行存储器能一次提供多个数据或多条指令。

多体交叉存储器采用分时工作的方法,CPU 在一个存取周期内可以分时地访问每个分体。在 4 个分体完全并行的理想情况下,每隔 1/4 存取周期启动一个存储体,如图 4-26 所示。每个存储周期将可访存 4 次,使主存储器的吞吐率提高为原来的 4 倍。

实际应用中,当出现数据相关和转移时将破坏并行性,不可能达到上述理想值。

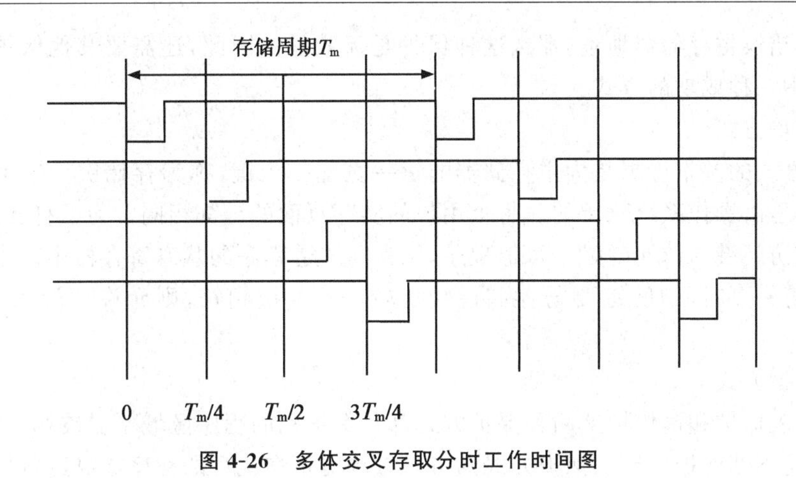

图 4-26　多体交叉存取分时工作时间图

还有一点要注意的是，多体交叉存储器要求存储体的个数必须是2的整数幂，缺一不可，即个数必须是2、4、8、16、…，而且任一分体出现故障都将影响整个地址空间的所有区域。但有的计算机采用质数个模块，如我国银河机的 M 为31，其硬件实现比较复杂，要有专门逻辑电路用来从主存储器的物理地址计算出存储体的模块号和块内地址。这种办法可以减少存储器冲突，只有当连续访存的地址间隔是 M 或 M 的倍数时才会产生冲突，但这种情况的出现概率是很小的。

4.6.4　存储保护

由于多个用户对主存储器的共享，就有多个用户程序和系统软件存于主存储器中。为了使系统能正常工作，要防止由于一个用户程序出错而破坏其他用户的程序和系统软件，还要防止一个用户程序不合法地访问不是分配给它的主存储器区域。为此，系统应提供存储保护。

存储保护主要包括两个方面：存储区域保护和访问方式的保护。

1.存储区保护

对于不是虚拟存储器的主存储器系统可采用界限寄存器方式。由系统软件经特权指令设置上、下界寄存器为每个程序划定存储区域，禁止越界访问。由于用户程序不能改变上、下界的值，所以如果出现错误，也只能破坏该用户自身的程序，侵犯不到别的用户程序及系统软件。界限寄存器方式只适用于每个用户占用一个或几个连续的主存储器区域。在虚拟存储器系统中，由于一个用户程序的各页能离散地分布于主存储器空间，故不能使用这种保护方式，所以，通常采用页表保护和键保护方式。

(1)页表保护

每个程序都有自己的页表和段表，段表和页表本身都有自己的保护功能。无论地址任何出错，也只能影响到相应的几个主存储器页面。假设一个程序有3个虚页号并已分给它3个实页号。如果虚页号出错，超出3个虚页号范围，必然在页表中找不到，也就访问不了内存，不会侵犯其他程序空间。段表和页表的保护功能相同。除此以外，段表中还包括段长，段长通常由该段所包含的页数表示，当虚地址中的页号大于段表中的段长(用页数表示的段长)时，说明此页号为非法，可发越界中断。

这种段表、页表保护是在没形成主存储器地址前的保护。但是若在地址变换过程中出现错误,形成了错误主存储器地址,那么这种保护是无效的。因此,还需要其他保护方式。键保护方式是其中一种成功的方式。

(2)键保护方式

键保护方式的基本思想是为主存储器的每一页配一个键,称为存储键。这个存储键相当于一把"锁",是由操作系统赋予的。每个用户的实存页面的键都相同。为了打开这把锁,必须有钥匙,称为访问键。访问键赋予每道程序,保存在该道程序的状态寄存器中。当数据要写入主存储器的某一页时,访问键要与存储键相比较。若两键相符,则允许访问该页,否则拒绝访问。

(3)环保护方式

段表、页表保护和键保护这两种保护方式都是保护别的程序区域不受破坏,而正在运行的程序本身则受不到保护。环状保护方式则可以做到对正在执行的程序本身进行保护。

如图 4-27 所示的环保护方式,是按系统程序和用户程序的重要性及对整个系统的正常运行的影响程度进行分层,每一层称为一个环,列有环号。环号大小表示保护的级别,环号越大等级越低。例如,ECLIPSE MV 系列机把它的 4.3 G 的虚拟存储空间分成 8 层,每层设一个保护环,并规定 0~3 层(环)用于操作系统,4~7 层(环)用于用户程序。

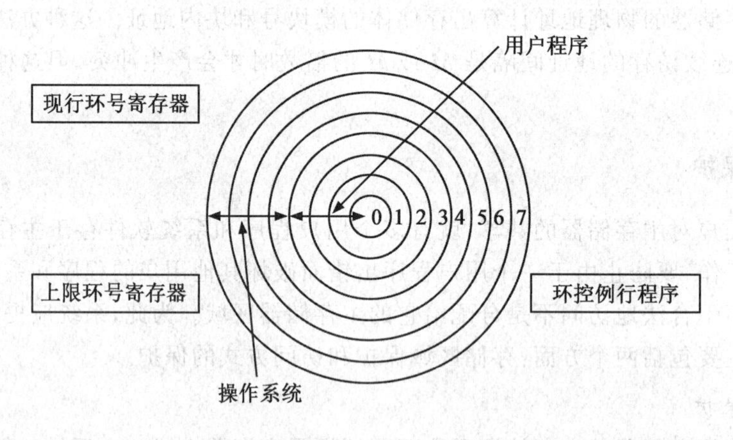

图 4-27 环保护方式

在现行程序运行前,先由操作系统规定好程序各页的环号,置入页表中,并把该道程序开始运行时的在主存储器中所处的位置的环号送入现行环号寄存器,同时把上限环号置入上限环号寄存器。当程序要转换到另一页时,要把现行环号寄存器的内容同要转去的页的环号进行比较,如果现行的环号小于或等于要转去的页的环号,则可以转,这时要把现行的环号寄存器的内容改为要转去的新页的环号。如果现行环号大于要转去的页的环号,则产生中断,由操作系统判断是否可以转移,如果允许转移才能转,这时要把现行的环号寄存器内容改为这个较小的环号,如果不允许转移则按出错处理。但无论任何现行程序不能访问低于上限环号的存储区域。

在存取数据时也要进行同样的比较,只有在现行环号小于等于被访问数据所在页的环号时才能允许读写数据。

2. 访问方式保护

对主存储器信息的使用可以有 3 种方式：读(R)、写(W)和执行(E)，“执行”指作为指令来用。所以，相应的访问方式保护就有 R、W、E 3 种以及由这 3 种方式形成的逻辑组合。

访问方式保护可以和上述区域保护结合起来使用。例如，在界限寄存器中加一位访问方式位；采用环式保护和页式保护时将访问方式位放在页表和段表中，使得同一环内或同一段内的各页可以有不同的访问方式，从而增强了保护的灵活性。

以上所讲的存储保护都是由硬件实现的。

为了有效地实现存储保护，还应该对计算机中某些寄存器的设置进行限制。大多数计算机在执行程序时把工作状态分成两种，一种是执行操作系统或管理程序时所处的状态，称为特权状态或管态；另一种是执行用户程序时所处的状态称为目态。为了防止因程序员编程出错而影响整个系统的工作，在计算机中设置了一些特权指令(规定特权指令只有操作系统等系统程序才能使用)，如用户程序中出现特权指令，则在执行到该指令时立即中止程序的执行并发出中断。例如，前面讲到的界限寄存器的上、下界设置就是一条特权指令。程序的状态字 PSW 的设置指令也是特权指令。某些计算机将输入/输出指令、停机指令也作为特权指令。

本章小结

主存储器，又称内存储器，是传统计算机硬件系统的五大功能部件之一，用于存储处在运行中的程序和相关数据，其容量与读写速度等指标，对计算机的总体性能有着重大影响。因此，在现代计算机系统中，通常采用 3 种运行原理不同、性能差异很大的存储介质分别构建高速缓冲存储器、主存储器和虚拟存储器，组成三级结构的统一管理、调度的一体化存储器系统。由高速缓冲存储器缓解主存储器读写速度慢、不能满足 CPU 运行速度需要的矛盾；用虚拟存储器(内存和快速磁盘上的一片存储区)更大的存储空间，解决主存储器容量小，存不下更大程序与更多数据的难题。显而易见，三级结构的存储器系统，是围绕主存储器来组织和运行的。就是说，设计与运行程序是针对主存储器进行的，充分表明主存储器在计算机系统中举足轻重的地位。本章重点讨论了与主存储器相关的若干问题，此外还介绍了高速缓冲存储器和虚拟存储器的基本原理。

习题

1. 主存储器有哪些性能指标？它们的含义是什么？

2. 存储器有哪些分类方法？它们是如何分类的？

3. 什么是刷新？为什么要刷新？常用的刷新方式有哪些？

4. 存储系统的层次结构可以解决什么问题？实现存储器层次结构的先决条件是什么？

5. 试比较 Cache—主存储器和主存储器—辅助存储器这两个存储层次的相同点和不同点。

6. 某机字长为 32 位，其存储容量为 64KB，按字编址它的寻址范围是多少？若主存储器以字节编址，试画出主存储器字地址和字节地址的分配情况。

7. 为什么要在存储系统中设置片选信号？

8.若用规格为16 K×4位的存储芯片组成一个512 K×8位的存储体,需要多少片芯片?该存储体的地址寄存器至少需要多少位?数据寄存器为多少位?

9.指令中地址码的位数与直接访问的存储器空间和最小寻址单位有什么关系?字编址和字节编址计算机在地址码的安排上有何区别?

10.若某SRAM芯片其容量为2KB,则芯片的引脚数最少为多少?

11.通常存储芯片的容量是有限的,有时需要在字数和字长方面进行扩展。请用简单的例子说明常用的3种扩展方法中地址总线、数据总线、控制总线的连接规则及所需的存储芯片数量。

12.推算16 K×1位双译码结构存储芯片的存储体阵列的行数和列数各是多少?若使用的存储芯片为动态RAM,试求出该存储器的实际刷新时间(设刷新周期为0.5 μs)。

13.一台8位微型机的地址总线为16条,其RAM存储器容量为32 KB,首地址为4000H,且地址是连续的。问可用的最高地址是多少?

14.某存储器最小8 KB地址空间为系统程序区,与其相邻的4 KB地址空间为用户程序区。现有下列存储芯片:8 K×1的DRAM、4 K×4的DRAM、4 K×8的ROM。要求:

(1)合理选用上述存储芯片,并写出每片存储芯片的地址范围。

(2)画出该存储器组成的逻辑框图。

15.某16位机中的CPU可输出地址码20位,拟采用2 K×4位的静态RAM芯片构成按字节编址的主存储器。问:

(1)存储器的总容量可达到多少?

(2)共需要多少片RAM芯片?

(3)哪些位地址码用来选RAM芯片?哪些位地址码用来选片内地址?

16.用16 K×1位的DRAM芯片构成64 K×8位存储器,要求:

(1)画出该存储器组成的逻辑框图。

(2)设存储器读写周期均为0.5 μs,CPU在1 μs内至少访问一次。试问刷新用户程序区采用哪种刷新方式比较合理?两次刷新操作的最大时间间隔是多少?全部刷新一遍用户程序区存储单元所需的实际时间是多少(最大刷新间隔为2 ms)?

17.要求用128 K×16的SRAM芯片构成512 K×16的随机存储器,用64 K×16的EPROM芯片构成128 K×16的只读存储器。试问:

(1)数据寄存器多少位?

(2)地址寄存器多少位?

(3)两种芯片各需多少片?

(4)若EPROM的地址从00000H开始,RAM的地址从60000H开始,写出各芯片的地址分配情况。

18.某微型机的寻址范围为64 KB,其存储器选择信号为M,接有8片8 KB的存储器,试回答下列问题:

(1)画出片选译码逻辑图。

(2)写出每片RAM的寻址范围。

(3)如果运行时发现不论往哪片存储器存放8KB数据,以A000H起始地址的存储芯片都有相同的数据,分析故障原因。

19.设主存储器容量为 512 KB,Cache 容量为 2 KB,每块为 16 B。回答下列问题:

(1)Cache 和主存储器分别有多少块?

(2)采用直接映像方式,主存储器的第 132 块映像到 Cache 的哪一块?

(3)Cache 地址占多少位?

(4)主存储器的地址有几位?分哪几段?每段多少位?

第5章　中央处理器

本章导读

中央处理器(CPU)是整个计算机的核心,包括运算器和控制器,具有指令控制、操作控制、时间控制和数据加工等基本功能。本章首先介绍CPU的功能及组成,接着重点讨论了控制器的原理和实现方法、微程序控制原理、基本控制单元的设计,还阐述了流水CPU的结构和工作原理,最后介绍了几种典型的CPU和精简指令系统计算机(RISC)技术。

本章要点

- 控制器的基本组成及实现方法
- 时序系统和控制方式
- 微程序控制器的基本组成和工作原理
- 基本控制单元的设计
- 精简指令系统计算机(RISC)

5.1　中央处理器的基本组成和功能

5.1.1　中央处理器的功能和组成

中央处理器(CPU)由运算器和控制器两大部分组成,如图5-1所示为CPU模型。

计算机的工作过程实质上就是计算机中程序的运行过程,也就是在CPU的控制下协调并控制各个部件执行指令序列的过程。执行过程中,部件之间流动的指令和数据形成了指令流和数据流。这里,指令流指的是由处理机执行的指令序列,程序运行过程中不断地在存储器和控制器之间流动,实质上是问题算法的具体化。而数据流指的是根据指令的执行要求依次存取的数据序列,在存储器和运算器之间流动,是指令流的操作对象。因此,从程序运行的观点来理解,CPU的基本的功能是对指令流和数据流组成的信息流在时间、空间上实现正确的控制。

1.控制器的功能

(1)取指令

从主存储器中取出一条指令,并且指出下一条指令在主存储器中的位置。

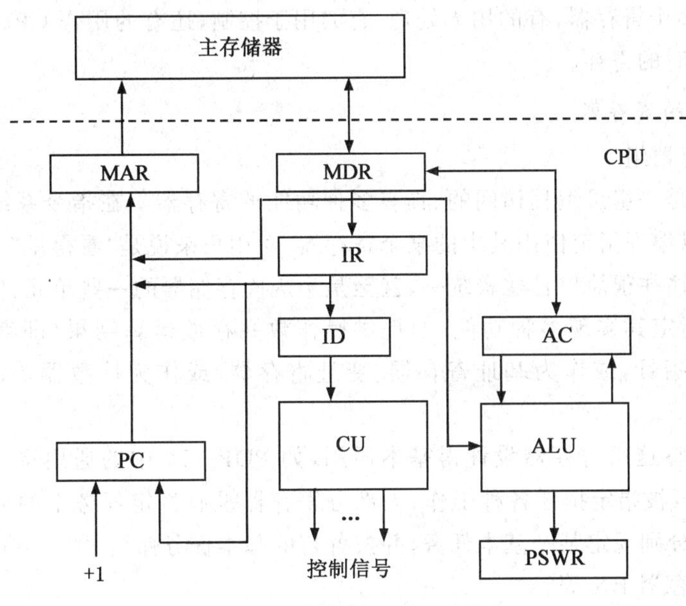

图 5-1　CPU 模型

(2)指令译码

对当前取得的指令进行分析,指出该指令要求做什么操作,并产生相应的操作控制命令,以便启动规定的动作。如果参与操作的数据在存储器中,则还需要形成操作数地址。

(3)控制指令执行

根据分析指令时产生的操作命令和操作数地址形成相应的操作控制信号序列,通过运算器、存储器及 I/O 设备的执行,实现每条指令的功能。

控制器不断重复取指、译码、执行;再取指、再译码、再执行……,直到遇到停机指令或外来的干预为止。

(4)控制程序和数据的输入与结果输出

根据程序的规定或人为的干预,向 I/O 设备发出一些相应的命令来完成 I/O 功能。

(5)处理异常情况和请求

当计算机出现异常情况,如除数为零和数据传送的奇偶校验错等,或者出现外部中断请求和 DMA 请求时,控制器可以中止当前执行的程序,转去执行异常处理或者响应中断和 DMA 请求并进行相关处理。详细情况将在第 7 章讨论。

2.运算器的功能

①执行所有的算术运算。

②执行所有的逻辑运算,并进行逻辑测试,如零值测试或两个值的比较。

通常,算术运算产生一个运算结果,而逻辑运算则产生一个逻辑判断值。

5.1.2　中央处理器中的主要寄存器

寄存器作为存储器件,其作用是存储信息。在处理过程中,处理器的组成部件之间以及处理器与外部总线之间存在着数据信息和指令信息的流动,寄存器就是用于暂存上述信息的。

在 CPU 内部有多个寄存器,有的用于处理,有的用于控制,还有的用作 CPU 与主存储器、I/O 接口间传送信息时的寄存。

1.用于处理的寄存器

(1)通用寄存器组

通用寄存器是一组可编程访问的、具有多种功能的寄存器。在指令系统中为这些寄存器分配了编号,可以编程指定使用其中的某个寄存器,对用户来说是“看得见”的寄存器。通用寄存器自身的逻辑往往很简单且比较统一,甚至是小规模存储器的一些单元,但通过编程与运算部件的配合,可指定其实现多种功能,如提供操作数并存放运算结果(即存放与提供处理对象),或用作地址指针,或作为基址寄存器、变址寄存器,或作为计数器等,因而称为通用寄存器。

有的计算机将这组寄存器设计得基本通用,如 PDP—11 中的通用寄存器组命名为 R_0、R_1、R_2、…,它们可被指定担任各种工作,大部分寄存器没有特定任务上的分工。有的计算机则为这组寄存器分别规定某一基本任务,并按各自的基本任务命名,如 Intel 8088 设置有累加器 AX 和基址寄存器 BX 等。

(2)暂存器

CPU 中还设置一些用户不能直接访问的寄存器,用来暂存信息,称为暂存器。在指令系统中没有为暂存器分配编号,因而不能直接编程访问。对用户来说,它们是看不见的,是“透明”的。例如,某加法指令要求将两个存储单元内容相加,结果送回其中的一个存储单元;每次访存读出的操作数如果暂存于可编程通用寄存器中,将会破坏该寄存器原有的内容,这显然是不允许的。可将从主存储器中读出的内容暂存于暂存器中,用户“看不见”这一中间过程。又如,ALU 输入端可能设置有锁存器,暂存操作数,等两个操作数都到齐后再送入 ALU 运算,这也是暂存器的性质。

2.用于控制的寄存器

(1)指令寄存器(IR)

指令寄存器(Instruction Register,IR)用来存放当前计算机正在执行的指令,直至该指令被执行完毕。它的输出是产生微操作命令序列的主要逻辑依据,或直接产生微操作命令,或经过译码产生微操作命令,或通过组合逻辑电路产生微操作命令,或参与形成微程序地址,通过取微指令形成微操作命令。

为了提高读取指令的速度,常在主存储器的数据寄存器与指令寄存器间建立直接传送通路。为了提高指令间的衔接速度,大多数计算机都将指令寄存器扩充为指令队列,或称指令栈,允许预取若干条指令。

(2)程序计数器(PC)

程序计数器(PC)又称指令计数器或指令指针(IP),其作用是提供读取指令的地址,或以程序计数器的内容为基准计算操作数的地址。因此,程序计数器被用来指示程序的进程。当现行指令执行完毕时,通常由程序计数器提供下一条要执行的指令的地址,并送往主存储器的地址寄存器。当程序流程为顺序执行时,每选取一条指令后,程序计数器内容就增量计数,以指向后继指令的地址。若主存储器按字节编址,则增量值取决于指令字节数,例如每读取一条单字节指令,程序计数器的值相应加 1;如果读取一条二字节指令,则程序计数器加 2。当程序出现转移时，首先将转移地址送入程序计数器，由程序计数器指向新的程序地址。因此，程序计数器应具有计数功能，可让程序计数器本身具有计数逻辑，也可通过 ALU 实现加 1 计数。

通过程序计数器内容的不断更新，可控制执行指令序列的流向，从而产生指令流。虽然在存储器中指令代码与数据代码都采取二进制代码，在形式上并无区别，但通过程序计数器的指点，可从中区别出谁是指令代码，再通过指令提供的操作数地址去读取操作数。

(3)程序状态字寄存器(PSWR)

程序状态字寄存器(Program Status Word Register，PSWR)用来存放程序状态字(PSW)。程序状态字的各位表征算术或逻辑指令运行或测试的结果建立的各种状态和条件信息以及系统状态和中断信息等。如：8088/8086 微处理器的程序状态字寄存器有 16 位，一共包括 9 个标志位，其中 6 个状态标志位，CF(进位标志位)、PF(奇偶标志位)、AF(辅助进位标志位)、ZF(零标志位)、OF(溢出标志位)和 SF(符号标志位)以及 3 个控制标志位，TF(跟踪标志位)、IF(中断允许标志位)和 DF(方向标志位)。

3. 用于主存储器接口的寄存器

当 CPU 访问主存储器或 I/O 接口时，均应首先送出地址码，然后再读、写数据。为此，常设置以下两个寄存器。

(1)存储器地址寄存据(MAR)

存储器地址寄存器(Memory Address Register，MAR)用来保存当前 CPU 所访问的主存储器单元地址。当 CPU 从主存储器读取指令，或向主存储器写入数据，或从主存储器读取数据，或访问 I/O 接口时，CPU 总是先将主存储器或 I/O 接口的地址送入 MAR，再由 MAR 经地址总线送往主存储器或 I/O 接口。

(2)存储器数据寄存器(MDR)

CPU 与主存储器、I/O 接口之间的数据传送均通过存储器数据寄存器(Memory Data Register，MDR)进行中转。储存器数据寄存器用来暂时存放由主存储器读出的一条指令或一个数据字；反之，当向主存储器写入一条指令或一个数据字时，也暂时将它们存放在存储器数据寄存器中。

设置 MAR 与 MDR，使 CPU 与主存储器之间的传送通路变得比较单一，容易控制。对用户来说，这两个寄存器往往是“透明”的，不能直接编程访问。例如，访存指令将某存储单元中的内容读到 CPU 的寄存器 R_0，用户看到的操作是该单元与寄存器 R_0 之间的直接数据传送。至于这一数据传送是如何实现的，用户可以不关心。实际上这一指令流程包含了通过 MAR 的地址发送，经过 MDR 的数据中转等细节。

5.2 控制器的组成和实现方法

控制器部件是计算机的五大功能部件之一，其作用是向计算机的每个部件(包括控制器部件本身)提供协同运行所需的控制信号。计算机本质的功能是支持连续执行指令的能力，而每一条指令往往又要分成几个执行步骤才得以完成。由此又可以说，计算机控制器的基本功能，是依据当前正在执行的指令和其所处的执行步骤，形成(或称得到)并提供出这一时刻计算机各部件要用到的控制信号。

更具体一点说，执行一条指令，要经过取指令、分析指令、执行指令所规定的处理功能3个阶段完成，这是在控制器的控制下完成的；控制器还要保证计算机能按程序中设定的指令运行次序，自动地连续执行指令序列。为此，控制器部件必须由一些具有不同处理功能的部件组成。

5.2.1　控制器的基本组成

各种不同类型计算机的控制器会有不少差别，但其基本组成是相同的，如图5-2所示为控制器的基本组成框图，控制器主要由以下几部分组成。

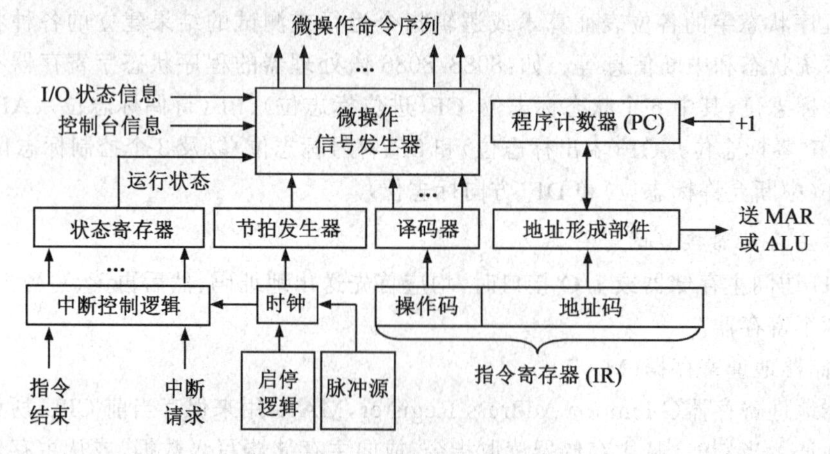

图5-2　控制器的基本组成框图

1.指令部件

指令部件的主要任务是完成取指令并分析指令。指令部件包括程序计数器(PC)、指令寄存器(IR)、指令译码器(ID)和地址形成部件(程序计数器及指令寄存器说明见5.1.2节)。

(1)指令译码器(Instruction Decoder，ID)

指令译码器又称操作码译码器或指令功能分析解释器。暂存在指令寄存器中的指令只有在其操作码部分经过译码后才能识别出这是一条什么样的指令，并产生相应的控制信号，并将该信号提供给微操作信号发生器。

(2)地址形成部件

地址形成部件根据指令的不同寻址方式，形成操作数的有效地址。在一些计算机中，可以不设专门的地址形成部件，而利用运算器来进行有效地址的计算。

2.时序部件

时序部件能产生一定的时序信号，以保证计算机的各功能部件有节奏地进行信息传送、加工及信息存储。时序部件包括脉冲源、启停控制逻辑和节拍信号发生器。

(1)脉冲源

脉冲源用来产生具有一定频率和宽度的时钟脉冲信号，为整个计算机提供基准信号。为使主脉冲的频率稳定，一般都使用石英晶体振荡器作脉冲源。计算机的电源一接通，脉冲源立即按规定的频率重复发出具有一定占空比的时钟脉冲序列，直至电源关闭为止。

(2)启停控制逻辑

只有通过启停控制逻辑将计算机启动后,主时钟脉冲才允许进入,并启动节拍信号发生器开始工作。启停控制逻辑的作用是根据计算机的需要,可靠地开放或封锁脉冲,控制时序信号的发生或停止,实现对计算机的正确启动或停止。启停控制逻辑保证启动时输出的第一个脉冲和停止时输出的最后一个脉冲都是完整的脉冲。

(3)节拍信号发生器

节拍信号发生器又称脉冲分配器。脉冲源产生的脉冲信号,经过节拍信号发生器后产生出各个机器周期中的节拍信号,用以控制计算机完成每一步微操作。

3.微操作信号发生器

一条指令的取出和执行可以分解成很多最基本的操作,这种最基本的不可再分割的操作称为微操作。微操作信号发生器也称控制单元(CU)。不同的机器指令具有不同的微操作序列。

4.中断控制逻辑

中断控制逻辑是用来控制中断处理的硬件逻辑。中断是现代计算机有效合理地发挥效能和提高效率的一个十分重要的功能。有关中断的问题将在第7章专门进行讨论。

5.2.2　控制器的分类

当计算机执行指令时,控制器输入的是计算机指令代码,输出的是微操作控制信号,因此微操作信号发生器(控制单元CU)是控制器的核心。根据产生微操作控制信号方式的不同,控制器可分为组合逻辑控制器、存储逻辑控制器、组合逻辑和存储逻辑结合型控制器3种。

1.组合逻辑控制器

组合逻辑控制器又称硬布线控制器,是采用组合逻辑技术来实现的,其微操作信号发生器是由门电路组成的复杂网络构成的。

组合逻辑控制器的最大优点是速度快,但是微操作信号发生器的结构不规整,使得设计、调试、维修较为困难,难以实现设计自动化。一旦控制部件构成后,要想增加新的控制功能几乎是不可能的。因此,它受到微程序控制器的强烈冲击,仅有一些巨型机和RISC为了追求高速度仍然采用组合逻辑控制器。

2.存储逻辑控制器

存储逻辑控制器又称微程序控制器,是采用存储逻辑来实现的,也就是把微操作信号代码化,使每条机器指令转化成一段微程序并存入一个专门的存储器(控制存储器)中,微操作控制信号由微指令产生。

微程序控制器的设计思想和组合逻辑的设计思想截然不同。微程序控制器具有设计规整,调试、维修、更改以及扩充指令方便的优点,易于实现自动化设计,已成为当前控制器的主流。但是,由于微程序控制器增加了一级控制存储器,所以指令的执行速度比组合逻辑控制器慢。

3.组合逻辑和存储逻辑结合型控制器

组合逻辑和存储逻辑结合型控制器又称可编程逻辑阵列(Programmable Logic Array,PLA)控制器,是吸收前两种控制器的设计思想来实现的。PLA控制器实际上也是一种组合逻辑控制器,但又与常规的组合逻辑控制器的硬联结构不同,它是可编程序的,某一微操作控制信号由 PLA 的某一输出函数产生。

PLA 控制器是组合逻辑技术和存储逻辑技术结合的产物,并克服了两者的缺点,是一种较有前途的控制器。

控制器的实现方式可以不同,但是产生微操作控制信号的功能是相同的,产生控制的条件也是基本一致的,都是由时序信号、操作码译码信号和被控制部件的反馈信号等综合而成的,如图 5-3 所示。

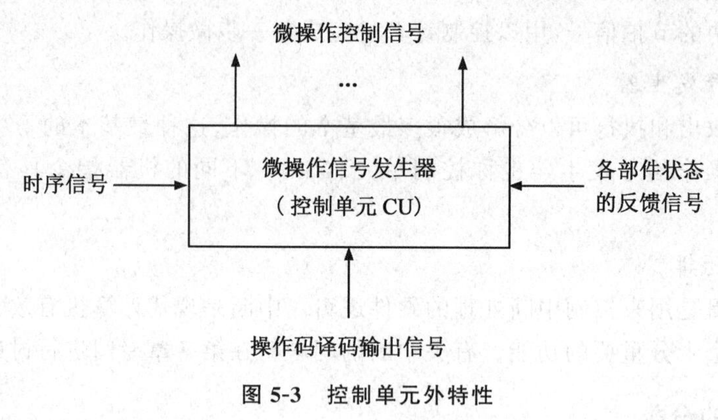

图 5-3 控制单元外特性

5.3 时序系统与控制方式

5.3.1 时序系统

时序系统是控制器的心脏,其功能是为指令的执行提供各种定时信号。

1. 指令周期

读取并执行一条指令所需的时间称为一个指令周期。由于各条机器指令的操作功能不同,有的简单,有的复杂,指令中操作数所采用的寻址方式也不尽相同。因此,不同指令的指令周期是不完全相同的。如同样是加法指令,操作数采用寄存器寻址和采用直接寻址所花的时间就不相同。

2. 机器周期

机器周期又称 CPU 周期。通常把一个指令周期划分为若干个机器周期,每个机器周期完成一个基本操作。一般的 CPU 周期有取指周期、取数周期、执行周期和中断周期等。不同的指令具有不同的指令周期。不同的指令周期所包含的机器周期数差别可能很大。下面介绍 4 类典型的指令。

(1)非访内指令

这类指令不访问内存,即不从内存中读取操作数,它一般需要 2 个 CPU 周期:取指周期和执行周期。

第一个 CPU 周期为取指周期,要完成 3 件事:

①从内存中取出指令。

②将 PC 的内容递增，为取下一条指令做准备。

③对指令操作码进行译码或测试，以确定执行哪一些微操作。

第二个 CPU 周期为执行周期，根据对指令操作码进行的译码或测试结果，向有关部件发出操作控制信号。

(2)直接访内指令

这类指令要直接访问内存，即从内存中取操作数。它一般需要 3 个 CPU 周期：第一个 CPU 周期取出指令，第二个 CPU 周期将操作数地址送往地址寄存器并完成地址译码，第三个 CPU 周期取出操作数并进行运算。

(3)间接访内指令

间接访内指令是 4 个 CPU 周期指令：第一个 CPU 周期取出指令；第二个 CPU 周期将操作数地址送往地址寄存器并完成(间接)地址译码；第三个 CPU 周期取出操作数地址，再进行地址译码；第四个 CPU 周期取出操作数并进行运算。

(4)程序控制指令

这类指令，如跳转指令，主要功能是改变指令执行的顺序，其指令周期也由 2 个 CPU 周期组成：第一个 CPU 周期仍取出指令，PC 的内容递增；第二个 CPU 周期则是向 PC 中送一个目标地址，使下一条指令不再是这一条指令的下一条指令，以实现指令执行顺序的跳转。

一般情况下，一条指令所需的最短时间为 2 个机器周期：取指周期和执行周期。显然，任何一条指令的第一个 CPU 周期都是取指周期。

为了使 CPU 能明确当前进入何种机器周期，每个周期可用一个触发器来表示，并以状态“1”为有效。周期状态触发器之间的关系是互斥的。当某个周期状态触发器为“1”时，表示机器进入处理指令的那个阶段，并执行该阶段的微操作序列。

由于任何指令都包含取指令阶段，则一个机器周期所需的时间与存储器的读取时间有关，所以许多计算机系统往往以主存储器的工作周期(存取周期)为基础来规定 CPU 周期，以便两者的工作能配合协调。

3.时钟周期(节拍)

在一个机器周期内，要完成若干个微操作，这些微操作有的可以同时执行，有的则需要按先后次序串行执行。因而需要把一个机器周期分成若干相等的时间段，每一个时间段内完成一步操作，这个时间段即为时钟周期，又称节拍，这是时序系统中最基本的时间分段。节拍的宽度取决于 CPU 完成一次微操作的时间，如 ALU 的一次正确的运算、寄存器间的一次传送等。各时钟周期长度相等，一个机器周期可根据其复杂程度需要，由若干个时钟周期组成。

4.脉冲

时钟周期提供了一项操作所需的时间分配，但有的操作如将稳定的运算结果写入寄存器还需要严格的定时脉冲，以确定在哪一时刻写入。为此，在一个节拍内有时还设置若干个脉冲，以对某些微操作定时，如对寄存器的清除、置数脉冲等。具体机器设置的脉冲数根据需要而有所不同，有的机器只在节拍的末尾设置一个定时脉冲，脉冲前沿用于结果寄存器接数，脉冲后沿则实现周期切换。也有的机器在一个时钟周期中先后设置几个定时脉冲，分别用于清除、接数、周期切换等目的。

5.多级时序系统举例

如图 5-4 所示为某台小型机每个指令周期中常采用的机器周期、节拍、脉冲三级时序系统。图中每个机器周期 M 中包含 4 个节拍 $T_1 \sim T_4$，每个节拍内有一个脉冲 P。在机器周期间、节拍电位间、工作脉冲间既不允许有重叠交叉，也不允许有空隙，应该是一个接一个的准确衔接。

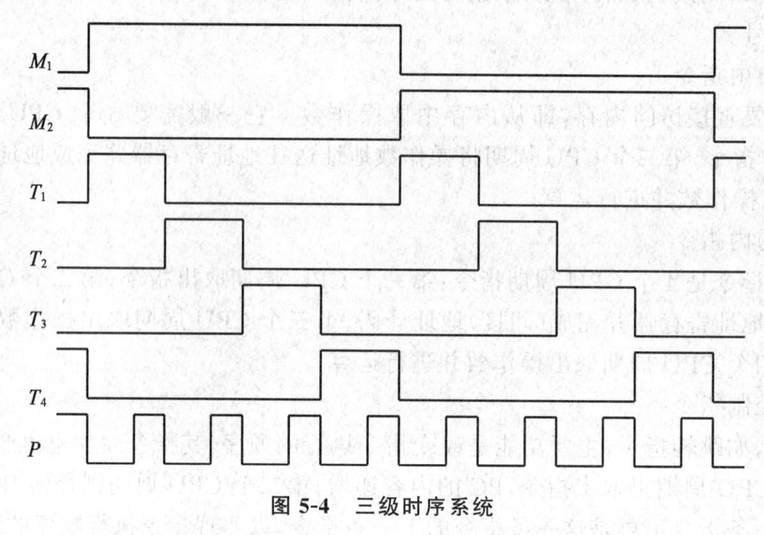

图 5-4 三级时序系统

5.3.2 控制方式

不同指令的指令周期常常包含不同的 CPU 周期数，CPU 周期数的多少反映了指令动作的复杂程度，即操作控制信号的多少。为了使计算机能够正确执行指令，控制器必须能够按正确的时序产生操作控制信号。控制不同操作序列时序信号的方法，称为控制器的控制方式。常用的控制方式有同步控制、异步控制和联合控制 3 种，其实质反映了时序信号的定时方式。

1. 同步控制方式

同步控制方式又称固定时序控制方式或无应答控制方式。任何指令的执行或指令中每个微操作的执行都受事先安排好的时序信号控制，每个时序信号的结束就意味着一个微操作或一条指令已经完成，随即开始执行后继的微操作或自动转向下一条指令的执行。

同步控制方式中，在每个周期状态中产生统一数目的节拍电位和工作脉冲。不同的指令，微操作序列长短不一，操作时间长短也不一致。对同步控制方式要以最复杂指令的实现需要作为基准，进行控制时序设计。

同步控制方式设计简单，操作控制容易实现。但大多数指令实现时，会有较多空闲节拍和空闲工作脉冲，形成较大数量的时间浪费，影响和降低指令执行的速度。

2. 异步控制方式

异步控制方式是按每条指令、每个操作的实际需要而占用时间的一种控制方式。通常由前一操作执行完毕时产生的“结束”信号，或由下一操作的执行部件发出“就绪”信号作为下一操作的“起始”信号，各操作之间是用“结束”或“就绪”—“起始”的方式衔接起来的。用这种时序所形成的操作序列没有固定的周期节拍和严格的时钟同步，不同指令所占用的时间完全根据需要来决定。因此，异步控制时没有集中的时序信号产生及控制部件，而“结束”“就绪”“起始”信号的形成电路是分散在各功能部件中的。和同步控制方式相比，异步控制方式的效率更高，但硬件实现起来很复杂。

3.联合控制方式

所谓联合控制方式是指同步和异步控制方式的结合。对于不同的操作序列以及其中的每个操作,实行部分统一、部分区别对待的方式。也即把各操作系列中那些可以统一的部分,安排在一个固定周期、节拍和严格时钟同步的时序信号控制下执行,而把那些难以统一起来,甚至执行时间都难以确定的操作另行处理,不用时钟信号同步,按照实际需要占用操作时间,通过"结束"—"起始"方式和公共的同步控制部分衔接起来。

现代计算机大多采用同步控制方式或联合控制方式。

5.3.3 指令运行的基本过程

计算机执行指令过程可以分为3个阶段:取指令、分析指令和执行指令。下面,以执行单地址指令为例,来说明计算机是如何执行指令的。

1.取指令

取指令阶段完成的任务是将现行指令从主存储器中取出送到指令寄存器IR中。具体操作如下所示。

①将程序计数器(PC)提供的地址送往存储器地址寄存器(MAR),并送地址总线(AB)。

②向存储器发读命令。

③将读取的现行指令通过数据总线(DB)送到存储器数据寄存器(MDR),然后再送到指令寄存器(IR)中,用符号表示为:IR←((PC))。

④将PC的内容递增,为取下一条指令做好准备。

2.分析指令

取出指令后,计算机立即进入分析指令阶段,指令译码器可以识别和区分不同的指令类型及各种获取操作数的方法,由于各条指令的功能不同,寻址方式也不一样,所以分析指令阶段的操作是各不相同的。

对于无操作数指令的操作比较简单,只要译码识别出指令即可转为执行指令阶段。而对于带操作数指令就需要读取操作数,因此首先要计算出操作数的有效地址。若操作数在通用寄存器里,则不需要再访问主存储器;如果操作数在主存储器中,则要到主存储器中去读取。对于不同的寻址方式,有效地址的计算方法是不相同的,有时可能要多次访问主存储器才能读取出操作数。

3.执行指令

执行指令阶段完成指令所规定的各种操作,得到所需的处理结果,并将其储存起来。取指令阶段和指令的种类几乎无关;与此相反,执行周期的内容却因操作码的不同而有很大变化。这里分别说明从主存储器里读出数据进行相加,把运算结果写入主存储器、条件转移3种情况的执行过程。

(1)从主存储器读取数据且相加的过程

①把指令寄存器(IR)的地址码移到存储器地址寄存器(MAR)。

②开始主存储器的读操作。

③从主存储器读出数据,存入存储器数据寄存器(MDR)。

④把存储器数据寄存器(MDR)的内容和累加器(AC)的内容送至ALU。

⑤进行加法运算。

⑥把相加结果送回累加器(AC)。

⑦现行指令执行结束,进入下一条指令的取指令周期。

同样,在进行减法运算时,只要把数据寄存器里的内容以补码形式传送到累加寄存器即可。

(2)把累加器里的内容写进主存储器的过程

①把指令寄存器(IR)的地址码移到存储器地址寄存器(MAR)。

②把累加器(AC)的内容送到存储器数据寄存器(MDR)。

③开始主存储器的写操作。

④现行指令执行结束,进入下一条指令的取指令周期。

(3)条件转移的过程

①若条件满足,则把指令寄存器(IR)的地址码送到程序计数器(PC);否则,什么也不做。

②现行指令执行结束,进入下一条指令的取指令周期。

值得注意的是,现行指令结束后,如果有中断请求,就进入中断处理过程,这部分内容将在第7章进行介绍。

计算机执行程序的工作过程可以概括为取指令、分析指令(包括译码,计算操作数有效地址和取操作数等)、执行指令和再取下条指令,依次周而复始地执行指令序列直至遇到停机指令或有外来干预为止。

5.3.4 中央处理器的内部数据通路

控制器执行一条指令所对应的微操作序列与CPU内部数据通路的形式密切相关。现代计算机广泛使用内部总线方式,使其成为CPU内部各寄存器和运算器间的一组公共传送线路,使得内部数据通路结构规整简化,便于控制。

内部总线有发送端和接收端,各端分别设有若干发送门和接收门,能分时地发送和接收各部件的信息。发送门打开,便将信息代码送到内部总线上去;接收门打开,便能接收内部总线上传送来的信息代码。

由于在计算机中,信息代码是用电平的高低来表示的,因此,在某一瞬时不允许几个发送门同时向内部总线送信息代码,即在某一瞬时只能允许打开一个发送门,不同的发送门需要在不同的时刻发送信息,这种性质称为发送端的分时性。具体实现是发送信息的部件通过集电极开路器件或三态门将信息送到内部总线,内部总线将信息同时送往各个接收信息的部件,然后由打入脉冲将信息送入指定的部件。假设模型机的CPU内部数据通路采用如图5-5所示的单总线结构。

这种结构的特点是算术逻辑单元和所有寄存器通过一条公共总线联结起来,一般称为内部单总线结构。内部总线和系统总线不能相混淆,系统总线是用来连接CPU、存储器和I/O设备的总线。图5-5中表示CPU通过存储器的地址寄存器MAR和数据寄存器MDR与存储总线相联系,位于ALU输入和输出的寄存器Y、Z用作执行某些指令的暂存器,程序员编程时不能直接使用,因而是透明的。

单总线结构中,CPU的任意两个部件之间的数据传送都必须经过该总线。因此,控制比较简单,但传送速度受到限制,常用于小型、微型机中。

5.3.5　指令的微操作序列

1.微命令的基本形式

微操作是执行部件在控制器发出的微命令(微操作控制信号)控制下执行的最基本的操作。微命令是最基本的控制信号,通常是指直接作用于部件或控制门电路的控制信号。例如,打开或关闭某个三态门的电位信号,对寄存器进行同步打入、置位、复位的脉冲等。

脉冲信号随时间的分布是不连续的,脉冲未出现时,信号电平为0V;脉冲出现时,信号为高电平,如+5V,但维持时间很短。因此,可以用脉冲的有无来区分0和1,例如定义有脉冲为1,无脉冲为0。实际上,往往利用脉冲边缘(即正向或负向跳变)来表示某一时刻,起定时作用或识别脉冲的有无。

电位信号(也称电平信号)是指用信号电平的高与低分别表示不同的信息,通常定义高电平(如+5V)表示1,低电平(如0V)表示0。与脉冲信号相比,电位信号维持的时间一般要长一些。

微命令通常有两种形式。

(1)电位型微命令

①各寄存器输出到内部总线的控制信号:PC_{out},MDR_{out},IR_{out},Z_{out} 等。

②ALU运算控制信号:ADD,SUB,AND,OR等。

③MAR和MDR与系统总线间的控制信号:MAR→AB,MDR→DB,DB→MDR等。

④主存储器的读/写信号:READ,WRITE等。

(2)脉冲型微命令

各寄存器均采用同步打入脉冲将内部总线上的数据打入其中。脉冲型微命令有:IR_{in},PC_{in},MAR_{in},MDR_{in},Y_{in},Z_{in} 等。

2.基本功能的实现

通常,执行一条指令中所涉及的大部分操作均可以通过按一定方式执行下面一种或几种基本功能来实现。

①取指定存储单元的内容,并将其送到CPU中的寄存器。

②把CPU中寄存器的内容存入指定的存储单元。

③把CPU的一个寄存器的内容送到另一个寄存器。

④执行算术逻辑操作,把结果存入CPU的一个寄存器。

下面较详细地讨论在图5-5所示的CPU数据通路中,实现上述每一种功能的方法。

(1)寄存器的传送

为使图5-5中连接到内部单总线上的各部件之间进行数据传送,必须提供输入/输出门,如图5-6所示。寄存器 R_I 的输入门和输出门分别由 R_{Iin} 和 R_{Iout} 控制,这样,当 R_{Iin} 置为“1”时,内部总线上的有效数据就装入 R_I。同样,当 R_{Iout} 置为“1”时,寄存器 R_I 的内容就送到了总线上,而当 R_{Iout} 为“0”时,R_I 就与总线隔离,让其他部件使用内部总线,这样就实现了发送端的分时性。

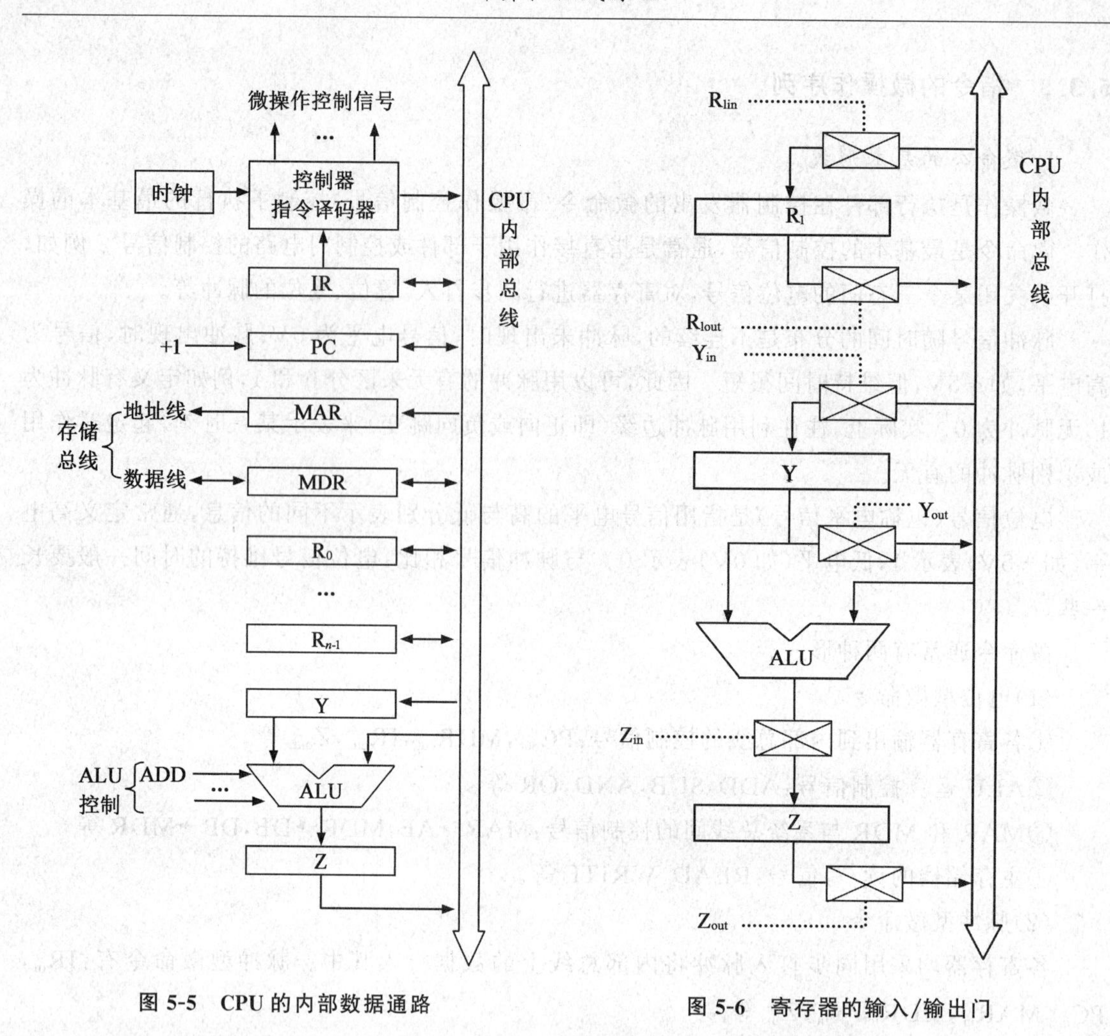

图 5-5 CPU的内部数据通路

图 5-6 寄存器的输入/输出门

例如，把寄存器 R_1 的内容传送到寄存器 R_4，需执行下列操作。

①置 R_{1out} 为“1”，使 R_1 的输出门打开，就把 R_1 的内容送到了内部总线上。

②置 R_{4in} 为“1”，使 R_4 的输入门打开，就把数据从内部总线装入 R_4。

用符号序列表示这些操作为：R_{1out}，R_{4in}。

(2)从主存储器中读取一个字的信息

要从主存储器中读取一个字的信息，CPU 首先要把所取信息字的地址送主存储器地址寄存器 MAR，同时发读命令，并处于等待状态，直到接收到存储器总线上的回答信号，通知 CPU 已经完成所要求的功能，这个回答信号称为存储器功能完成(MFC)。假设，MFC 一旦置“1”，数据线上的信息即被打入 MDR，因而就可供 CPU 使用，这就完成了对主存储器的读取操作，假定要访问的存储单元的地址存放在寄存器 R_1 中，取得的数据装入 R_2，通过以下操作序列即可实现。

①MAR←(R_1)：有效地址送主存储器地址寄存器。

②READ：发读命令。

③WMFC：等待 MFC 信号。

④R_2←(MDR)：将主存储器数据寄存器中的数送 R_2。

实现 MAR←(R_1)操作的控制信号为：R_{1out}，MAR_{in}。

实现 R_2←(MDR)操作的控制信号为：MDR_{out}，R_{2in}。

第③步等待的时间取决于主存储器速度。通常，从主存储器读一个字所需时间比 CPU 内部执行任何一个操作要长得多。因此，如果利用等待存储器功能完成这段时间让 CPU 执行其他操作，则整个指令执行时间就能减少。当然，此时只能执行不需要 MAR 和 MDR 的某些操作。例如在取指阶段的等待时间，可以用 ALU 使程序计数器 PC 加 1。

上述例子说明了计算机中两个部件 CPU 和主存储器之间是如何传送数据的，一个部件启动传送，等待另一个部件的响应(MFC 信号)，此即典型的异步传送方式。在以下的讨论中，均假设 CPU 以异步方式从主存储器读取信息，而 CPU 内部以同步方式执行其他操作。这就是联合控制方式。

(3)存一个字到主存储器

首先把要写的字装入 MDR，其写入的地址送 MAR，然后发写命令，并等待来自主存储器的 MFC 信号，假如要存的数据在 R_2 中，存储单元地址在 R_1 中，则存一个字到主存储器可通过以下操作序列实现。

①MAR←(R_1)：地址送 MAR。

②MDR←(R_2)：数据送 MDR。

③WRITE：发写命令。

④WMFC：等待 MFC 信号。

实现 MAR←(R_1)操作的控制信号为：R_{1out}，MAR_{in}。

实现 MDR←(R_2)操作的控制信号为：R_{2out}，MDR_{in}。

上述操作中，第①步和第②步可按任意顺序进行。第④步与读操作情况一样，在等待期间可以执行一些不涉及 MAR 和 MDR 的操作。

(4)执行算术逻辑操作

当执行算术或逻辑操作时，由于 ALU 本身是没有内部存储功能的组合电路，因此如要执行加法运算，被相加的两个数必须同时在 ALU 的两个输入端有效，图 5-5 中设置的寄存器 Y 即用于该目的。当一个操作数发送到内部总线时，先把它保存在 Y 中，再把另一个操作数放在内部总线上。寄存器 Y 的内容在 ALU 的输入端 A 总是有效的，ALU 的 B 端直接连到内部总线上，结果暂存在寄存器 Z 中。若要执行“把寄存器 R_1 和 R_2 的内容相加，结果放在 R_3”，可以通过下列操作序列实现。

①Y←(R_1)：R_1 的内容送入寄存器 Y。

②Z←(R_2)＋(Y)：R_2 的内容送 ALU 的 B 端并与 Y 的内容相加，结果送寄存器 Z。

③R_3←(Z)：Z 的内容送 R_3。

实现 Y←(R_1)操作的控制信号为：R_{1out}，Y_{in}。

实现 Z←(R_2)＋(Y)操作的控制信号为：R_{2out}，ADD，Z_{in}。

实现 R_3←(Z)操作的控制信号为：Z_{out}，R_{3in}。

第①步，把 R_1 的内容先送到寄存器 Y；第②步，寄存器 R_2 的内容发送到内部总线上，这时 ALU 的两个输入端都有了数据。ALU 所执行的功能取决于 ALU 控制线的信号，本例中 ADD 线置为“1”，使 ALU 执行加运算，因 Z_{in} 为“1”，结果暂存在寄存器 Z 中；在第③步，把寄存器 Z 中的内容传送到目的寄存器 R_3。显然，最后一步传送不能在第②步同时执行，因为在内部单总线结构中,在任何时刻,只能把一个寄存器的输出连接到内部总线上。在这种 CPU 数据通路中,划分微操作步骤时必须考虑这一特点。

(5)寄存器选通

假设图 5-5 和图 5-6 中的寄存器的每一位都由简单的锁存器组成,以寄存器 Z 为例,当控制信号 Z_{in} 等于"1"时,锁存器的状态就与总线上的数据一致(锁存器直通)。当 Z_{in} 由"1"变为"0"时,锁存器中数据已经锁定(锁存器锁存),直到 Z_{in} 再次变为"1"。这样锁存器的两个输入门就实现了图 5-6 中输入控制开关的功能。

3.指令的微操作序列的实例

控制器在实现一条指令的功能时,总要把每条指令分解成为一系列时间上先后有序的最基本、最简单的微操作,即微操作序列。微操作序列是与 CPU 的内部数据通路密切相关的,不同的数据通路就有不同的微操作序列。CPU 的内部数据通路如图 5-5 所示,下面举两个例子来看具体指令的微操作序列。

(1)加法指令 ADD @R_0,R_1

这条指令完成的功能是把 R_0 的内容作为地址送到主存储器以取得源操作数,与 R_1 的内容作为目的操作数相加,再将结果送回 R_1 中,即 $R_1 \leftarrow ((R_0)) + (R_1)$。执行这条指令需要以下操作序列,见表 5-1。

①读取指令。

②读取第 1 个操作数。

③执行加法。

④结果送 R_1。

实现上述功能所需的微操作序列如下。

表 5-1 执行指令 ADD @R_0,R_1 的微操作序列

步骤	功能
1	PC_{out},MAR_{in},Read,Y←0,C_0←1,Add,Z_{in}
2	Z_{out}, PC_{in},WMFC(Wait for MFC)
3	MDR_{out},IR_{in}
4	R_{0out},MAR_{in},Read
5	R_{1out},Y_{in},WMFC
6	MDR_{out},Add,Z_{in}
7	Z_{out},R_{1in}
8	END

第 1 步,取指令操作把 PC 的内容装入 MAR,并发读取命令;同时利用 ALU 把 PC 加 1。为实现 PC 加 1,把 ALU 的一个输入(寄存器 Y)置为"0",另一个输入为 PC 的当前值,ALU 的进位置为"1",然后执行加法。

第 2 步,是在发出命令后立即开始的,不需要等待存储器完成。也即利用了等待存储器的功能完成的这部分时间进行 PC←(PC)+1 的操作。

第 3 步，必须延迟到接收到 MFC 信号后才开始，在这一步，从存储器读取出的指令送到指令寄存器 IR 中。

以上第 1 步到第 3 步作为取指令阶段，是指令执行时的公共操作，即这一部分操作对所有的指令都是相同的。实际上，构成了取指周期的微操作序列。指令一旦装入 IR，指令译码电路就立即解释其内容，使控制电路发出适当的控制信号。

第 4 步到第 8 步是执行阶段，构成了微操作序列的执行周期。第 4 步，R_0 内容送 MAR，并发读命令。

第 5 步，把 R_1 的内容送 Y，且等待 MFC。这里同样利用了等待 MFC 的部分时间执行了 $Y \leftarrow (R_1)$ 的操作；当一旦接到 MFC 信号后执行第 6 步。

第 6 步，把 MDR 中的数据送总线，即 ALU 的 B 端，执行加操作。

第 7 步，把结果(和)送 R_1。

第 8 步，End 信号表示当前指令执行完毕，返回到第 1 步表示一个新的取指令周期开始。

(2)转移指令 JC A

这是一条条件转移指令，若上次运算结果有进位(C 为 1)，就转移；若上次运算结果无进位(C 为 0)，就顺序执行下一条指令。设 A 为偏移量，转移地址等于 PC 的内容加偏移量。相应的微操作序列，如表 5-2 所示。

表 5-2 执行指令 JC A 的微操作序列

步骤	功能
1	PC_{out}，MAR_{in}，Read，$Y \leftarrow 0$，$C_0 \leftarrow 1$，Add，Z_{in}
2	Z_{out}，PC_{in}，WMFC(Wait for MFC)
3	MDR_{out}，IR_{in}
4	IF C = 1 Then PC_{out}，Y_{in}；IF C = 0 Then END
5	Address Field of IR_{out}，Add，Z_{in}
6	Z_{out}，PC_{in}
7	END

序列中第 1 至第 3 步为取指令的公共操作；第 4 至第 6 步为执行周期，当 C 为 1 时，完成 $PC \leftarrow (PC) + A$；第 5 步中 Address Field of IR_{out} 这一微操作的作用是把指令中的偏移量 A 送到内部总线，也即加到 ALU 的 B 端；第 6 步把计算得到的转移地址送 PC，并准备取下一条指令。

5.4 微程序控制器

5.4.1 微程序控制的基本概念

1.微程序控制的基本思想

20 世纪 50 年代控制器是按组合逻辑方式构造的。由于当时的元器件水平所限，整个控制器的逻辑电路都是由单个的与门、或门搭建而成的。为了节省元器件，要进行逻辑简化，因此设计和制造的效率很低,检测、调试也十分困难。整个控制器的逻辑网络十分繁杂、零乱,缺乏规整性。若要扩充一条指令的功能,或增加一条新的指令,都要牵动整个逻辑网络,给指令兼容和实现系列机带来许多困难。

微程序控制的思想是英国剑桥大学 Wilkes 教授于 1951 年首先提出的。微程序控制是将程序设计思想引入硬件逻辑控制,把控制信号编码并有序地存储起来,将一条指令的执行过程替换成一条条微指令的读出和控制的过程,这样使得控制器的设计变得容易并且控制器的结构也十分规整,查错也很容易。若要扩充指令功能或增加新的指令,只要修改被扩充的指令的微程序或重新设计一段微程序就可以了,与其他指令不发生任何关系,大大简化了系列机的设计。

微程序控制器的基本设计思想概括起来有以下两点。

①将控制器所需的微命令,以代码(微码)形式编成微指令,存入一个用 ROM 构成的控制存储器中。在 CPU 执行程序时,从控制存储器中取出微指令,其所包含的微命令控制有关操作。

②将各种机器指令的操作分解为若干微操作序列。每条微指令包含的微命令控制实现一步操作。若干条微指令组成一小段微程序,解释执行一条机器指令。针对整个指令系统的需要,编制出一套完整的微程序,事先存入控制存储器中。

上面从两个角度阐明了微程序控制的基本概念:微命令的产生方式,微程序与机器指令之间的对应关系。

上面所述涉及了两个层次,读者务必分清。一个层次是机器语言或汇编语言程序员看到的传统机器级—机器指令;用机器指令编制的程序,存放在主存储器中。另一个层次是机器设计者看到的微程序级—微指令;用微指令编制的微程序,存放在控制存储器中。

机器指令是提供给使用者编制程序的基本单位,表明 CPU 所能完成的基本功能。微指令则是为实现机器指令中一步操作的微命令组合,作为 CPU 内部的控制信息,通常不提供给使用者,对程序员可以是透明的。

程序员根据某项任务编制的程序,存放在主存储器中,最终成为可执行的指令序列,由程序计数器(PC)指示其流程。而微程序是机器设计者事先编制好的,作为解释执行工作程序的一种硬件(固件)手段,在制作 CPU 时就存入控制存储器中。工作程序可以很长,但所使用的机器指令类型有限,所对应的微程序也是有限的。

微程序控制也带来一个严重问题,因为每一条指令的执行都意味着若干次存储器的读操作,使得指令的执行速度要比用组合逻辑方式明显减慢。

2.几个基本术语

(1)微命令和微操作

一条机器指令可以分解成一个微操作序列,这些微操作是计算机中最基本的、不可再分解的操作。在微程序控制的计算机中,将控制部件向执行部件发出的各种控制命令称为微命令,是构成控制序列的最小单位。例如:打开或关闭某个控制门的电位信号、某个寄存器的打入脉冲等。因此,微命令是控制计算机各部件完成某个基本微操作的命令。

微命令和微操作是一一对应的。微命令是微操作的控制信号,微操作是微命令的操作执行过程。

(2)微指令和微地址

微指令是指控制存储器中的一个单元的内容，即控制字，是若干个微命令的集合。存放控制字的控制存储器的单元地址就称为微地址。

一条微指令通常至少包含两大部分信息。

① 操作控制字段，又称微操作码字段，用以产生某一步操作所需的各微操作控制信号。

② 顺序控制字段，又称微地址码字段，用以控制产生下一条要执行的微指令地址。

微指令有垂直型和水平型两种。垂直型微指令接近于机器指令的格式，在微指令字中，设置微操作码字段，由微操作码规定微指令的功能，每条微指令只能完成一个基本微操作，这种微指令不强调其并行控制功能；水平型微指令则具有良好的并行性，每条微指令可以完成较多的基本微操作。它的一般格式如下：

控制字段	差别测试字段	下地址字段

两种微指令格式有以下区别。

① 水平型微指令比垂直型微指令的并行操作能力强，效率高，灵活性强。

② 水平型微指令执行一条机器指令所需的微指令数目少，因此速度比垂直型微指令快。

③水平型微指令用较短的微程序结构换取较长的微指令结构，垂直型微指令正相反，以较长的微程序结构换取较短的微指令结构。

④水平型微指令与机器指令差别较大，垂直型微指令与机器指令相似。

从编码方式看，垂直型微指令采用最短编码方式；直接编码、字段直接编码、字段间接编码都属水平型微指令。

(3)微程序

一系列微指令的有序集合就是微程序。每一条机器指令都对应一个微程序，即一条机器指令可以分解为若干条有序的微指令。将微程序存入控制存储器中，机器指令的执行过程实际上变成微指令的执行过程。

(4)微周期

从控制存储器中读取一条微指令并执行相应的微命令所需的全部时间称为微周期。

5.4.2 微程序控制器的基本组成和工作原理

1.微程序控制器的基本组成

微程序控制器的功能，是通过几条微指令来“解释执行”一条机器指令。一条机器指令的执行过程包括：到内存储器读取一条机器指令，接着分析这条指令并执行其操作运算功能，最后检查有无中断请求，有中断请求且其优先级够高，则响应中断并转入中断处理，否则进入下一条机器指令的执行过程。微程序控制器的工作原理，是用一条微指令的控制命令字段，来提供一条机器指令的一个执行步骤所需要的控制信号，用这条微指令的下地址字段，指明下一条微指令在控制存储器中的地址，以便从控制存储器中读取下一条微指令。换句话说，用每一条微指令对应一条机器指令的一个执行步骤，这条微指令需要具有两项功能。

①提供一条机器指令的一个执行步骤所需要的控制信号，以实现该执行步骤的操作功能。

②提供读取下一条待用微指令的地址，以便自动有序地读取每一条微指令，解决机器指令各执行步骤之间的接续关系。

为此，微程序控制器的组成中，除了必须有程序计数器和指令寄存器之外，还必须有一个控制存储器部件(CM)，该部件在微程序控制器中的地位如图5-7所示。该部件通常用ROM器件实现，用于存储微程序控制器的全部微程序，每个微程序往往由几百到上千条微指令组成。该存储器的每一个存储单元(字)保存一条微指令，每一次的读操作可以取得一条微指令的内容。若把一台计算机中的全部微指令都有机地按次序关系分配好并写进控制存储器中，则它将有能力按指令执行要求，准确地提供机器指令每一个步骤要用到的控制信号(微命令字段的内容)，并按正确的执行顺序依次进入到机器指令的下一个执行步骤(下地址字段的作用)。计算机的这种执行方式，通常被称为用几条微指令"解释执行"机器指令。"解释执行"一条机器指令的几条微指令构成一个微程序。"解释执行"指令系统中全部指令的全体微程序就组成一台计算机完整的微程序，并被保存在控制存储器中。

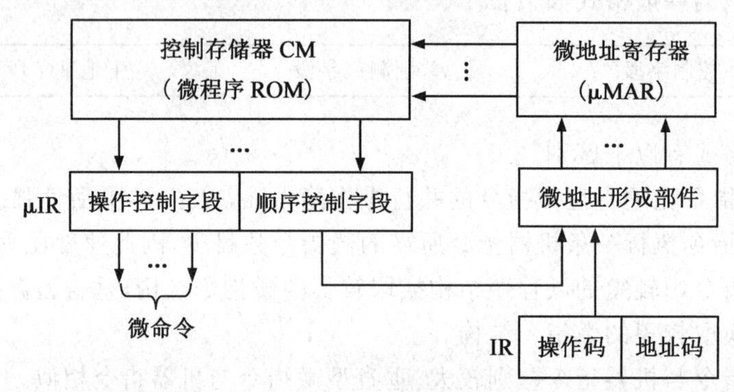

图 5-7 微程序控制器的基本组成

微程序控制器的组成中另一个部件是微指令寄存器(μIR)，用来保存从控制存储器中读取的一条微指令，其重要作用之一，是支持相邻运行的两条微指令同时存在，即当前的一条微指令(已经保存在该寄存器中)正在发挥控制作用的期间，可以把下一条微指令读出来并送到该寄存器的输入端，以解决执行当前微指令与读出下一条微指令的流水线处理问题。

微程序控制器的组成中另一个部件是微指令的下地址形成逻辑，用于对微程序控制器自身的控制，其核心问题是以多种合用的方式，为自己形成并提供出下一次要用到的微指令在控制存储器中的地址，为此需要解决好微指令下地址字段的组成与合理使用。这是微程序设计中的关键问题之一，既涉及一定的硬件技术，又与微程序设计技术和运行密切相关。

下地址形成逻辑产生的微地址，被存放在微地址寄存器中(μMAR)，为在控制存储器中读取微指令做准备。

2.微程序控制器的工作过程

微程序控制器的工作过程实际上就是在微程序控制器的控制下计算机执行机器指令的过程，如图5-8所示，对这个过程可以进行如下描述。

①执行取指令公共操作。取指令的公共操作通常由一个取指微程序来完成，这个取指微程序也可能仅由一条微指令组成。具体的执行是：在机器开始运行时，自动将取指微程序的入口微地址送 μMAR，并从 CM 中读出相应的微指令送入 μIR。微指令的操作控制字段产生有关的微命令，用来控制计算机实现取机器指令的公共操作。取指微程序的入口地址一般为 CM 的 0 号单元，当取指微程序执行完后，从主存中取出的机器指令就已存入指令寄存器中了。

②由机器指令的操作码字段通过微地址形成部件产生该机器指令对应的微程序的入口地址，并送入 μMAR。

③从 CM 中逐条取出对应的微指令并执行。

④执行完对应于一条机器指令的一个微程序后又回到取指微程序的入口地址，继续第①步，以完成取下一条机器指令的公共操作。

以上是一条机器指令的执行过程，如此周而复始，直到整个程序执行完毕为止。

3. 微指令的执行方式

执行微指令的过程和执行机器指令是类似的。首先将微指令从控制存储器(CM)中取出，称为取微指令；然后执行微指令所规定的各个微操作。在一条微指令取出并执行完成后才能取下一条微指令，这种执行方式是串行执行方式。此种方式的优点在于控制简单，形成下一个待用地址容易且所需硬件设备少。该方式最大的不足是其与硬布线控制器相比速度较慢。

解决这个问题的办法一个是采用更快的控制存储器以及使用长微指令以尽可能同时产生更多的微操作信号；另一个有效的办法是使微指令并行执行。通过预取微指令，即在当前微指令执行的同时取得下一条微指令，从而使大部分执行时间和取微指令时间重叠，即整个机器的速度取决于取微指令时间。当然，在转移发生时，预取的微指令可能是错误的。在这种情况下，需要用正确的地址重新去取微指令，但这将导致硬件的复杂性。

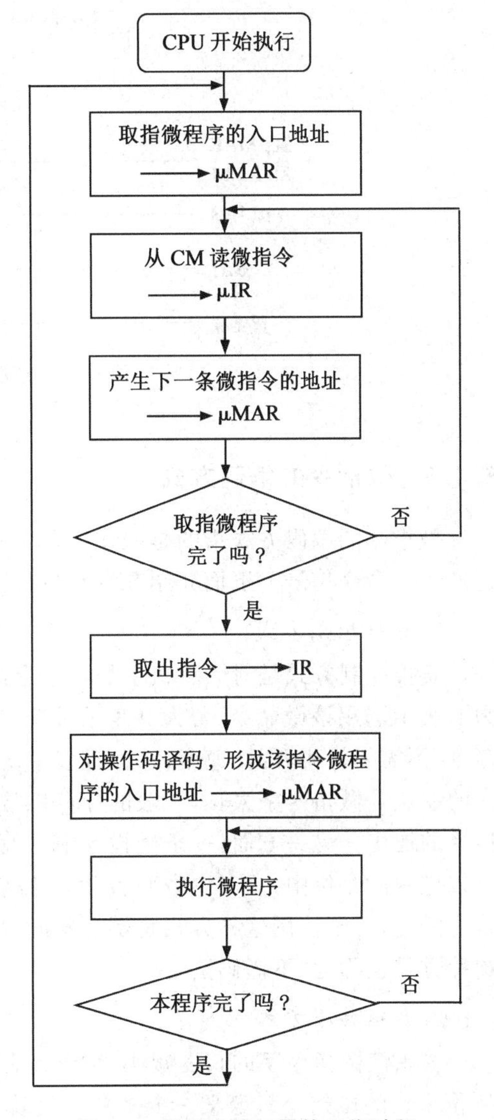

图 5-8　微程序控制器的工作过程

如图 5-9 和图 5-10 所示为微指令串行和并行两种执行方式的时序。除了采用这两种执行方式之外，有时还采用它们结合起来的混合方式。当现行微指令执行不影响后续微指令时，采用并行方式；而现行微指令的执行对后续微指令地址产生影响时，则采用串行方式。

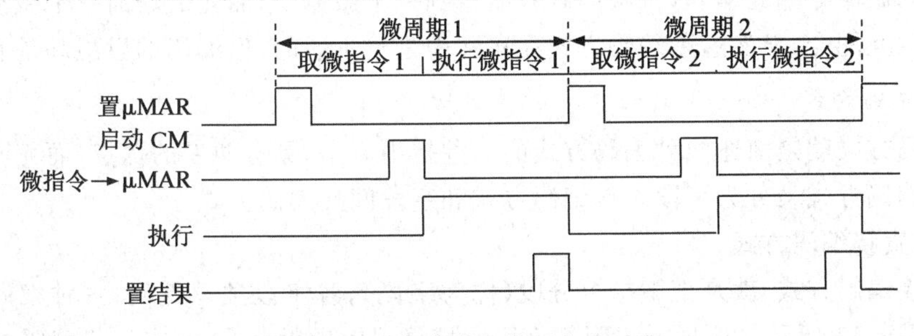

图 5-9　微指令串行执行方式时序

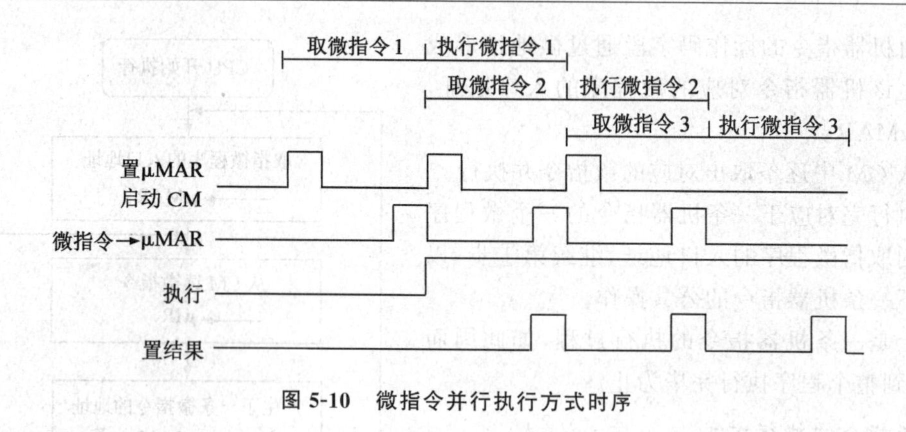

图 5-10 微指令并行执行方式时序

5.4.3 微指令的编码方式

微指令的编码方式指的是操作控制字段的编码方式。微指令中操作控制字段决定的是如何产生微命令信号。下面介绍几种常见的微指令编码方式。

1. 直接控制方式

直接控制方式是对计算机中的每一个微命令都用一个确定的二进制位予以表示。若该位为1,表示选用该微命令;若为 0 表示不选用。这种方式简单、直观,只要读出微指令,便得到微命令,不需要译码,因此速度快,而且多个微命令位可以同时为 1,并行性好。但这种方式最致命的缺点是微指令字太长,一般的计算机常多达几百个微命令,这将使微指令的长度达到难以接受的地步。另一方面,一条微指令中一般只需有限的几个微命令,也就是说在几十甚至几百个二进制命令位中,只有少数几位为 1,其余绝大多数命令位都为 0,显然这是一种资源的浪费。因此,完全使用这种方式是不合理的,只能在微指令编码中被部分采用。由于无须译码,这种方式也称为“不译码法”。

2. 最短编码方式

要想使微指令字的长度减小,编码是有效的方式。最短编码方式的基本思想是使每一条 N 位字长的微指令只定义一个微命令。若某控制器具有 M 个微命令,所需的二进制编码位数 N 为:

$$N \geqslant \log_2 M$$

由于最短编码法采用二进制编码状态,所以微指令的输出必须经过译码才能得到微命令。但若将所有的微命令如此编码,每次译码只能得到一个微命令,而完成任何一个微动作都需要几个微命令相互配合,显然这种编码方式在实际中是行不通的,但编码的思想却是有意义的。

3. 字段编码方式

字段编码方式就是前述两种编码方式的一种折中方案,具有两者的优点,而克服了两者的缺点。字段编码方式又分为字段直接编码方式和字段间接编码方式。

(1)字段直接编码方式

字段直接编码方式,就是把微指令分段(称为字段),各字段独立编码,每种编码代表一个微命令。如图 5-11 所示。这种方式因靠字段直接译码发出微命令,又有显式编码之称。

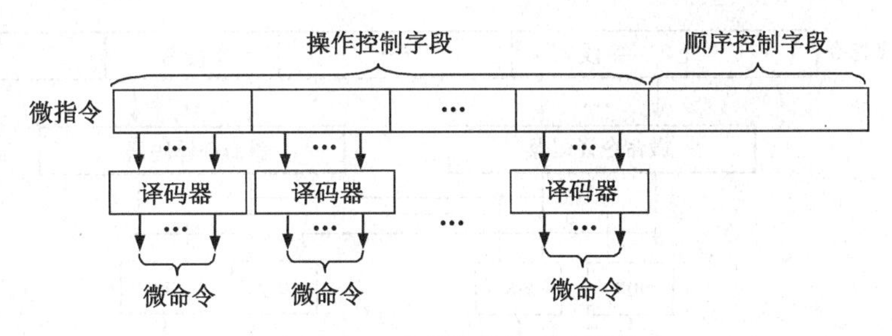

图 5-11　字段直接编码方式

字段直接编码方式可以有效地缩短微指令字长,例如4位二进制代码译码后可表示15个互斥的微命令,留出一种状态表示不发微命令,与直接编码用15位表示15个微命令相比,减少了11位。但是由于增加了译码电路,使微程序的执行速度减慢。

至于操作控制字段应分为几段,与需要并行发出的微命令的个数有关,若需要并行发出8个微命令,就可分8段。每段的长度可以不等,但与具体要求互斥的微命令个数有关,如某类操作要求互斥的微命令有3个,则字段只需安排2位即可。

微指令字分段的原则是:

①在同一节拍内,需要互相配合起作用的微操作是并行操作,其微命令可以分在不同的字段内,以便配合进行微操作控制(组合性的操作控制),这是微命令的兼容性。兼容性微命令就是指这些可以同时产生,共同完成某一些微操作的微命令。在同一节拍内,不允许同时出现具有"排他"性的微操作,只能是串行操作,其微命令可分在一个字段内,这是微命令的互斥性。互斥性微命令在计算机中不允许同时出现。如:存储器的读写操作就是一对互斥的微命令,不允许它们在同一时刻出现,但可把它们分在同一字段内。

②应与数据通路结构相适应。

③每个小段中包含的信息位不能太多,否则将增加译码线路的复杂性和译码时间。

④一般每个小段内还要留出一个状态,表示本字段不发出任何微命令。因此当某字段的长度为3位时,最多只能表示7个互斥的微命令,通常用000表示不操作。

(2)字段间接编码方式

字段间接编码是在字段直接编码的基础上,进一步压缩微指令字长度的一种编码方式。在这种方式中,一个字段译码后的微命令还需要由另一字段的微命令加以解释,才能形成最终的微命令,这也就是间接的含义。如图5-12所示,字段A所产生的微命令还要受到字段B的控制。字段A发出a_1微命令,其确切含义经字段B发出的x微命令解释为a_1x,经字段B发出的y微命令解释为a_1y,分别代表两个不同的微操作命令,同理,字段A发出的a_2微命令又分别被解释为a_2x和a_2y。这些微命令之间当然都是互斥的。字段间接编码常用来将属于不同部件或不同类型但互斥的微命令编入同一字段,使得微指令中的字段进一步减少,编码的效率进一步提高。但是在获得上述好处的同时,有可能使得微指令的并行能力下降,并增加译码线路的复杂性,这都意味着执行速度的降低。因此,字段间接编码方式通常只作为字段直接编码法的一种辅助手段,对那些使用频度不高的微指令采用此方式。

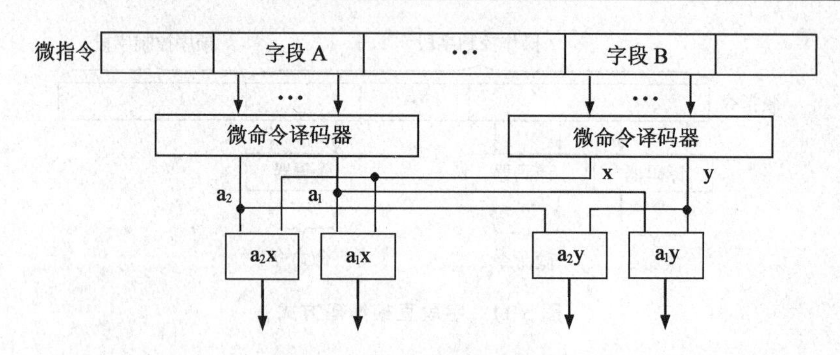

图 5-12 字段间接编码方式

假设某计算机共有128个微命令,如果采用直接控制方式,微指令的操作控制字段就有128位,如果采用最短编码方式,操作控制字段只需要7位就可以了。如果采用字段直接编码方式,若4位为一个段,每段可表示15个互斥的微命令,则操作控制字段只需36位,分成9段,在同一时刻可以并行发出9个不同的微命令。

除了以上3种基本编码方式外,还有其他一些编码方式:①在微指令中设置常数字段,为某个寄存器或某个操作提供常数;②由机器指令的操作码对微命令做出解释或由寻址方式编码对微命令进行解释;③由微地址参与微命令的解释等。

无论什么编码方式,其追求的目标是共同的:①提高编码效率,压缩微指令字的长度;②保持微命令必须的并行性;③硬件线路尽可能简单。

5.4.4 微程序流的控制

1.得到下一条微指令地址的有关技术

在计算机中,微程序以编码(微码)的形式按给定的微指令的地址存放在控制存储器中的相应单元。微程序执行时,只要依次给出各个微指令的地址,就能使微程序连续执行,直至完成为止。要保证微指令逐条连续地执行,就必须在本条微指令的执行过程中,能取来或临时形成(产生)下一条微指令的地址;从运行效率考虑,稍后还应能用此地址把下一条微指令的内容从控制存储器读出来,以便在本条微指令执行完毕后,尽早地进入下一条微指令的执行过程。因此,要使微程序连续执行,关键在于当前微指令执行完成后,如何确定后继微指令的地址。

微程序的执行过程与一般的机器目标程序执行过程类似,也有执行顺序控制问题。在机器指令程序设计中有顺序程序设计、分支程序设计及循环程序设计之分,微程序亦有相应的设计技术问题。

每条机器指令均有一道与其对应的微程序,微程序的执行顺序的控制,是通过指定微指令的微地址来进行的。微程序的执行顺序与它的首地址如何给出,后继微指令的地址如何形成有密切关系。讨论微程序的顺序控制,就是讨论依据哪些条件形成后继微指令的地址的问题。决定下一条微指令地址(简称下地址)的因素很多,处理办法各不相同,这方面的内容可能包括:

①微程序顺序执行时,下地址为本条微指令地址加1。

②在微程序必定转向某一微地址时,可以在微指令字中的下地址字段中给出该地址值。

③按微指令(上一条或本条)的某一执行结果的状态,选择顺序执行或转向某一地址,此时

必须在微指令字中指明判断转移所依据的条件及转移地址,要判断的条件,可以是运算器的标志位状态,控制器的执行状态,如多次的微指令循环是否结束,外部设备是否请求中断等。

④微子程序的调用及返回控制,会用到微堆栈。

⑤依条件判断转向多条微指令地址中某一地址的控制,这可以是前述第③条更复杂一些的用法。

⑥依据取来的机器指令的操作码,找到对应该条指令的执行过程的一段微程序的入口地址。这种情况通常被称为微程序控制中的功能分支转移。

从上述讨论中可以看出,要得到下一条微指令的地址,至少得从两个方面入手。

①要在微指令字中,分配相应的几个字段,用于给出微指令转移地址(完整的一个地址,或部分的多个地址),并且指明是顺序执行,还是无条件转移或条件转移及其判断条件,以及是否功能转移,是否微子程序调用或返回等。

②应有相应的专门硬件支持,用于实现诸如微指令地址加 1,按判断条件给出判定结果为真还是为假,给出微堆栈组织并实现入出堆栈管理,解决指令操作码与各自的微程序入口地址的对应关系,以完成微程序中的功能分支转移等。

2. 微程序入口地址的形成(初始微地址)

当公用的取指微程序从主存储器中取出机器指令后,由机器指令的操作码字段指出各个微程序的入口地址(初始微地址)。这是一种多分支(或多路转移)的情况。由机器指令的操作码转换成初始微地址的方式主要有 3 种。

(1)一级功能转换

如果机器指令操作码字段的位数和位置固定,这时可以直接使操作码与入口微地址码的部分位相对应。例如,某机有 16 条机器指令,指令操作码由 4 位二进制数表示,分别为 0000、0001、…、1111。现以字母 θ 表示操作码,令微程序的入口地址为 θ11B,比如:MOV 指令的操作码为 0000,则 MOV 指令的微程序入口地址为 000011B;ADD 指令的操作码为 0001,则指令的微程序入口地址为 000111B;…由此可见,相邻两个微程序的入口地址相差 4 个单元。也就是说,每个微程序最多可由 4 条微指令组成,如果不足 4 条就让有关单元空闲。

(2)二级功能转换

当同类机器指令的操作码字段的位数和位置固定,而不同类机器指令的操作码的位数和位置不固定时,就不能再采用一级功能转换。所谓二级功能转换是指第一次先按指令类型标志转移,以区分出指令属于哪一类,如是单操作数指令,还是双操作数指令等。因为每一类机器指令中操作码字段的位数和位置是固定的,所以第二次即可按操作码区分出具体是哪条指令,以便找出相应微程序的入口微地址。

(3)通过 PLA 电路实现功能转换

当机器指令的操作码位数和位置都不固定时,可以采用 PLA 电路将每条机器指令的操作码翻译成对应的微程序入口地址。即 PLA 的输入是机器指令的操作码,输出则是相应的机器指令在控制存储器中微程序的入口地址。这种方式对于变长度、变位置的操作码显得更有效,而且转换速度较快。

3. 后继微地址的形成

得到微程序入口地址以后,就可以开始执行微程序,每条微指令执行完毕都要根据要求形

成后继微地址。后继微地址的形成方法对微程序编制的灵活性影响很大,形成后继微地址的方法通常有2种:

(1)计数器法(增量方式)

这种方式和机器指令的控制方式很类似,也有顺序执行、转移和转子之分。顺序执行时后继微地址就是现行微地址加上一个增量(通常为“1”);转移或转子时,由微指令的顺序控制字段产生转移微地址。因此,在微程序控制器中应当有一个微程序计数器(μPC)。为了降低成本,一般情况下都是将微地址寄存器(μMAR)改为具有计数功能的寄存器。以代替μPC。

增量方式的优点是简单,易于掌握,编制微程序容易,每条机器指令所对应的一段微程序一般安排在CM的连续单元中;其缺点是这种方式不能实现两路以上的并行微程序转移,因而不利于提高微程序的执行速度。

(2)断定方式

断定方式的后继微地址可由微程序设计者指定,或者根据微指令所规定的测试结果直接决定后继微地址的全部或部分值。

这是一种直接给定与测试断定相结合的方式,其顺序控制字段一般由两部分组成:非测试段和测试段。

①非测试段,可由设计者指定,一般是微地址的高位部分,用来指定后继微地址在CM中的某个区域内。

②测试段,根据有关状态的测试结果确定其地址值,一般对应微地址的低位部分。这相当于在指定区域内断定具体的分支。所依据的测试状态可能是指定的开关状态、操作码、状态字等。

测试段如果只有1位,则微地址将产生2个分支;若有2位,则最多可产生4个分支;依次类推,测试段为n位最多可产生2^n个分支。

5.4.5 动态微程序的设计

在一台微程序控制的计算机中,假如能根据用户的要求改变微程序,则这台计算机就具有动态微程序功能。

动态微程序设计的出发点是为了使计算机变得更灵活,能更有效地适用于各种不同的应用目标。例如,在不改变硬件系统结构的前提下,用两套微程序分别实现两个不同系列计算机的指令系统,使得这两种计算机的软件兼容;也可以通过在原来指令系统的基础上增加一些新指令来提高整个系统的执行效率。

动态微程序设计需要可写控制存储器的支持。

5.4.6 毫微程序的设计

毫微程序设计又称为二级微程序设计,其目的是增加微程序的通用性,使微程序便于修改,减少存储空间。通常,第一级采用垂直微程序,第二级采用水平微程序。指令执行时,首先进入第一级微程序,由于该级为垂直微程序,主要完成对微程序的顺序控制,所以并行操作的功能不强。在需要发出微操作命令时再调用第二级水平微程序(即毫微程序),执行完毕后再返回第一级微程序。

第一级垂直微程序是根据指令应完成的任务编制的,有严格的顺序结构,由它确定后继微指令的地址。第二级水平微程序是由第一级调用的,并具有并行操作控制能力,由它输出微命令解释执行第一级的垂直微指令。若干条垂直微指令(内容相同)可以调用同一条毫微指令,因此在控制存储器中存放的每条毫微指令都是不相同的。

毫微程序设计的方法将微程序的顺序控制与发出微操作命令完全分离开来。其主要优点在于通过使用少量的控制存储器空间,可达到高度的并行性。一方面对于很长的微程序,可采用垂直格式编码存放在一个短字长的控制存储器中;另一方面毫微程序使用了高度并行的水平格式,并且没有重复,可采用字长较长但容量小的控制存储器来存放。二级微程序设计的主要缺点是一条微指令的执行要访问两次控制存储器从而影响速度。

5.4.7　微程序的应用

微程序控制技术从 20 世纪 60 年代以来已在许多领域得到了应用,主要包括计算机实现、仿真、操作系统支持、专用设备实现、高级语言支持、微诊断以及用户加工等。

本章讨论的微程序控制器就属于计算机实现领域的应用。通过使用微程序在一类计算机上执行原本为另一类计算机所编写的程序的过程称为仿真(emulation)。仿真经常用在不同机器之间的软件移植领域。

微程序在操作系统支持方面主要用来实现部分原语。这种技术能简化操作系统的实现并能改善其性能。

微程序在嵌入式系统的专用设备上也有不少应用。将一些软件功能用微程序(固件)实现可增强系统的性能。

将高级语言中常用的一些函数和数据类型直接以固件实现,将利于编译优化,这是微程序应用的另一个领域。

微程序还用于监督、确定、隔离和修复系统错误,称为微诊断(microdiagnostics)。此办法允许系统测出故障,重新自己配置。

所谓“用户加工”指的是提供一种 RAM 控制存储器,让用户自己来编写微程序。此时一般提供用户一种垂直化的,易使用的微指令集,允许用户“裁剪”计算机的功能,以适合某些特定要求的应用。

5.5　基本控制单元的设计

计算机系统设计时,将指令系统、时序系统、中断系统以及信息传送方式等确定后,便可着手进行控制器的逻辑设计。从控制器的基本组成来看,3 种控制器(组合逻辑控制器、微程序控制器和 PLA 控制器)有许多相同部件,如程序计数器、指令寄存器、指令译码器、中断控制逻辑、控制台脉冲源(时钟)、启停控制逻辑和信息传送通路等,3 种控制器的主要差别部件是控制单元,它反映了不同的设计方法和设计原理。本节将以一个简单的中央处理器(CPU)为例来讨论控制器中控制单元的设计。为了突出重点,减少篇幅,本书选择的 CPU 模型比较简单,指令系统中仅具有最常见的基本指令和直接寻址方式,在逻辑结构、时序安排、操作过程安排等方面尽量规整、简单,使初学者比较容易掌握,以建立整机概念。

5.5.1 简单的中央处理器(CPU)模型

控制单元的主要功能是根据需要发出各种不同的微操作控制信号。微操作控制信号是与CPU的数据通路密切相关的,如图5-13所示为一个单累加器结构的简单CPU模型。

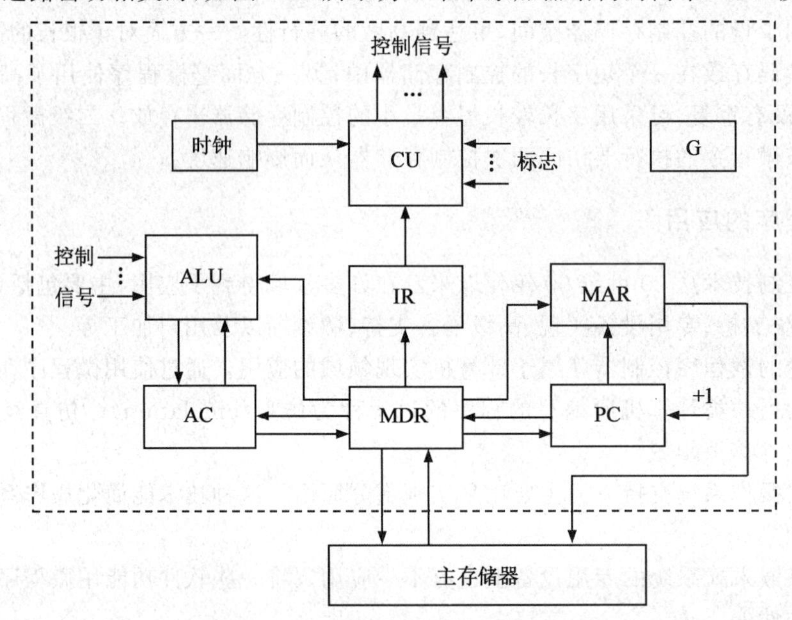

图 5-13 一个简单的 CPU 模型

图5-13中MAR和MDR分别直接与地址总线和数据总线相连。考虑到从存储器取出的指令或有效地址都先送至MDR再送至IR,故这里省去IR送至MAR的数据通路,凡是需从IR送至MAR的操作均由MDR送至MAR代替。

计算机中有一运行标志触发器G,当G为1时,表示机器运行;当G为0时,表示停机。这个CPU的指令系统包含6条指令,如表5-3所示。

表 5-3 模型机的指令系统

指令	操作码	功能
STA	000	将累加器的内容存于对应主存储器单元中,记作(AC)→MDR
LDA	001	将对应主存储器单元的内容取至累加器中,记作(MDR)→AC
ADD	010	将累加器内容与对应主存储器单元的内容相加,结果送累加器的操作,记作(AC)+(MDR)→AC
SHR	011	将累加器内容算术右移一位,记作R(AC)→AC,AC_0→AC_0
JMP	100	将指令的地址码部分(即转移地址)送至PC,记作(MDR)→PC
STP	101	将运行标志触发器置“0”,记作0→G

注:累加寄存器共 $n+1$ 位,其中 AC_0 为最高位(符号位),AC_n 为最低位。AC_0→AC_0 表示算数右移时符号位保持不变。

5.5.2 组合逻辑控制单元的设计

组合逻辑控制器的控制特点，是把整个指令系统中的每条指令在执行过程中，要求控制器产生的同一种微操作的所有情况归纳综合起来，把凡是要执行这一微操作的所有条件(是什么指令，在什么时刻)都考虑在内，然后用逻辑电路加以实现。也就是说，用这种方法得到的微操作控制线路(或称微操作控制器或微操作控制部件)通常是由门电路和寄存器组成，是操作码、节拍和控制条件的函数。组合逻辑控制器根据每条指令的要求，让节拍电位和节拍脉冲有序地控制机器的各部件，一个节拍、一个节拍地依序执行组成指令的各种基本操作，从而在一个指令周期里完成一条指令承担的全部任务。

这种方法通常以使用最少元器件和取得最高操作速度为设计目标，一旦控制部件构成以后，便难以改变。因此这种方法构成的控制部件也称为硬接线控制部件。

组合逻辑设计控制单元时，首先根据各条指令微操作的节拍安排，列出微操作命令的操作时间表，然后写出每一个微操作命令(控制信号)的逻辑表达式，最后根据逻辑表达式画出相应的组合逻辑电路图。

1.微操作的节拍安排

假设机器采用同步控制，每个机器周期包括 3 个节拍，安排微操作节拍时应注意：

①有些微操作的次序是不容改变的，安排微操作节拍时必须注意微操作的先后顺序。

②凡是被控制对象不同的微操作，若能在一个节拍内执行，应尽可能安排在同一个节拍内，以节省时间。

③如果有些微操作所占的时间不长，应该将它们安排在一个节拍内完成，并且允许这些微操作有先后次序。

(1)取指周期微操作的节拍安排

取指周期的操作是公共操作，这些操作可以安排在 3 个节拍中完成。

T_0　(PC)→MAR，Read

T_1　M(MAR)→MDR，(PC)+1→PC

T_2　(MDR)→IR

考虑到指令译码时间较短，可将指令译码 OP(IR)→ID 也安排在 T_2 节拍内。

(2)执行周期微操作的节拍安排

① 存数指令 STA X

T_0　(MDR)→MAR

T_1　(AC)→MDR，Write

T_2　MDR→M (MAR)

②取数指令 LDA X

T_0　(MDR)→MAR，Read

T_1　M(MAR)→MDR

T_2　(MDR)→AC

③加法指令 ADD X

T_0　(MDR)→MAR，Read

T_1　M(MAR)→MDR

T_2　(AC)+(MDR)→AC (该操作实际包括(AC)→ALU，(MDR)→ALU，+，ALU→

AC）

④算术右移指令 SHR

T_0

T_1

T_2 R(AC)→AC，AC_0→AC_0

⑤无条件转移指令 JMP X

T_0

T_1

T_2 (MDR)→PC

⑥停机指令 STP

T_0

T_1

T_2 0→G

2.微操作命令的操作时间表

上述各条机器指令的微操作命令的操作时间表，如表 5-4 所示。表中 FE、EX 为 CPU 工作周期标志，T_0～T_2 为节拍，为简单起见，表中空格中的“0”默认未标出。

表 5-4 模型机微操作命令的操作时间表

周期标志	节拍	微操作信号	STA	LDA	ADD	SHR	JMP	STP
FE（取指）	T_0	(PC)→MAR	1	1	1	1	1	1
		Read	1	1	1	1	1	1
	T_1	M(MAR)→MDR	1	1	1	1	1	1
		(PC)+1→PC	1	1	1	1	1	1
	T_2	(MDR)→IR	1	1	1	1	1	1
		OP(IR)→ID	1	1	1	1	1	1
		1→EX	1	1	1	1	1	1
EX（执行）	T_0	(MDR)→MAR	1	1	1			
		Read		1	1			
	T_1	(AC)→MDR	1					
		Write	1					
		M(MAR)→MDR		1	1			
	T_2	(AC)+(MDR)→AC			1			
		MDR→M (MAR)	1					
		(MDR)→AC		1				
		R(AC)→AC，AC_0→AC_0				1		
		Ad(MDR)→PC					1	
		0→G						1

3.进行微操信号综合

在列出微操作时间表之后，即可对它们进行综合分析、归类，根据微操作时间表可以写出各微操作控制信号的逻辑表达式。表达式一般包括下列因素：

微操作控制信号＝机器周期∧节拍∧脉冲∧操作码∧机器状态条件

例如根据微操作时间表写出 M(MAR)→MDR 逻辑表达式，并进行适当地简化：

$$M(MAR) \rightarrow MDR = FE \cdot T_1 + EX \cdot T_1(LDA + ADD) = T_1\{FE + EX(LDA + ADD)\}$$

式中：ADD、LDA 均来自操作译码器的输出。

4.画出微操作命令的逻辑图

根据逻辑表达式可画出对应每一个微操作信号的逻辑电路图，并用逻辑门电路实现之。每个操作控制线路的输出是一个微操作控制信号。用它实现对机器的控制——用微操作信号打开或关闭某个或某些特定的门，使信息以电信号的形式，按指令规定的路径从一个功能部件传送到另一个功能部件进行加工处理。

5.5.3 微程序控制单元的设计

微程序设计控制单元的主要任务是编写对应各条机器指令的微程序，具体步骤是首先写出对应机器指令的全部微操作节拍安排，然后确定微指令格式，最后编写出每条微指令的二进制代码。

1.微程序控制单元的设计步骤

(1)确定微程序控制方式

根据计算机系统的性能指标(主要是速度)确定微程序控制方式。如是采用水平微程序设计还是采用垂直微程序设计，微指令是按串行方式执行还是按并行方式执行等。

(2)拟定微命令系统

初步拟定微命令系统，并同时进行微指令格式的设计，包括微指令字段的划分、编码方式的选择、初始微地址和后继微地址的形成等。

(3)编制微程序

对微命令系统、微指令格式进行反复的核对和审查，并进行适当修改；对重复和多余的微指令进行合并和精简，直至编制出全部机器指令的微程序为止。

(4)微程序代码化

将修改完善的微程序转换成二进制代码，这一过程称为代码化或代真。代真工作可以用人工实现，也可以在机器上用程序实现。

(5)写入控制存储器

最后将一串串二进制代码按地址写入控制存储器的对应单元。

2.设计举例

为便于与组合逻辑设计比较，仍以上述6条指令为例，并且假设 CPU 的结构与组合逻辑的设计相同。

由于微命令的数目不多，故采用直接控制方式，即微指令控制字段的每一位直接控制一个微操作。微程序的后继微地址的形成方法采用增量方式，在微指令中不设顺序控制字段。每执行一条微指令，μMAR 自动加 1。

取指微程序的入口地址是控存的 00H 单元，机器启动后，μMAR 自动指向 00H 单元。取指微程序从主存储器中取出一条机器指令送 IR，再根据机器指令的操作码变换成相应的微程序的入口地址（操作码字段后加 11 得到），实现一级功能转换。

当一条机器指令执行完毕后，应当转去执行下一条机器指令，即应当使该机器指令对应的微程序的最后一条微指令执行完后转向取指微程序。为了简化设计，在微指令中设置了一个机器指令执行完的标志。在每一条机器指令的最后一条微指令中的该位为“1”，这样当执行到这条微指令时，使 μMAR 置“0”，指向控存中取指微程序的入口地址，下一条要执行的就是取指微指令了。

本系统总共需要 16 个微命令，其中：

第 0 位　(PC)→MAR

第 1 位　Read

第 2 位　M(MAR)→MDR

第 3 位　(PC)+1→PC

第 4 位　(MDR)→IR

第 5 位　(MDR)→MAR

第 6 位　(AC)→MDR

第 7 位　Write

第 8 位　MDR→M (MAR)

第 9 位　(MDR)→AC

第 10 位　(AC)+(MDR)→AC

第 11 位　R(AC)→AC，AC_0→AC_0

第 12 位　(MDR)→PC

第 13 位　0→G

第 14 位　微指令转移标志(JF)，JF=0，转取指微程序的入口地址（0 号单元）或转各机器指令微程序的入口地址；JF=1，微指令顺序执行。

第 15 位　一条机器指令执行完标志(EF)，EF=1，表示指令执行完毕。

该模型机对应 6 条机器指令的微指令码点（0 未标出）如表 5-5 所示。

表 5-5　微指令码点

微程序名称	微指令地址	微指令（二进制代码）															
		0	1	2	3	4	5	6	7	8	9	10	11	12	13	14	15
取指	00H	1	1													1	
	01H			1	1											1	
	02H					1											
STA	03H						1									1	
	04H							1	1							1	
	05H									1							1

续表5-5

微程序名称	微指令地址	微指令(二进制代码)															
		0	1	2	3	4	5	6	7	8	9	10	11	12	13	14	15
LDA	07H		1				1									1	
	08H			1												1	
	09H										1						1
ADD	0BH		1				1									1	
	0CH			1												1	
	0DH											1					1
SHR	0FH												1				1
JMP	13H													1			1
STP	17H														1		1

5.6 流水线技术

5.6.1 并行处理技术

操作只能一个个地串行进行，而且在同一个时刻只能进行一种操作，这是早期计算机工作的特征。并行处理使多个操作能同时进行，这样可大大提高计算机的速度。计算机的并行处理技术可贯穿于信息传送加工的各个步骤与阶段。并行处理有种形式：时间并行、空间并行以及时间+空间并行。

时间并行是指时间重叠，让多个处理过程在时间上错开，轮流重叠地使用同一套硬件资源，使硬件资源充分使用，从而提高了速度，流水线作业是时间并行的典型例子。目前流水线技术得到了广泛应用。

空间并行是指资源重复，在并行处理中引入空间因素，以重复的资源来大幅度提高计算机的处理速度。超大规模集成电路为空间并行技术的运用奠定了基础。空间并行技术主要体现在多处理器系统和多计算机系统中，在单处理器系统中也得到了应用。

时间+空间并行是指时间重叠和资源重复的综合应用，既采用了时间并行又采用了空间并行。例如，奔腾CPU采用超标量流水线技术，在一个机器周期中可同时执行两条指令，因而既具有时间并行又具有空间并行的特性。

5.6.2 流水线的工作原理

1. 流水线

流水线是将一个较复杂的处理过程分成 m 个复杂程度相当、处理时间大致相等的子过程，每个子过程由一个独立的功能部件来完成，处理对象在各子过程连成的线路上连续流动。在同一时间，m 个部件同时进行不同的操作，完成对不同子过程的处理。这种方式类似于现代工厂的生产流水线，在那里每隔一段时间(Δt)从流水线上流出一个产品，而生产这个产品的总时间要比 Δt 大得多。由于流水线上各部件并行工作，同时对多条指令进行解释执行，机器的吞吐率将大大提高。例如，将一条指令的执行过程分成取指令、指令译码、取操作数和执行4个子过程，分别由4个功能部件来完成，每个子过程所需时间为Δt，4个子过程的流水线如图5-14所示。

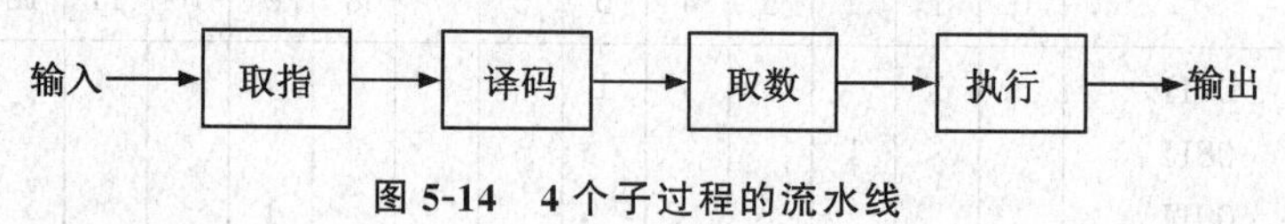

图5-14　4个子过程的流水线

描述流水线的工作，最常用的方法是采用“时空图”，横坐标表示时间，纵坐标表示空间，即流水线的各个子过程。在时空图中，流水线的一个子过程通常称为“功能段”。

如图5-15所示为上述流水线工作的时空图。由该时空图可知，最多可以有4条指令在不同的部件中同时进行处理。若执行一条指令所需的时间为T，那么在理想的情况下，当流水线充满后，每隔$\triangle t = T/4$，就完成了一条指令的执行。图中子过程数$m=4$，任务数$n=5$。

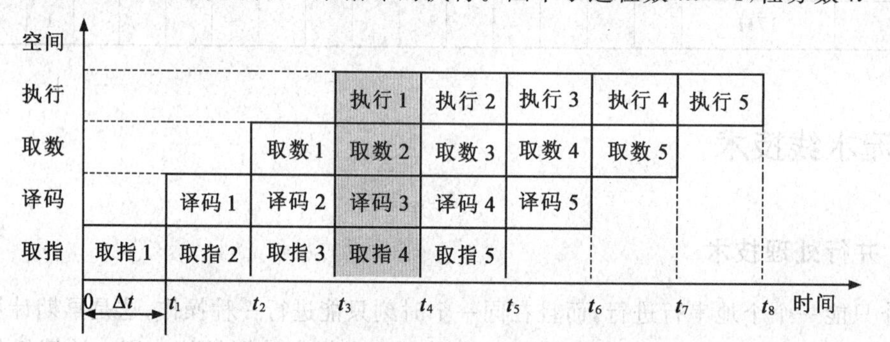

图5-15　4个子过程的流水线工作的时空图

2.流水线的级别

(1)指令级流水线

指令级流水线使多条指令执行步骤并行。将指令的处理过程划分为取指、译码、取操作数和执行等几个过程，每个过程并行处理。对指令的执行按流水方式处理。

(2)操作部件级流水线

操作部件级流水线也称为运算操作流水线，运算操作流水线使运算操作步骤并行，如流水加法器，流水乘法器。现代计算机中广泛采用流水的是算术运算器。例如，STAR—100为4级流水运算器，CRAY—1为14级流水运算器。

(3)处理机级流水线

处理机级流水线由一串级联的处理机构成流水线，每台处理机作为一个过程段，每台处理机负责完成某一特定任务。流水线又称为宏流水线，应用在多处理机系统中。

3.流水线的主要特点

①只有连续提供同类任务才能发挥流水线的效率。

②每个流水段都要设置一个流水寄存器，用于保存本段的结果。

③各流水段的时间应尽量相等，否则将引起“堵塞”“断流”等。

④流水线需要有“装入时间”和“排空时间”。只有流水线完全充满时，整个流水线的效率才能得到充分发挥。

5.6.3 流水中央处理器(CPU)的结构

采用流水线技术对指令和数据进行处理的CPU称为流水CPU。在计算机中可以在不同等级上,对可并行操作的环节采用流水线技术。如图5-16所示为现代流水计算机系统原理图。其中,CPU按流水方法组织,通常由三大部件组成:指令部件、指令队列、执行部件。

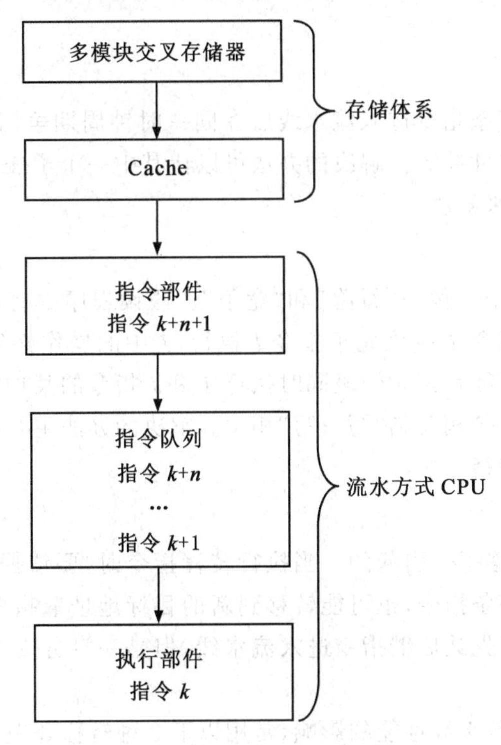

图5-16 现代流水计算机系统原理图

程序和数据存储在主存储器中。为高速向CPU提供指令信息和数据信息,主存储器通常采用多模块交叉存储器,以提高访问效率。Cache是高速小容量存储器,用以弥补主存储器与CPU在速度上的差异。

指令部件本身也是按流水方式工作的,即形成指令流水线。指令部件由取指令、指令译码、计算操作数地址以及取操作数几个过程段组成,向下一段提供指令操作方式和操作数。

指令队列是一个先进先出的寄存器组,用于存放经过译码的指令和取得的操作数。

执行部件可以有多个算术逻辑运算部件,每个部件本身又用流水方式组织。由图5-16可见,当执行部件正在执行第 k 条指令时,指令队列中已准备了将要执行的第 $k+1$ 至第 $k+n$ 共 n 条指令,而指令部件正在对第 $k+n+1$ 条指令进行处理。

为了使存储器的存取速度与流水线其他各过程段的速度匹配,一般都采用了多体交叉存储器。例如,IBM 360/91计算机根据一个机器周期输出一条指令的要求和CPU访问存储器的频率,采用了8个模块的交叉存储器。

执行部件的速度匹配,通常采用并行的运算部件以及部件流水线的工作方式解决。将执行部件分为定点执行部件和浮点执行部件两种,分别处理定点运算指令和浮点运算指令并将浮点运算部件分作浮点加法和浮点乘/除法部件，是解决执行部件速度不匹配的方法。

5.6.4　流水线技术中需解决的主要问题

要使流水线具有良好的性能，必须使流水线畅通流动，不发生断流。但由于流水过程中会出现以下3种相关冲突，实现流水线的不断流是困难的，这3种相关是资源相关、数据相关和控制相关。

1.资源相关

所谓资源相关，是指多条指令进入流水线后在同一时钟周期争用同一个功能部件所产生的冲突，这种冲突主要是硬件冲突。解决的办法可以让其中一个子任务延迟一拍处理，也可以通过增加所需的功能部件来解决。

2.数据相关

数据相关在逻辑设计中也称为“冒险”和“竞争”。假设程序中有两条指令 *I* 和 *J*，按照程序原定的指令执行次序，指令 *I* 应该先于指令 *J* 执行，*J* 中的操作必须等 *I* 结束才能开始，但如果采用流水线技术，则可能在某时间段同时执行 *I* 和 *J* 指令的某功能段，于是就有可能发生“先写后读”相关、“先读后写”相关和“写—写”相关。解决的办法主要有两大类：一类是延迟执行，另一类则是建立专用路径。

3.控制相关

控制相关冲突是由转移指令引起的。当执行转移指令时，要依据当前条件来决定下一步的操作，可能按顺序取下一条指令，也可能转移到新的目标地址取指令，故在转移指令后通常会先猜测一个分支方向，事先让后继指令进入流水线，但是一旦分支方向猜测错误，就会使流水线发生断流。

为了减小转移指令对流水线性能的影响，常用以下3种转移处理技术。

①延迟转移技术：由编译程序重排指令序列来实现。其基本思想是“先执行再转移”，即发生转移时并不排空指令流水线，而是让紧跟在转移指令之后已进入流水线的少数几条指令继续完成，当被调度的指令执行完成时，转移指令的有效转移地址也算出来了。

②静态转移预测技术：事先就确定好了转移的方向，或为转移成功的方向，或为转移不成功的方向，在程序执行过程中，这个预测的方向不能改变。既可用软件也可用硬件实现，还可以在转移的两个方向上都进行指令预取。

③动态转移预测技术：根据近期转移情况的历史记录来进行预测，提前形成条件码。

5.7　典型的中央处理器

在前面的章节中，已经介绍了CPU的基本组成、工作原理和设计原理。以下介绍几种典型的CPU加深大家对实际CPU的了解。

1.8088

1979年，Intel公司推出了8086的兄弟产品——8088芯片。该芯片仍属于16位微处理器，内含29000个晶体管，时钟频率为4.77MHz，地址总线为20位，可使用1MB内存。8086和8088内部数据总线都是16位，8088外部数据总线是8位，而8086外部数据总线则是

16位。1981年8088芯片首次用于IBM PC中，由此开创了全新的微型机时代。

2. Pentium

Pentium微处理器是继Intel 80486之后的新一代产品，是Intel公司的第5代微处理器，其性能比80486有了较大幅度的提高，其软件与80x86系列是兼容的。Pentium CPU的工作频率在60MHz以上。其内部总线是32位，但外部与存储器接口总线是64位。Pentium微处理器支持多机处理，也支持多任务操作系统，可在Windows NT、OS/2、UNIX等操作系统中运行。

(1)Pentium CPU的结构框图

Pentium CPU的结构框图如图5-17所示。其内部除了控制器和运算器外，还有存储管理部件，分立的8 KB指令Cache和8 KB数据Cache，外部还可连接256～512 KB二级Cache。Pentium采用U、V两条指令流水线的超标量结构，大多数简单指令是用组合逻辑技术实现的，并在一个时钟周期执行完。即使以微程序实现的指令，其微代码的算法也做了重大改进，所需的时钟周期数大为减少。

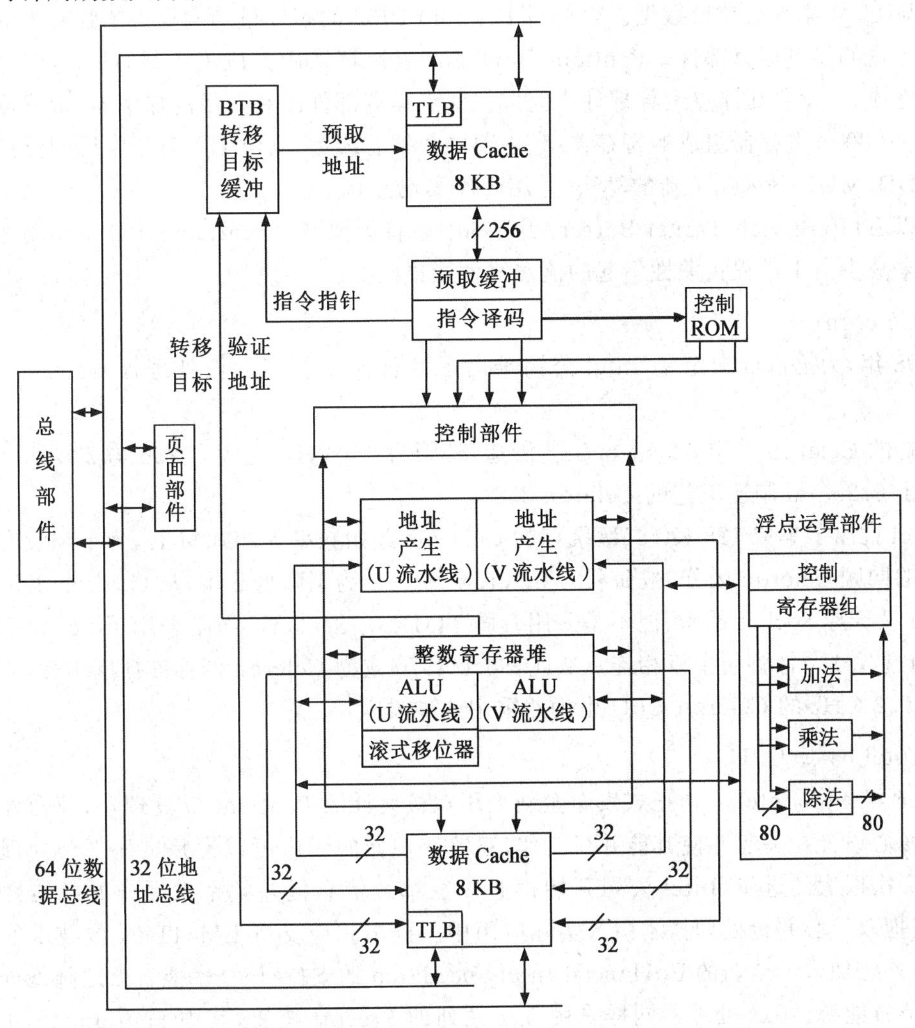

图5-17　Pentium CPU的结构框图

Pentium CPU 中有 4 类寄存器组：①基本结构寄存器组，包括通用寄存器、段寄存器、指令指针和标志寄存器。②系统级寄存器组，包括系统地址寄存器和控制寄存器。③浮点部件寄存器组，包括数据寄存器堆、控制寄存器、状态寄存器、标记字和事故寄存器。④调试和测试寄存器组。

(2)Pentium CPU 体系结构的特点

①超标量流水线。超标量流水线是 Pentium CPU 系统结构的核心，由 U，V 两条指令流水线构成。每条流水线都有自己的 ALU、地址生成电路和与数据 Cache 的接口。因而，允许在一个时钟周期内执行两条整数指令。

U、V 流水线中每一条都分为 5 段，即指令预取(PF)、指令译码 1(DI_1)和指令译码 2(DI_2)、指令执行(EX)和结果写回(WB)。指令译码 1 进行指令译码，以确定操作码和寻址信息，并进行配对性和转移预测检查。指令译码 2 形成访问内存操作数地址。它们都采用按序发射、按序完成的调度策略。

②指令 Cache 和数据 Cache。指令 Cache 向指令预取缓冲器提供指令代码；双端口数据 Cache 与 U、V 流水线交换数据。它们对 Pentium CPU 的超标量结构提供了强有力的支持。

③先进的浮点运算部件。Pentium CPU 的浮点运算采用 8 段流水线，前 4 段在 U，V 流水线中完成，后 4 段在浮点运算部件中完成。浮点运算部件内有专用的加法器、乘法器和除法器，有 8 个 80 位寄存器组成的寄存器组，内部的数据总线为 80 位宽。对于常用的浮点运算指令如 ADD，MUL 等采用了新的算法，并用硬件实现。

④以 BTB(Branch Target Buffer)实现的动态转移预测。Pentium CPU 采用动态转移预测技术来减少由于过程相关性引起的流水线性能损失。

3. Celeron

1998 年，为抢占低端市场 Intel 公司推出了性价比比较高的微处理器 Celeron(赛扬处理器)。

最初的 Celeron 采用 0.35 μm 工艺制造，外频为 66 MHz，主频有 266 与 300 两款。接着又出现了 0.25 μm 制造工艺的 Celeron 333。

Intel 推出了集成 128 KB 二级缓存的 Celeron，起始频率为 300 MHz，为了和没有集成二级缓存的同频 Celeron 区分，被命名为 Celeron 300A。为了降低成本，从 Celeron 300A 开始，Celeron 又选择 Socket 插座，但不是采用奔腾 MMX 的 Socket7，而是采用了 Socket370 插座方式，通过 370 个针脚与主板相连。从此，Socket370 成为 Celeron 的标准插座结构，直到现在频率为 1.2 GHz 的 Celeron CPU 也仍然采用这种插座。

4. Intel 64 位 CPU

2005 年 4 月，Intel 公司正式发布全新采用双核设计的 Pentium D 处理器，革命性地把两颗处理核心设计在一起并使其能并行工作，双核处理器的诞生可以说是桌面平台处理器发展史上的一次巨大的进步，Intel 公司开始摆脱以往单纯依靠提高频率来提升处理器性能的做法，真正把双核心并行处理技术引入实际应用中。推出相应支持 EM64T 64 位技术的 6xx 处理器，另外还加入了全新的 EnHanced Intel SpeedStep 的支持，该技术能有效地降低处理器的功耗以节省能源。6xx 处理器同样采用 5xx 系列的 Precott 核心，其中 Pentium 4670 运行频率为 3.8 GHz。支持 iSSE3 和 EM64T，其中 Pentium 4679 和 Pentium 4EE 3.73 GHz 的核心为Precott。而Pentium D 820则使用了新的SmithField核心,并不像其他两款处理器那样支持HT超线程,另外每颗核心的二级缓存都仅为1 MB,进而组成2×1 MB的二级缓存阵容,支持Intel Extended Memory 64 Technology(EM 64T),即可以支持64位操作系统,并可同时支持32位和64位应用程序。目前,市面上已大量出现3核、4核、6核和8核的处理器,甚至有10核和12核的面向服务器和工作站的处理器,如Intel的Xeon E5就有8核16进程。

2006年,Intel公司继使用长达12年之久的"奔腾"处理器之后推出Core 2 Duo和Core 2 Quad品牌,采用800~1333 MHz的前端总线速率,45 nm/65 nm制程工艺,2 MB/4 MB/8 MB/12 MB/16 MB L2缓存,双核酷睿处理器通过Smart Cache技术两个核心共享12 MB L2资源。最新又推出了Core i7,Core i5和Core i3三个级别的CPU,有双核、四核、六核及八核的产品。2019年5月,Intel公司正式宣布了第10代酷睿处理器。

5.8 复杂指令系统计算机和精简指令系统计算机

5.8.1 复杂指令系统计算机(CISC)

根据指令系统的设计和实现风格,可将计算机分为复杂指令系统计算机(Complex Instruction System Computer,CISC)和精简指令系统计算机(Reduced Instruction System Computer,RISC)。过去的计算机系统为了增强功能并保持计算机系列的兼容性,不断增加新的指令类型。功能复杂的指令系统,被认为能更好地支持编译程序生成正确的代码。在早期的计算机设计中,存储器是一种昂贵的系统资源,计算机的系统设计强调程序代码的效率,应运而生的微程序设计技术使得系统能实现越来越复杂的操作,提高指令的功能和代码的编码效率。这种风格的计算机称为复杂指令系统计算机,具有如下主要特点。

①CISC指令集通常有200条以上指令,指令格式和寻址方式均多于4种。使指令的译码与执行的硬件结构较复杂。

②采用微程序控制技术,各种指令均可访问存储器,绝大多数指令需要多个时钟周期才能执行完成。

③CISC控制单元的硬件复杂,设计周期长,设计和制造的出错率高。

④CISC大指令集使高级语言的编译面临太多的指令选择,编译的优化设计十分困难。

5.8.2 精简指令系统计算机(RISC)

对CISC的测试表明,各种指令的使用频率相当悬殊。在CISC的指令系统中,最常用的是一些比较简单的指令,仅占指令总数的20%,但在程序中出现的频率却占80%。换句话说,有80%的指令在程序中出现的频率只占20%。既然如此,为什么不用一套精简的指令系统取代复杂的指令系统,使计算机结构简化,以提高计算机的性能价格比呢?基于这种思想,从20世纪70年代初开始了精简指令系统(RISC)的研究。最早采用RISC思想的计算机系统是IBM 801,以后又研制成RISC—1、RISC—2及MIPS计算机等。后来,许多处理器都采用了RISC体系结构,如SUN公司的SPARC、Super SPARC、Utra SPARC,SGI公司的R4000、R5000、R10000,IBM公司的Power、Power PC,Intel公司的80860、80960,DEC公司的Alpha,Motorola公司的88100,HP公司的HP3000/930系列、950系列等。另外,在有些典型的 CISC 中也采用了 RISC 的设计思想，如 Intel 公司的 80486、Pentium、Pentium Pro、Pentium II 等。

1. RISC 的主要特点

RISC 是在硬件高度发展的基础上，简化指令系统，优化硬件设计，提高运行速度，从而提高计算机的性能。RISC 绝不是回到早期简单低效的结构，它经历了从简单到复杂，又从复杂到简单的演变过程。与 CISC 比较，RISC 指令系统具有如下主要特点。

① 指令数目较少，一般都选用使用频度最高的一些简单指令。

② 指令长度固定，指令格式种类少，寻址方式种类少。

③大多数指令可在一个机器周期内完成。

④ 通用寄存器数量多，只有存数/取数指令访问存储器，而其余指令均在寄存器之间进行操作。

⑤为提高指令执行速度，大多数采用硬连线控制实现，不用或少用微程序控制实现。

⑥采用优化的编译技术，力求以简单的方式支持高级语言。

2. 减少指令平均时钟周期数是 RISC 思想的精华

精简指令系统计算机（RISC）的指令系统精简了，复杂指令系统计算机（CISC）的一条指令，在 RISC 中要用一串指令才能实现，那么，为什么 RISC 执行程序的速度比 CISC 还要快呢？

计算机的性能就是其 CPU 执行应用程序的能力，主要从时间上来进行衡量。一个应用程序（目标代码程序）在 CPU 上的执行时间 P 可用如下公式表示。

这是一个很简单，但很重要的公式，任何一个程序在计算机上的执行时间都可以用这个的公式来计算。

$$P = I \cdot CPI \cdot T$$

式中：I 表示要执行程序的指令总数；CPI 表示每条指令执行的平均时钟周期数；T 表示时钟周期的时间长度。

表 5-6 列出了 RISC 与 CISC 的 3 个参数的比较情况，由于 RISC 的指令都比较简单，CISC 中的一条复杂指令所完成的功能在 RISC 中可能要用几条指令才能实现，因此 RISC 的 I 要比 CISC 多 20%～40%，由于 RISC 一般采用硬布线逻辑实现，指令要实现的功能都比较简单，所以，RISC 的 T 通常要比 CISC 的 T 小。因为 RISC 的大多数指令只需单周期实现，所以其 CPI 要比 CISC 的小得多。根据上述统计可折算出，RISC 的速度要比 CISC 快 3～5 倍。其中的关键在于 RISC 的指令平均时钟周期数 CPI 减小了，这正是 RISC 设计思想的精华。

表 5-6 RISC、CISC 的 I、CPI、T 统计结果

	I	CPI	T
RISC	1.2～1.4	1.3～1.7	<1
CISC	1	4～10	1

3. RISC 的基本技术

为了能有效地支持高级语言并提高 CPU 的性能，RISC 结构采用了一些特殊技术。

(1)RISC 寄存器管理技术

计算机中最慢的操作是访问存储器的操作,因此在 RISC 中,为了减少访问存储器的频度,通常在 CPU 芯片上设置大量寄存器,把常用的数据保存在这些寄存器中。例如,RISC 2 有 138 个寄存器,AM 29000 中有 192 个寄存器。

在 RISC 2 中使用了重叠寄存器窗口技术,即设置一个数量比较大的寄存器堆,并将其划分成很多窗口。每个过程使用其中相邻的 3 个窗口和一个公用的窗口,而在这相邻的 3 个窗口中有一个窗口与前一个过程公用,还有一个窗口是与下一个过程公用的。

(2)流水线技术

一条指令的执行通常可分为取指令、译码、执行以及写回等多个阶段,要想在一个周期内串行完成这些操作是不可能的,因此采用流水线技术势在必行。

流水线的基本概念已在前面介绍过,各种 RISC 采用的流水线结构不完全相同。如 RISC-1 采用两级流水线(取指、执行);RISC II 采用三级流水线(取指、执行和写回);AM 29000 则采用四级流水线(取指、译码、执行和写回)。

(3)延时转移技术

在流水线中,取下一条指令是同上一条指令的执行并行进行的,当遇到转移指令时,流水线就有可能断流。在 RISC 中,当遇到转移指令时,可以采用延迟转移方法或优化延迟转移方法来解决断流问题。

本章小结

中央处理器(CPU)是计算机的核心组成部分,由运算器和控制器构成。本章主要讨论了 CPU 的功能和组成,控制器的工作原理、实现方法,微程序控制原理等内容。

中央处理器(CPU)具有程序控制、操作控制、时间控制和数据加工等基本功能。

CPU 中一般都包含下列寄存器:指令寄存器、程序计数器、地址寄存器、数据寄存器、通用寄存器和程序状态字寄存器等。

CPU 从存储器取出一条指令并执行这条指令的时间称为指令周期。由于各种指令的操作控制功能不同,各种指令的指令周期是不尽相同的。划分指令周期,是设计控制器的重要依据。

计算机的基本工作过程主要是执行指令的过程,可以分为取指令阶段、分析指令阶段和执行阶段。

控制器在实现一条指令的功能时,总是把每一条指令分解成一串时间上有先后次序的最基本、最简单的控制操作动作,这些动作就是微操作序列。

时序系统的功能是为指令的执行提供各种操作定时信号。时序部件是计算机的机内时钟,用其产生的周期状态、节拍电位及时钟脉冲对指令周期进行时间划分、刻度和标定。

CPU 的控制方式有同步控制方式、异步控制方式和联合控制方式 3 种。

微程序设计技术是利用软件方法设计控制器操作的一种技术,具有规整性、灵活性和可维护性等一系列优点,因而在计算机设计中得到了广泛的应用,并取代了早期的硬布线控制器设计技术。但是随着 VLSI 技术的发展和对计算机速度的要求,硬布线逻辑设计思想又得到重视。硬布线控制器的基本思想是:某一位操作控制信号是指令操作码译码输出、时序信号和状态条件信号的逻辑函数,即用布尔代数表示逻辑表达式,然后用门电路、触发器等器件实现。

微程序控制器的基本组成是:控制存储器、微指令寄存器、微地址形成部件、微地址寄存器。微指令的执行方式有串行执行方式和并行执行方式两种。

流水 CPU 是以时间并行性为原理构造的处理器,是一种非常经济而实用的并行技术。目前的高性能微处理器几乎无一例外地使用了流水线技术。流水线技术中的主要问题是资源相关、数据相关和控制相关,为此需要采取相应的技术对策,才能保证流水线不断流。

习题

1. CPU 的基本功能是什么,一个典型的 CPU 至少由哪些部件组成?

2. 控制器主要由哪些部件组成?简述各部件的主要功能。

3. 试比较微程序控制器和硬布线控制器。

4. 后继微地址的形成方法有哪些?微命令如何设计和实现?

5. CPU 中专用寄存器有哪几个,各自的功能是什么?简述在一条指令的执行过程中这些寄存器各自将起什么作用(以一地址的算术运算指令为例)。

6. 在控制器中,微操作控制信号的形成与哪些信号有关?

7. 解释下列名词。

(1)指令周期 (2)机器周期 (3)时钟周期 (4)微命令 (5)微指令 (6)微程序 (7)微程序设计

8. 根据产生微操作信号方式的不同,控制器可分为哪几种?简述各自的主要特点。

9. 请说明水平型微指令和垂直型微指令的基本概念和优缺点。

10. 指令和数据都存放在主存储器中,如何识别从主存储器中取出的是指令还是数据?

11. CPU 结构如图所示,其中有一个累加寄存器 AC、一个状态条件寄存器和其他 4 个寄存器,各部分之间的连线表示数据通路,箭头表示信息传送方向。

(1)标明图中 4 个寄存器的名称。

(2)简述指令从主存储器取到控制器的数据通路。

(3)简述数据在运算器和主存储器之间进行存/取访问的数据通路。

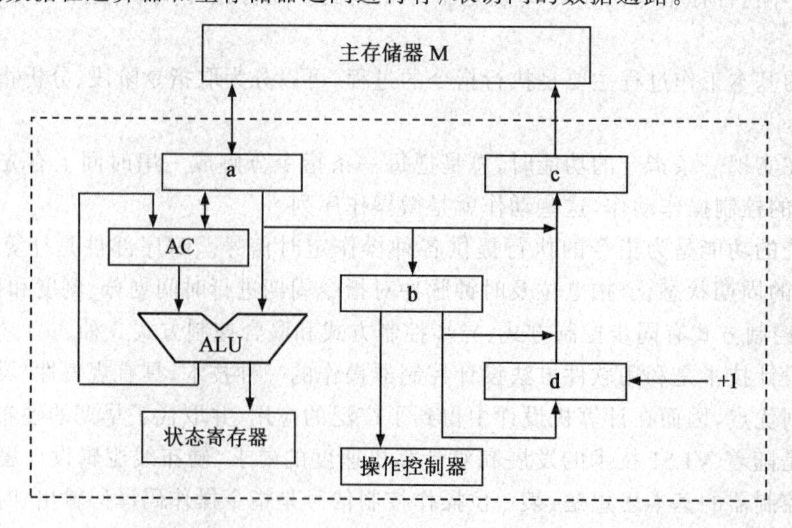

12.在微程序控制器中，微程序计数器(μPC)可以用具有加“1”功能的微地址寄存器(μMAR)来代替，试问程序计数器是否可以用具有加“1”功能的存储器地址寄存器(MAR)代替？

13.某计算机有8条微指令$I_1 \sim I_8$，每条微指令所含的微命令控制信号如下表所示。

微指令	微命令信号									
	a	b	c	d	e	f	g	h	i	j
I_1	√	√	√	√	√					
I_2	√			√		√	√			
I_3		√						√		
I_4			√							
I_5			√		√		√		√	
I_6	√							√		√
I_7			√	√				√		
I_8	√	√						√		

a～j分别代表10不同性质的微命令信号，假设一条微指令的操作控制字段为8位，试安排微指令的操作控制字段格式，并将全部微指令代码化。

14.已知某计算机有80条指令，平均每条指令由12条微指令组成，其中有一条取指微指令是所有指令公共的，设微指令的长度是32位。计算控制存储器的容量。

15.采用微程序控制器的某计算机在微程序级采用两级流水线，即取第$i+1$条微指令与执行第i条微指令同时进行。假设微指令的执行时间需要40 ns，问：

(1)控制存储器CM选用读出时间为30 ns的ROM，问这种情况下微周期为多少？并画出微指令执行的时序图。

(2)控制存储器CM选用读出时间为50 ns的ROM，问这种情况下微周期又为多少？并画出微指令执行的时序图。

16.用时空图证明流水线CPU比非流水线CPU具有更高的吞吐率。

17.某机采用微程序控制器设计，已知每条机器指令的执行过程均可以分解成8条微指令组成的微程序，该机器指令系统采用6位定长操作码格式，控制存储器至少应能容纳多少条微指令？如何确定机器指令操作码与该指令微程序的入口地址的对应关系，请给出具体方案。

18.已知某机采用微程序控制方式，其控制存储器的容量为512×48位，微程序可在整个控制存储器中实现转移，可控制微程序转移的条件共有4个(直接控制)，微程序采用如下水平型格式。

微命令字段	判别测试字段	下地址字段

(1)微指令中的3个字段分别应为多少位？为什么？

(2)画出围绕这种微指令格式的微程序逻辑框图。

第6章 总线系统

本章导读

中央处理器、主存储器、外部设备等部件通过某种方式连接起来就构成了计算机的硬件系统。连接方式有分散连接和总线连接两种，目前多数计算机都是采用总线连接的方式。本章介绍总线的工作原理、总线仲裁方法、总线操作定时与常见的总线标准。

本章要点

- 系统总线的工作原理
- 系统总线的通信控制方式
- 系统总线和外部总线的分类
- PCI 总线
- USB 总线

6.1 总线的工作原理

6.1.1 总线的基本概念

总线是一组能为多个计算机部件服务的公共信息传递线路。计算机系统中采用总线结构，可以通过各个部件挂接相同的公共线路采用分时方式实现各个部件之间的信息交换，从而可以大大减少信息传送线路的数目。为了便于总线的设备挂接，规定了总线标准，只要符合总线标准的部件都可以方便地接入到系统中，可以灵活地进行 CPU 内部部件、主存储器以及计算机外部设备互通互连，同时也方便外部设备的扩展。总线结构是当前小、微型计算机的典型结构，因为总线能够以较小的硬件代价组成具有较强功能的系统。

一个单 CPU 的典型计算机系统中，总线大致分为三类。

1. 内部总线

内部总线也称片内总线，是在集成电路的内部，用来连接芯片内部各功能单元的信息通路。如 CPU 芯片内部的总线，就是连接算术逻辑运算单元(ALU)、通用和专用寄存器、控制器等部件的信息通路。这种总线一般由芯片生产厂家设计，计算机系统设计者并不关心。但随着微电子学的发展，出现了专用集成电路（Application Specific Integrated Circuit，ASIC）技术。用户可以按照自己的要求借助于适当的电子设计自动化（Electronic Design Automation，EDA)工具，选择适当的片内总线，用硬件描述语言（Hardware Description Language，HDL)设计自己的芯片。

2.系统总线

系统总线也称为板级总线，用于计算机系统内部的模板和模板之间进行通信的总线。系统总线是计算机系统中最重要的总线，人们平常所说的总线就是指系统总线，如 STD 总线、PC 总线、ISA 总线和 PCI 总线等。通常把各种板、卡上实现芯片间相互连接的总线称为片总线或元件级总线。因此，可以说局部总线是计算机内部各外围芯片与处理器之间的总线，用于芯片一级的互联，而系统总线是计算机中各插件板与系统板之间的总线，用于插件板一级的互联。

各种标准的系统总线数目不同，但按各部分性质可以再细分为数据总线、地址总线、控制总线和电源线，完成对存储器或端口等的寻址、控制与数据传送。

3.外部总线

外部总线是用于计算机系统之间或计算机系统与其他系统（如远程通信设备、测试设备）之间信息传送的总线。如 RS—232—C 总线、IEEE—488 总线、USB 总线、IEEE 1394 总线、SCSI 总线等。外部总线标准由机械参数、电气参数和功能参数等组成，其中机械参数包括接插件型号和电缆线，电气参数包括发送与接收信号的电平和时序，功能参数包括发送和接收双方的管理功能、控制功能和编码规则等。

计算机系统与其他系统之间通过外部总线进行信息交换和通信，以便构成更大的系统。

本教材主要介绍的是系统总线和外部总线，对于片内总线读者可以参考相关的教材自学。

6.1.2　系统总线的连接方式

计算机的用途在很大程度上取决于它所能连接的外部设备的范围。遗憾的是，由于外部设备的种类繁多、速度各异，不可能简单地把外部设备连接在 CPU 上。因此必须寻找一种方法，以便将外部设备同计算机连接起来，使它们在一起可以正常工作。通常，这项任务用适配器部件来完成。通过适配器可以实现高速 CPU 与低速外部设备之间工作速度上的匹配和同步，并完成计算机和外部设备之间的所有数据传送和控制。适配器通常简称为接口。

大多数总线都是以相同方式构成的，其不同之处仅在于总线中数据线和地址线的宽度，以及控制线的多少及其功能。然而，总线的排列布置与其他各类部件的连接方式对计算机系统的性能来说，起着十分重要的作用。根据连接方式不同，单 CPU 计算机系统中采用的总线结构有 3 种基本类型：单总线结构、双总线结构及三总线结构。

1.单总线结构

在许多单处理器的计算机中，使用单一的系统总线来连接 CPU、主存储器和输入/输出设备，称为单总线结构，如图 6-1 所示。

在单总线结构中，要求连接到总线上的逻辑部件必须高速运行，以便在某些设备需要使用总线时，能迅速获得对总线的控制权；而当不再使用总线时，能迅速放弃总线控制权。否则，由于一条总线由多种功能部件共用，可能导致很大的时间延迟。

在单总线系统中，CPU 通过总线获取主存储器的数据和处理指令。当 CPU 取一条指令时，首先把程序计数器(PC)中的地址连同控制信息一起送至总线，这些信息不仅加至主存储

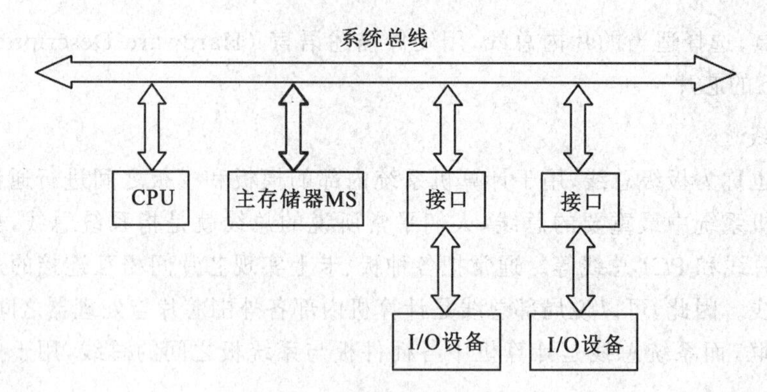

图 6-1 单总线结构

器,同时也加至总线上的所有外部设备。然而,只有与出现在总线上的地址相对应的设备,才执行数据传送操作。我们知道,在"取指令"情况下的地址是主存储器地址,所以,此时该地址所指定的主存储器单元的内容一定是一条指令,而且将被传送给 CPU。取出指令之后,CPU 将分析操作码来确定要对数据执行什么操作,以及数据是从内存读入 CPU 还是从 CPU 写入内存。

在单总线系统中,对输入/输出设备的操作,完全和对主存储器的操作方法一样来处理。这样,当 CPU 把指令的地址字段送到总线上时:如果该地址字段对应的地址是主存储器地址,则主存储器予以响应,从而在 CPU 和主存储器之间发生数据传送,而数据传送的方向由指令操作码决定;如果该指令地址字段对应的是外部设备地址,则外部设备译码器予以响应,从而在 CPU 和与该地址相对应的外部设备之间发生数据传送,而数据传送的方向由指令操作码决定。

在单总线系统中,某些外部设备也可以指定地址。此时,外部设备通过与 CPU 中的总线控制部件交换控制信号的方式占有总线。一旦外部设备得到总线控制权后,就可向总线发送地址信号,地址线则置为适当的状态,以便指定它将要与哪一个设备进行信息交换。如果一个由外部设备指定的地址对应于一个主存储器单元,则主存储器予以响应,于是在主存储器和外部设备之间将进行直接存储器传送。

单总线结构具有以下特点。

①每个设备(主存储器单元、硬盘、软盘、光盘和 I/O 寄存器等)都被指定一个总线地址。

②所有设备的通信方式是一样的。

优点:系统结构灵活,可扩充性强。

缺点:机器速度受到单总线速度的限制。

2.双总线结构

单总线系统中,由于所有的高速设备和低速设备都挂在同一条总线上,且总线只能分时工作,即某一时间只能允许一对设备之间传送数据,这就使信息传送的效率和吞吐量受到极大限制。为此出现了如图 6-2 所示的双总线结构。这种结构保持了单总线结构简单、易于扩充的优点,又在 CPU 与主存储器之间专门设置了一组高速的存储总线,使 CPU 可通过专用总线与存储器交换信息,减轻了系统总线的负担,同时主存储器仍可通过系统总线与外部设备之间实现直接存储器存取(Direct Memory Access,DMA)操作,实现并行操作,提高系统的效率。

但是这种结构必定增加硬件设计的复杂性。

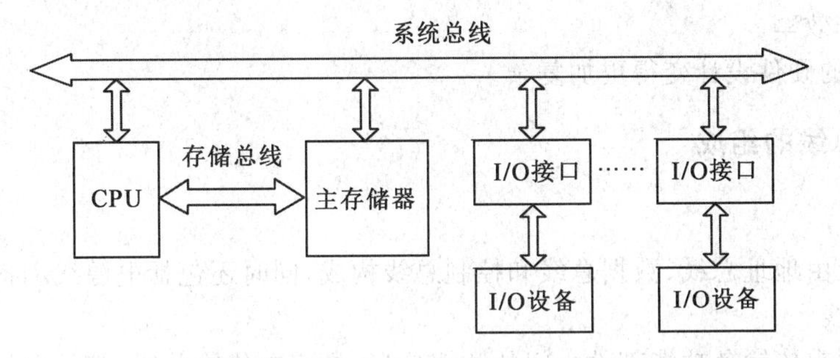

图 6-2 双总线结构

双总线结构具有以下特点。

①存储总线是 CPU 与内存交换信息的高速存储总线,减轻系统总线的负担。

②系统总线各部件可通过系统总线交换信息,并可实现直接存储器存取(DMA)操作。

优点:系统结构灵活、可扩充性强、吞吐量大。

缺点:增加了硬件的复杂性。

3.三总线结构

三总线结构是在双总线结构上把外部设备独立出来,形成一个 I/O 总线把外部设备连接起来,然后通过通道(Input Output Processor,IOP)与系统总线连接起来,如图 6-3 所示。这个通道有时被称为桥,其实质上是一种具有缓冲、转换和控制功能的逻辑电路,拥有自己的程序并能执行其指令,从而能够分担部分 CPU 的工作。通道也可以称为一台具有特殊功能的处理器,负责对外部设备进行统一的管理,控制外部设备与主存储器之间的数据传输,可以通过 DMA 方式实现外部设备与主存储器的直接数据交换而不经过 CPU,从而减轻了 CPU 的工作,提高了系统的整体效率。由于增加了通道,使系统的硬件设计变得更加复杂。

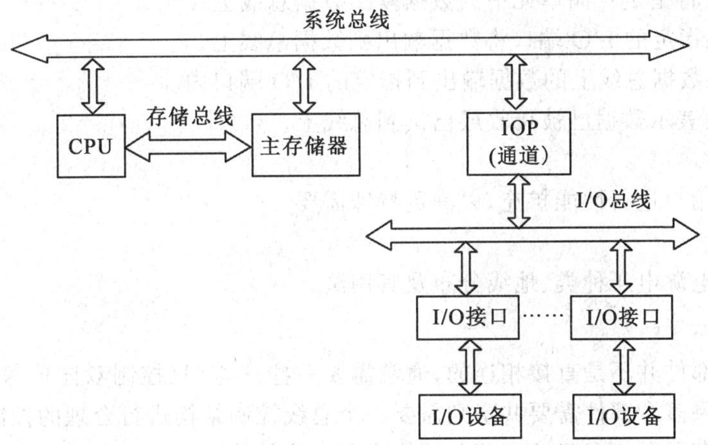

图 6-3 三总线结构

三总线结构具有以下特点。

①I/O 总线是多个外部设备与通道之间进行数据传送的公共通路。

②高速设备与低速设备并行工作,提高了各类设备的工作效率。

优点:将速率不同的I/O设备进行分类,将它们连接在不同的通道上,可以进一步提高计算机系统的工作效率。

缺点:系统的硬件设计变得更加复杂。

6.1.3 系统总线的组成

1.传输线

总线基本上由地址总线、数据总线和控制总线构成,同时还包括电源线和备用线。

(1)数据总线

数据总线用来传输各功能部件之间的数据信息,是双向传输总线,其位数与机器字长和存储字长有关。数据总线的条数称为数据总线宽度,是衡量计算机系统性能的一个重要参数。

(2)地址总线

地址总线主要用来指出数据总线上的源数据或目的数据在主存储器单元的地址。地址总线是单向传输的。地址线的位数与存储单元的个数有关,如地址线为20根,则对应的存储单元个数为2^{20}。

(3)控制总线

控制总线是用来发出各种控制信号的传输线。常见的控制信号有以下几种。

①时钟:用来同步各种操作。

②复位:表示各部件恢复初始状态。

③总线请求:表示某部件需获得总线使用权。

④总线允许:表示需要获得总线使用权的部件已获得了控制权。

⑤中断请求:表示某部件提出中断请求。

⑥中断确认:表示中断请求已被接收。

⑦存储器写:将数据总线上的数据写至存储器的指定地址单元内。

⑧存储器读:将指定存储单元中的数据读到数据总线上。

⑨I/O读:从指定的I/O端口将数据输出到数据总线上。

⑩I/O写:将数据总线上的数据输出到指定的I/O端口内。

⑪数据确认:表示数据已被接收或已读到总线上。

(4)备用线

备用线留给用户进行性能扩充,以满足特殊需要。

(5)电源线

电源线决定电源电压种类、地线分布及其用法。

2.总线的接口

总线与各个部件并不是直接相连的,通常需要一些三态门(控制双向传送)和缓冲寄存器等作为接口。如果多个部件需要共享则需要一个总线控制结构进行合理的控制和协调。总线控制器与各类寄存器及三态门这三部分就构成了总线的接口。

计算机系统中I/O接口通常简称为I/O功能模块,也称适配器。广义地讲,I/O接口是指CPU、主存储器和外部设备之间通过系统总线进行连接的标准化逻辑部件。I/O接口在其动态连接的两个部件之间起着“转换器”或“缓冲器”的作用,以便实现彼此之间的信息传送。

外部设备本身带有自己的设备控制器,它是控制外部设备进行操作的控制部件。它通过I/O接口接收来自CPU传送的各种信息,并根据设备的不同要求把这些信息传送到设备,或者从设备中读出信息传送到 I/O 接口，然后送给 CPU。由于外部设备种类繁多且速度不同，因而每种设备都有适应它自己工作特点的设备控制器。如图 6-4 所示，将外部设备本体与它自己的控制电路画在一起，统称为外部设备。

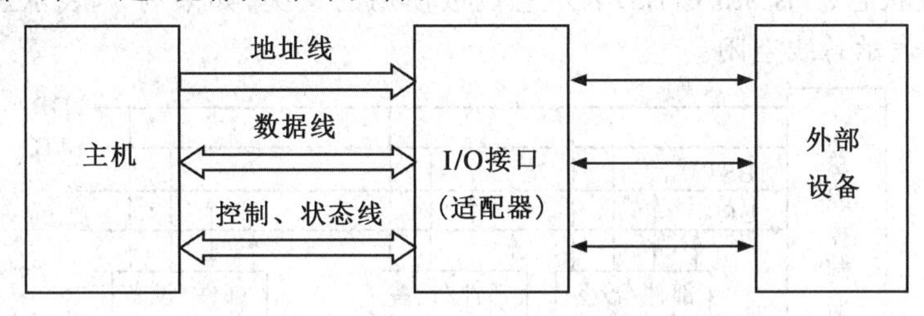

图 6-4　外部设备和主机的连接方法

为了使所有的外部设备能在一起正确地工作，CPU 规定了不同的信息传送控制方法。不管什么样的外部设备，只要选用某种数据传送控制方法，并按它的规定通过总线和主机连接，就可进行信息交换。通常在总线和每个外部设备的设备控制器之间使用一个适配器(接口)电路来解决这个问题，以保证外部设备用计算机系统特性所要求的形式发送和接收信息。因此连接总线的接口逻辑必须标准化。

事实上，一个 I/O 接口模块有两个接口：一个是和系统总线的接口。CPU 和 I/O 接口模块的数据交换一定是并行方式；另外一个是和外部设备的接口。I/O 接口模块和外部设备的数据交换可能是并行方式，也可能是串行方式。因此，根据外部设备供求串行数据或并行数据的方式不同，I/O 接口模块分为串行数据接口和并行数据接口两大类。

6.2　总线的仲裁

连接到总线上的功能模块有主动和被动两种形态，如 CPU 模块，在不同的时间可以用作主方，也可用作从方；而存储器模块只能用作从方。主方可以启动一个总线周期，而从方只能响应主方的请求。每次总线操作，只能有一个主方占用总线控制权，但同一时间里可以有一个或多个从方。

除 CPU 模块外，I/O 模块也可提出总线请求。为了解决多个主设备同时竞争总线控制权的问题，必须具有总线仲裁部件，以某种方式选择其中一个主设备作为总线的下一次主方。

对多个主设备提出的占用总线请求，一般采用优先级或公平策略进行仲裁。例如，在多处理器系统中对各 CPU 模块的总线请求采用公平的原则来处理，而对 I/O 模块的总线请求采用优先级策略。被授权的主方在当前总线业务一结束，立即接管总线的控制权，开始新的信息传送。主方持续控制总线的时间称为总线占用期。

按照总线仲裁电路的位置不同，仲裁方式分为集中式仲裁和分布式仲裁两类。

6.2.1　集中式仲裁

总线控制逻辑集中在一处(如在 CPU 中)的，称为集中式仲裁。集中式仲裁中，每个功能模块有两条线连到总线控制器：一条是送往总线控制器的总线请求信号线（Bus Request，BR)，一条是总线控制器送出的总线授权信号线（Bus Grant，BG)。对于集中式仲裁方式，又可细分为如下 3 种方式。

1.链式查询方式

为减少总线授权线数量,采用了如图 6-5 所示的链式查询方式,其中 AB 表示地址线,DB 表数据线。总线状态(Bus State,BS)表示总线被使用的情况;如果为 1,表示总线正被某部件使用:如果为 0,表示总线空闲。

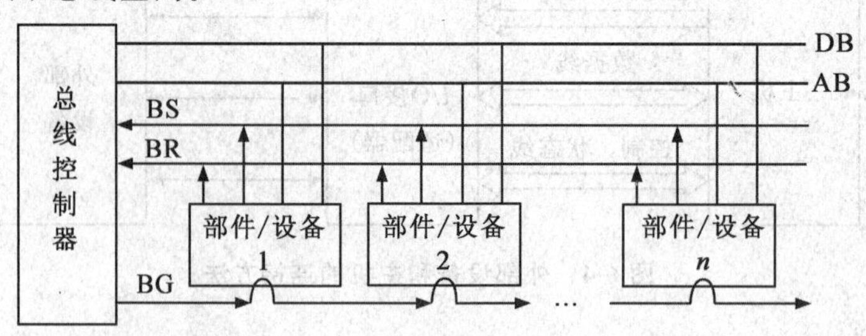

图 6-5 链式查询方式

链式查询方式的主要特点是,总线授权信号 BG 串行的从一个 I/O 接口传送到下一 I/O 接口。假如 BG 到达的接口无总线请求,则继续往下查询;假如 BG 到达的接口有总线请求,BG 信号便不再往下查询。这意味着该 I/O 接口就获得了总线的控制权。

显然,在查询链中离总线控制器最近的设备具有最高优先级,离总线控制器越远,优先级越低。因此,链式查询是通过接口的优先级排队电路来实现的。

链式查询方式的优点是只用很少几根线就能按一定优先次序实现总线仲裁,并且这种链式结构很容易扩充设备。

链式查询方式的缺点是对查询链的电路故障很敏感,如果第 i 个设备的接口中有关链的电路有故障,那么第 i 个以后的设备都不能进行工作。另外查询链的优先级是固定的,如果优先级高的设备出现频繁的请求时,那么优先级较低的设备可能长期不能使用总线。

2.计数器定时查询方式

在如图 6-6 所示的计数器定时查询方式中,总线上的任一设备要求使用总线时,通过 BR 线发出总线请求。总线控制器接到请求信号以后,在 BS 线为“0”的情况下计数器开始计数,计数值通过一组地址线发向各设备。每个设备接口都有一个设备地址判别电路,当地址线上的计数值与请求总线的设备地址相一致时,该设备置“1”BS 线,获得了总线使用权,此时中止计数查询。

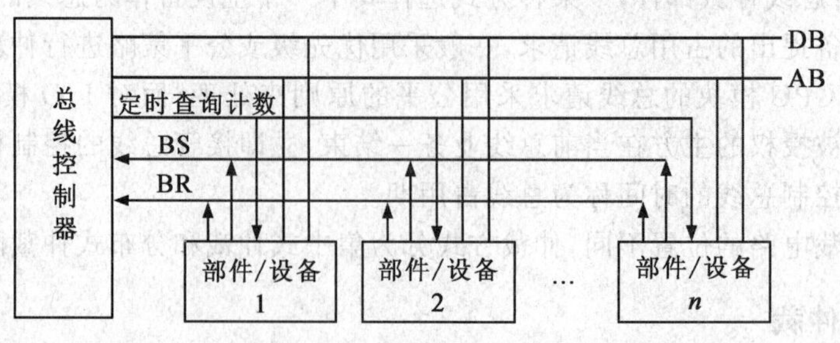

图 6-6 计数器定时查询方式

每次计数可以从“0”开始,也可以从上次的中止点开始。如果从“0”开始,各设备的优先次序与链式查询法相同,优先级的顺序是固定的。如果从中止点开始,则每个设备使用总线的优先级相等。计数器的初值也可用程序来设置，这就可以方便地改变优先次序，显然这种灵活性是以增加传输线数为代价的。

3. 独立请求方式

独立请求方式如图 6-7 所示。在独立请求方式中，每一个共享总线的设备均有一对总线请求线 BR_i 和总线授权线 BG_i。当设备要求使用总线时，便发出该设备的请求信号 BR_i。总线控制器中有一个排队电路，根据一定的优先次序决定首先响应哪个设备的请求，给设备以授权信号 BG_i。

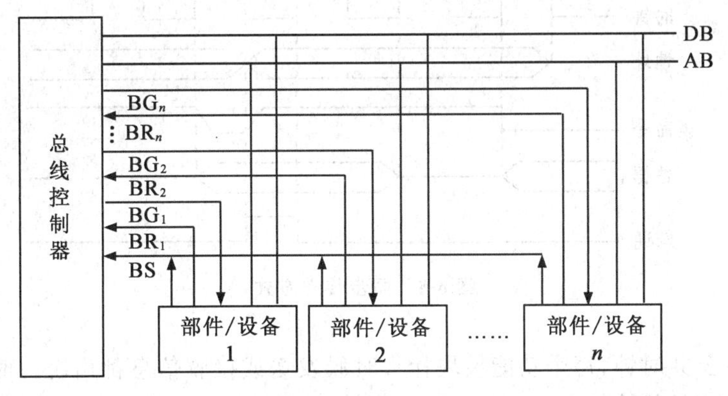

图 6-7　独立请求方式

独立请求方式的优点是响应速度快，即确定优先响应的设备所花费的时间少，用不着一个设备接一个设备地查询。其次，对优先次序的控制相当灵活。它可以预先固定，例如 BR_0 优先级最高，BR_1 次之，……BR_n 最低；也可以通过程序来改变优先次序；还可以用屏蔽（禁止）某个请求的办法，不响应来自无效设备的请求。因此当代总线标准普遍采用独立请求方式。

6.2.2　分布式仲裁

分布式仲裁方式不需要中央仲裁器，即总线控制逻辑分散在连接于总线上的各个部件或设备中，采用分布式竞争方式使一个部件获得总线控制权。连接到总线上的主方可以启动一个总线周期，而从方只能响应主方的请求。每次总线操作，只能有一个主方占用总线的使用权，但同一时间里可以有一个或多个从方。对多个主设备提出的占用总线请求，一般采用优先级、冲突检测或公平策略等方法进行仲裁。

6.3　总线定时控制

总线的一次信息传送过程，大致可分为五个阶段：请求总线、总线仲裁、寻址（目的地址）、信息传送以及状态返回（或错误报告）。

为了同步主方、从方的操作，必须制订定时协议。所谓定时，是指事件出现在总线上的时序关系。下面介绍数据传送过程中采用的两种定时协议：同步定时和异步定时。

1. 同步定时

在同步定时协议中，事件出现在总线上的时序由总线时钟信号来确定，所以总线中包含时钟信号线。一次 I/O 传送被称为时钟周期或总线周期。如图 6-8 所示为读数据的同步时序例子，所有事件都出现在时钟信号的前沿，大多数事件只占据单一时钟周期。例如在总线读周期，CPU 首先在 T_0 时钟周期将存储器地址放到地址线上，它亦可发出一个启动信号，指明控制信息和地址信息已出现在总线上。第 T_1 时钟周期发出一个读命令。存储器模块识别地址码，经一个时钟周期延迟（存取时间）后，将数据和认可信息放到总线上，被 CPU 读取。如果是总线写周期，CPU 在 T_1 时钟周期开始将数据放到数据线上，待数据稳定后 CPU 发出一个写命令，存储器模块在 T_2 时钟周期存入数据。

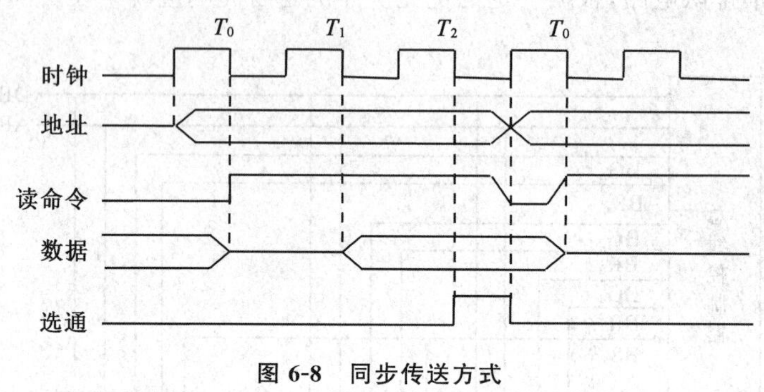

图 6-8 同步传送方式

由于采用了公共时钟，每个功能模块什么时候发送或接收信息都由统一时钟规定，因此，同步定时具有较高的传输频率。

同步定时适用于总线长度较短、各功能模块存取时间比较接近的情况。这是因为同步定时对任何两个功能模块的通信都给予同样的时间安排。由于同步总线必须按最慢的模块来设计公共时钟，当各功能模块存取时间相差很大时，会大大降低总线效率。

2. 异步定时

在异步定时协议中，后一事件出现在总线上的时序取决于前一事件的出现，即建立在应答式或互锁机制的基础上。在这种系统中，不需要统一的公共时钟信号。总线周期的长度是可变的。

如图 6-9 所示为系统总线读周期时序图。CPU 发送地址信号和读状态信号到总线上。待这些信号稳定后，它发出读命令，指示有效地址和控制信号（图 6-9 ©）的出现。存储器模块进行地址译码并将数据放到数据线上。一旦数据线上的信号稳定，则存储器模块使确认线上信号有效，通知 CPU 数据可用。CPU 由数据线上读取数据后，立即撤销读状态信号（图 6-9®），从而引起存储器模块撤销数据和确认信号。最后，确认信号的撤销又使 CPU 撤销地址信息。

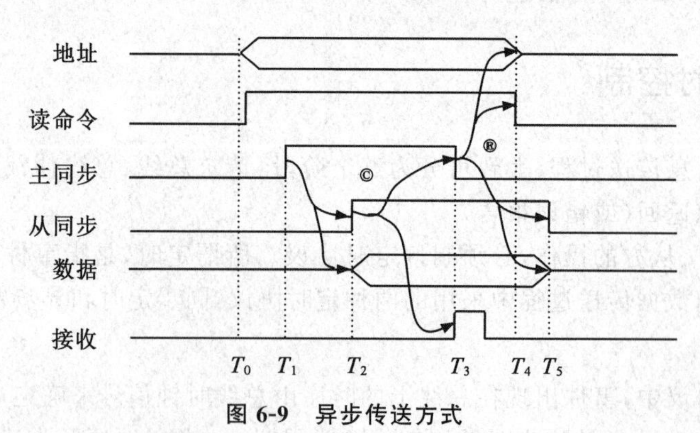

图 6-9 异步传送方式

对于系统总线写周期时序类似，CPU 将数据放到数据线上，与此同时启动状态线和地址线。存储器模块接受写命令从数据线上获得数据再写入数据，并使确认线上信号有效。然后，CPU 撤销写命令，存储器模块撤销确认信号。

异步定时的优点是总线周期长度可变，不把响应时间强加到功能模块上，因而允许快速和慢速的功能模块都能连接到同一总线上。但这以增加总线的复杂性和成本为代价。

6.4 系统总线标准

连接同一台微型计算机系统的各个部件，如 CPU、主存储器、通道和各类 I/O 接口之间的总线，称为系统总线，现在介绍一些有影响的系统总线标准。

1. ISA 总线

ISA 总线来源于 IBM—PC，是 8 位的总线结构，现已成为 ISO 标准。第三方开发出许多 ISA 扩充板卡，推动了 PC 的发展。1984 年推出 IBM—PC/AT 系统，ISA 从 8 位扩充到 16 位，地址线从 20 条扩充到 24 条。

ISA 共 98 根信号线（PC/XT 总线 62 根增加 36 根）可进行 8 或 16 位数据传送。ISA 有 24 位地址线，可寻址 $2^{24}=16$ MB。ISA 支持 64 KB I/O 地址空间，15 级硬中断和 7 级 DMA 通道。ISA 的最高时钟频率为 8 MHz，即带宽为 16 MB/s。ISA 支持存储器读/写、I/O 读/写、中断响应/DMA 响应、存储器刷新以及总线仲裁等 8 种总线事务类型。

2. PCI 总线

PCI 控制器有多级缓冲，可把一批数据快速写入缓冲器中。在这些数据不断写入 PCI 设备的过程中，CPU 可以执行其他操作，即 PCI 总线上的外部设备与 CPU 可以并行工作。

PCI 总线支持两种电压标准：5V 与 3.3V。3.3V 电压的 PCI 总线可用于便携式微型机中。

3. MCA 总线

32 位微通道结构 MCA 总线，在 PS/2 机上使用。MCA 总线成为标准的 32 位扩展总线系统。

4. EISA 总线

既与 ISA 兼容，又在许多方面参考了 MCA 设计的总线标准，称为增强的工业标准体系结构 EISA，成为一种与 MCA 相抗衡的总线标准。

5. VL 总线（VESA 局部总线）

VL 总线的数据宽度为 32 位，其主要优点是：协议简单、传输速率高、能够支持多种硬件的工作。但是，其规范性、兼容性和扩展性较差。

6. AGP

AGP（图形加速端口）是由 Intel 公司创建的新总线，专门用作高性能图形及视频支持。AGP 基于 PCI，且 AGP 插槽外形与 PCI 类似，但它有增加的信号，同时在系统中的定位不同，是专门为系统中的视频卡设计的。

7. PCI—Express

PCI—Express（PCI—E）是最新的总线和接口标准，以取代几乎全部现有的内部总线（包括 AGP 和 PCI），最终实现总线标准的统一。其主要优势就是数据传输速率高，目前最高可达到 10 GB/s 以上，而且还有相当大的发展潜力。PCI—E 有 1X 到 32X 等多种规格，具有非常强的伸缩性，能满足现在和将来一定时间内出现的低速设备和高速设备的需求。

6.5 外部总线标准

外部总线又称通信总线，用于计算机之间、计算机与远程终端之间、计算机与外部设备之间以及计算机与测量仪器仪表之间的通信。外部总线又分为并行总线和串行总线，并行总线主要有 IEEE—488、并行接口总线，串行总线主要有 RS—232—C、IEEE 1394 以及 USB 总线等。

6.5.1 并行接口

并行接口简称并口，常常用作打印机接口 LPT，是采用并行通信协议的扩展接口。

1.并行接口的机械特性

并行接口是采用了 25 针并行口接口，如图 6-10 所示。

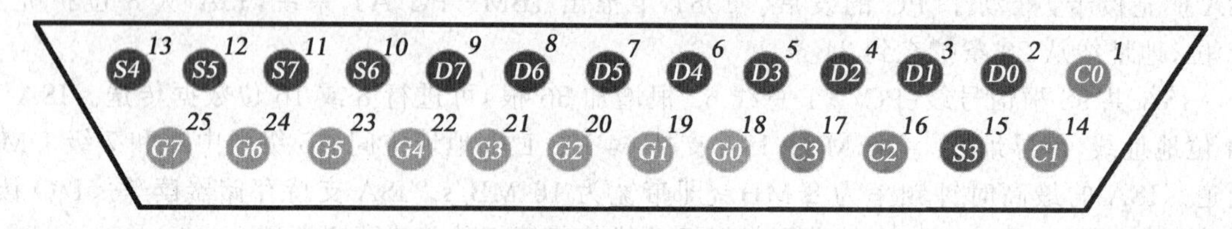

图 6-10 并行接口

D0～D7 为数据线，S0～S7 为状态线，但是 S0、S1、S2 是看不见的，S1～S7 状态线是用来读取状态数据的，S0 是超时标志位，而其他状态线则分别使用第 10—11—12—13—15 针来传送数据。C0～C7 为控制线，但是在接口上 C4、C5、C6、C7 是不可见的，C0、C1、C2、C3 分别是第 1—14—16—17 针来传输控制信息；控制线通常用来输出，但有时也可以用于输入。G0～G7 针是接地用的，一般是用来完善电路的。并口针脚功能见表 6-1。

表 6-1 并口针脚功能一览表

针脚	功能	针脚	功能
1	选通端，低电平有效	10	确认，低电平有效
2	数据通道 0	11	忙
3	数据通道 1	12	缺纸
4	数据通道 2	13	选择
5	数据通道 3	14	自动换行，低电平有效
6	数据通道 4	15	错误，低电平有效
7	数据通道 5	16	初始化，低电平有效
8	数据通道 6	17	选择输入，低电平有效
9	数据通道 7	18～25	地线

2.操作模式

(1)SPP模式

标准并口(Standard Parallel Port,SPP)模式是为打印输出而设计的。数据由计算机单向输出,不能用数据线进行数据输入,要做数据输入只能利用状态线。并口状态线只有5根,所以每个字节要分两次输入后,再拼装为一个完整的字节。SPP模式的速度较低,对硬件的要求不高,适用于低速的应用场合,如打印机、软件狗等。

(2)PS/2模式

IBM公司引进了PS/2模式后开始支持并口的双向数据传输。PS/2模式和SPP模式兼容,没有改变标准并口的信号定义,也没有改变并口接插件的引脚定义,而是通过一个方向控制位来设置并口的数据方向。如果设置为输出,PS/2模式就和SPP模式完全相同;如果设置为输入,则从并口数据线上每次可以读取一个字节的数据。同时,PS/2模式的总线控制功能提高了并口的数据传输速度。

无论是SPP模式还是PS/2模式,数据的传输速度都不高。一方面的原因在于并口本身的I/O速度不高(只有100~400 KB/s)。另一方面,每次数据传输都要通过I/O操作进行软件数据交换。通常情况下,一次互锁数据交换的数据传输至少需要5次I/O操作,才能保证进序的完整性。这两方面因素使SPP模式和PS/2模式只能用于速度较低的应用领域。

(3)EPP模式

增强并口(Enhanced Parallel Port,EPP)模式支持并口和外部设备之间的双向数据交换,速度能够达到1~2 MB/s。增强并口通过精密的逻辑界面和明确定义的电气参数保证了数据传输的速度和准确性。

(4)ECP模式

扩展功能(Extended Capabilities Port,ECP)模式比EPP模式的性能更高。ECP模式有16个字节的FIFO,并且支持DMA功能。在不降低系统性能的前提下减轻了计算机CPU的负担,提高了应用系统的整体性能。更为重要的是,ECP模式把其他几种并口模式都纳入了ECP模式的定义中。ECP模式定义了ECR扩展控制寄存器,可以把并口的操作模式设置为SPP、PS/2、EPP或者ECP,从而构成一个完整的并口系统。

SPP模式、PS/2模式和EPP模式都是主从式结构,数据传输双方是一种不对等的关系。数据传输只能由计算机来启动,外部设备不能启动数据传输。如果外部设备要进行数据传输,只能向计算机提出中断申请,然后由计算机启动数据传输。ECP模式则不是主从式结构,数据传输的双方都可以启动数据传输。ECP模式可以用于计算机之间的互联,而EPP模式则不能。

虽然ECP模式的性能比EPP模式的高,但是ECP模式不太容易实现,大部分的设计者都采用EPP模式来设计自己的应用系统。EPP模式比ECP模式更简洁、灵活、可靠,在工业界得到了更多的实际应用。

6.5.2 IEEE—488总线

IEEE—488总线是一种并行外部总线,专门用于计算机与测量仪器、输入/输出设备及这些仪器设备之间的并行通信。如微型计算机、数字电压表、数码显示器等设备及其他仪器仪表均可用IEEE—488总线装配起来。

1. IEEE—488 总线的特性

①数据传输速率≤10 Mbps。

②连接在总线上的设备(包括作为主控器的微型计算机)≤15 个。

③设备间的最大距离≤2 m。

④整个系统的电缆总长度≤20 m,若电缆长度超过 20 m,则会因延时而改变定时关系,从而造成可靠性变差。这种情况应增加调制解调器加以解决。

⑤所有数据交换都必须是数字化的。

⑥总线规定使用 24 线的组合插头座,并采用负逻辑,即用小于 +0.8 V 的电平表示逻辑"1",用大于 2 V 的电平表示逻辑"0"。

2. IEEE—488 总线设备的工作方式

IEEE—488 总线上所连接的设备可按控者、讲者和听者三种方式工作,这三种设备之间是用一条 24 线的无源电缆连接起来的。计算机配有 2 块电压表和一台打印机,都通过 IEEE—488 总线互联,该总线的连接如图 6-11 所示。

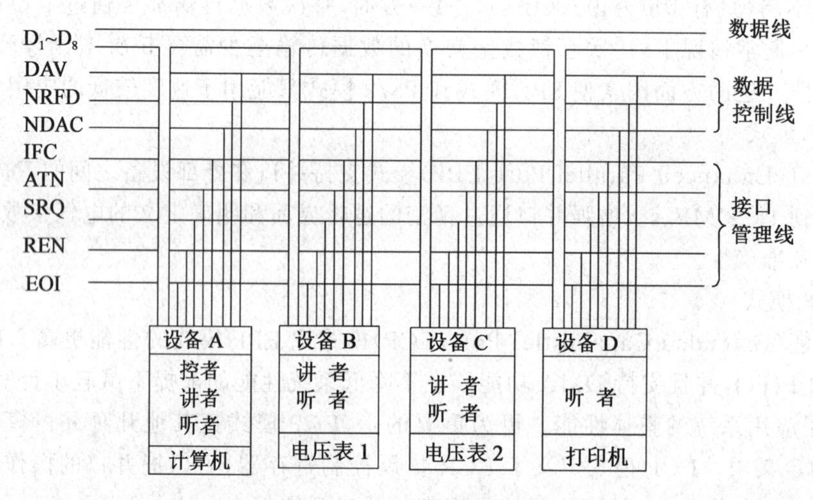

图 6-11 IEEE-488 总线的连接

3. IEEE—488 总线的引脚定义

IEEE—488 总线定义了 16 条信号线和 8 条地线。这 16 条信号线按功能可分为 3 组,其中 8 条为双向数据线,3 条为数据传输控制线,5 条为接口管理线。各引线功能如下。

①数据线 D1~D8,这 8 条线用来并行传输数据、地址、状态字和命令等信息。

②数据传输控制线 DAV、NRFD 和 NDAC。

③接口管理线 IFC、SRQ、ATN、EOI 和 REN。

4. IEEE—488 总线数据传送时序

数据在 IEEE—488 总线上传送采用异步方式,即每传送一个字节的数据都要利用 3 条数据传输控制线来进行握手联络,从而协调信息的传输,实现三线握手的数据传输。

三线握手的工作过程如下。

①原始状态时讲者置 DAV 为高电平;听者置 NRFD 与 NDAC 两线为低电平。

②讲者测试 NRFD 与 NDAC 两线的状态，如果同时为低电平，则将数据送到数据总线上，并将 DAV 置成高电平。

③如果一个设备接着一个设备陆续做好了接收数据准备(如打印机“不忙”)。

④所有接收设备都已准备就绪，NRFD 变为高电平。

⑤当 NRFD 为高电平，且数据总线上的数据已稳定后。讲者使 DAV 变为低电平，告诉听者数据线上的数据有效。

⑥听者一旦认识到这一点，便立即将 NDAC 拉回低电平，这意味着在结束处理此数据之前不准备再接收另外的数据。

⑦ 听者开始接收数据，最早接收完数据的听者欲使 NDAC 变高。但其他听者尚未接收完数据，故 NDAC 线仍保持低电平。

⑧只有当所有听者都接收完数据后，NDAC 才变为高电平。

⑨讲者确认 NDAC 为高电平后，便使 DAV 线为高电平。

⑩讲者撤销数据总线上的数据。

⑪听者确认 DAV 线变高电平后，将 NDAC 置成低电平，以便开始传送另一字节数据。

6.5.3　RS—232—C 总线

RS—232—C 总线是一种串行外部总线，专门用于数据终端设备(DTE)和数据通信设备(DCE)之间的串行通信，是 1969 年由美国电子工业协会(EIA)从 CCITT 远程通信标准中导出的一个标准。

RS—232—C 总线的接口连接器采用 DB—25 插头和插座，其中阳性插头(DB—25—P)与 DTE 相连，阴性插座(DB—25—S)与 DCE 相连，如图 6-12 所示。

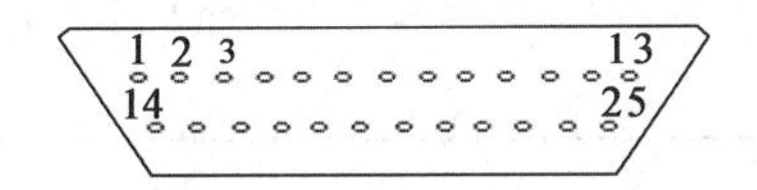

图 6-12　DB-25 引脚编号

RS—232—C 25 个引脚只定义了 22 个。通常使用的 RS—232—C 接口信号只有 9 根引脚(DB-9)，如图 6-13 所示。最基本的 3 根线是发送数据线 2、接收数据线 3 和信号地线 7，一般近距离的 CRT 终端、计算机之间的通信使用这 3 条线就足够了。其余信号线通常在应用调制解调器(MODEM)或通信控制器进行远距离通信时才使用。

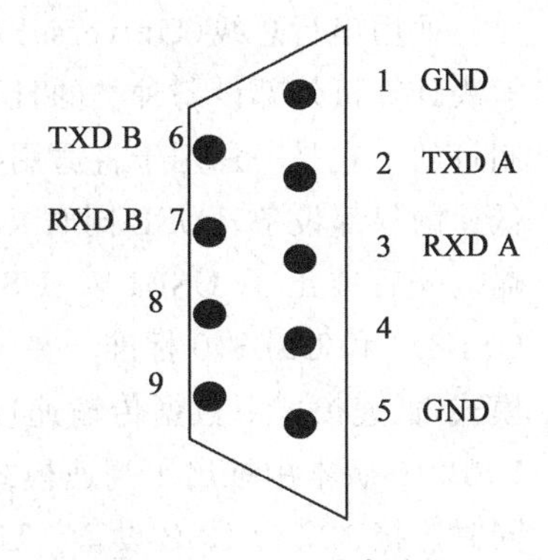

图 6-13　DB-9 引脚编号

RS—232—C 常用的 9 根引脚分为两类：一类是基本的数据传送引脚，另一类是用于调制解调器(MODEM)的控制和反映其状态的引脚。

基本数据传送引脚包括 TXD、RXD(2、3、6、7 引脚)和 GND。TXD 为数据发送引脚，数据发送时，发送数据由该引脚发出，在不传送数据时，异步串行通信接口维持该引脚为逻辑“1”。RXD 为数据接收引脚，来自通信线的数据信息由该引脚进入接收设备。GND 为信号地，该引脚为所有电路提供参考电位，见表 6-2。

表 6-2 9 针串口功能一览表

针脚	功能	针脚	功能
1	载波检测	6	数据准备完成
2	接收数据	7	发送请求
3	发送数据	8	发送清除
4	数据终端准备完成	9	振铃指示
5	信号地线		

调制解调器控制和状态引脚分为两组，一组为 DTR 和 RTS，负责从计算机通过 RS—232—C 接口送给调制解调器。另一组为 DSR、CTS、DCD 和 RI，负责从调制解调器通过 RS—232—C 接口送给计算机的状态信息，见表 6-3。

表 6-3 25 针串口功能一览表

针脚	功能	针脚	功能
1	空	11	空
2	发送数据	12～17	空
3	接收数据	18	空
4	发送请求	19	空
5	发送清除	20	数据终端准备完成
6	数据准备完成	21	空
7	信号地线	22	振铃指示
8	载波检测	23～24	空
9	空	25	空
10	空		

6.5.4 通用串行总线(USB)

通用串行总线(Universal Serial Bus，USB)是 Intel、Microsoft、NEC 等大计算机厂商为解决计算机外部设备种类的日益增加与有限的主板插槽和端口之间的矛盾而于 1995 年提出制订的。它是一种用于将适用 USB 的外部设备连接到主机的外部总线结构，主要用在中速和低速的外部设备。USB 同时又是一种通信协议，支持主机和 USB 的外部设备之间的数据传输。先后推出了 USB1.0、USB1.1、USB 2.0 和 USB3.0 总线标准。现在最为流行的是 USB2.0 和 USB3.0 标准。在 USB 1.1 中定义了两种速度的传输工作模式，低速模式和全速模式，低速模式下数据传输速度为 1.5Mb/s，全速模式下 USB 的传输速度达到 12Mb/s。在 USB2.0 版本中推出了高速模式将 USB 总线的传输速度提高到了 480 Mb/s。USB 接口可以同时连接 127 台 USB 设备。USB 1.1 的带宽，足以满足大多数诸如键盘、鼠标、Modem、游戏手柄以及摄像头等设备的要求，而 USB 2.0 的传输速度，更是满足了硬盘、高清摄像头等需要高速数据传输的场合。USB 3.0 是新一代的 USB 接口，特点是传输速率非常快，理论上能达到 5 Gb/s，比常见的 480Mb/s 的 USB 2.0 快 10 倍，全面超越 IEEE 1394 和 eSATA。其外形和普通的 USB 接口基本一致，能兼容 USB 2.0 和 USB 1.1 设备。

USB设备具有较高的数据传输率、使用灵活以及易扩展等优点。

安装USB设备不必打开主机箱，它支持即插即用(Plug and Play)和热插拔(Hot Plug)。当插入USB设备时，主机检测该外部设备并且通过自动加载相关的驱动程序来对该设备进行配置，并使其正常工作，免除了使用户感到厌烦的重新启动计算机的过程。

1.物理结构

USB总共有四根线，两根传送的是5V的电源，另外的两根是数据线。功率不大的外部设备可以直接通过USB总线供电，而不必外接电源。USB总线最大可以提供5V电压、500mA电流，并支持节约能源的挂机和唤醒模式。

2.USB设备逻辑结构

USB的设备可以分成多个不同类型，同类型的设备可以拥有一些共同的行为特征和工作协议，这样可以使设备驱动程序的编写变得简单一些。USB Forum在USB类规范2中定义了USB的设备类型，比如音频、通信、HID以及HUB等设备类。

每一个USB设备会有一个或者多个逻辑连接点在里面，每个连接点称为端点。在USB的规范中用4位地址标识端点地址，每个设备最多有16个端点。其中端点0都被用来传送配置和控制信息。

USB通过管道实现了在主机的一个内存缓冲区和设备的端点之间的数据传输，连接端点0的称为默认管道。管道是具有多个特征的信道，如带宽分配、包大小、管道类别以及数据流向。管道有两种类型分别是流管道(Stream Pipe)和消息管道(Message Pipe)。流管道传输的数据包的内容不具有USB要求的结构，是单向传输的。流管道支持批量、等时和中断传输方式。而消息管道与流管道具有不同的行为。首先，由主机发请求给USB设备，然后在适当的方向上传输数据，最后是到达一个状态阶段。为了保证3个阶段的数据传输，消息管道定义了一个数据结构使命令能可靠地被识别和传输。消息管道是双向的，只支持控制传输方式。

对于同样性质的一组端点的组合称为接口，如果一个设备包含不止一个接口就可以称为复合设备。对于同样类型接口的组合可以称为配置。但是每次只能有一个配置是可用的，而一旦该配置被激活，里面的接口和端点就都同时可以使用。主机从设备发过来的描述字判断用的是哪个配置、哪个接口等等，而这些描述字通常是在端点0中传送的。

3.4种传输方式

USB提供了4种传输方式，以适应各种设备的需要。

(1)控制传输方式

控制传输是双向传输，数据量通常较小，主要用来进行查询、配置和给USB设备发送通用的命令。控制传输主要用在主计算机和USB外部设备中的端点0之间。

(2)等时传输方式

等时传输提供了确定的带宽和间隔时间。等时传输方式用于时间严格并具有较强容错性的流数据传输，或者用于要求恒定的数据传送率的即时应用中。例如进行语音业务传输时，使用等时传输方式是很好的选择。

(3)中断传输方式

中断方式传送是单向的并且对于主机来说只有输入的方式。中断传输方式主要用于定时查询设备是否有中断数据要传送，该传输方式应用在少量的、分散的、不可预测的数据传输。

键盘、游戏杆和鼠标用的就是这种传输方式。

(4)大量传输方式

大量传输方式主要应用在没有带宽和间隔时间要求的大量数据的传送和接收，只要求保证传输。打印机和扫描仪用的就是这种传输方式。

在开发 USB 设备时通过设置接口芯片中相应的寄存器使端点处于不同的工作方式。

6.5.5　IEEE 1394

IEEE 1394 是一种串行接口标准，这种接口标准允许把微型计算机、外部设备以及各种家电非常简单地连接在一起。从 IEEE 1394 可以连接多种不同的外部设备的功能特点来看，也可以将其称为总线，即一种连接外部设备的机外总线。IEEE 1394 的原型是运行在 Apple Mac 微型计算机上的 Fire Wire，由 IEEE 采用并且重新进行了规范。IEEE 1394 定义了数据的传输协定及连接系统，可用较低的成本达到较高的性能，以增强微型计算机与外部设备(如硬盘、打印机、扫描仪、数码相机、DVD 播放机、视频电话等)的连接能力。

由于要求相应的外部设备也具有 IEEE 1394 接口功能才能连接到 IEEE 1394 总线上，所以直到 1995 年第 3 季度，Sony 公司推出的数码摄像机加上了 IEEE 1394 接口后，IEEE 1394 才真正引起了广泛的注意。采用 IEEE 1394 接口的数码摄像机，可以毫无延迟地编辑处理影像、声音数据，性能得到增强。数码相机、DVD 播放机和一般消费性家电产品，如 VCR、HDTV、音响等也都可以利用 IEEE 1394 接口互相连接。微型计算机的外部设备，例如硬盘、光驱、打印机、扫描仪等也可利用 IEEE1394 来传输数据。机外总线将改变当前微型计算机本身拥有众多附加插卡、连接线的现状，把各种外部设备和各种家用电器连接起来。

1. IEEE 1394 的性能特点

(1)采用“级联”方式连接各个外部设备

IEEE 1394 在一个端口上最多可以连接 63 个设备，设备间采用树形或菊花链结构。设备间电缆的最大长度是 4.5 m，采用树形结构时可达 16 层，从主机到最末端外部设备的总长度可达 72 m。

(2)向被连接的设备提供电源

IEEE 1394 的连接电缆(Cable)中共有 6 条芯线。其中 2 条线为电源线，可向被连接的设备提供电源。其他 4 条线被包装成 2 对双绞线，用来传输信号。电源的电压范围是 8～40 V 直流电压，最大电流 1.5A。像数码相机之类的一些低功耗设备可以从总线电缆内部取得动力，而不必为每一台设备配置独立的供电系统。由于 IEEE 1394 能够向设备提供电源，即使设备断电或者出现故障也不影响整个网络的运转。

(3)基于内存的地址编码

总线采用 64 位的地址宽度(10 位总线段 ID，6 位节点 ID，48 位内存地址)，将资源看作寄存器和内存单元，可以按照 CPU—内存的传输速率进行读写操作，因此具有高速的传输能力。IEEE 1394 总线的数据传输率最高可达 400 Mb/s，因此可以适用于各种高速设备。

(4)点对点结构(Peer-to-Peer)

IEEE 1394 采用点对点结构，任何两个支持 IEEE 1394 的设备可以直接连接，不需要通过微型计算机，例如在微型计算机关闭的情况下，仍可以将 DVD 播放机与数字电视机连接而直接播放光盘节目。

(5)安装方便且容易使用

允许带电即插即用,不必关机即可随时动态配置外部设备,增加或拆除外设后,IEEE 1394会自动调整拓扑结构,重设整个外设网络状态。

2.IEEE 1394的工作模式

IEEE 1394标准定义了两种总线数据传输模式,即Back plane模式和Cable模式。其中Back plane模式支持12.5 Mb/s、25 Mb/s和50 Mb/s的传输速率;Cable模式支持100 Mb/s、200 Mb/s和400 Mb/s的传输速率。在400 Mb/s时,只要利用50%的带宽就可以支持不经压缩的质量数字化视频信息流。

IEEE 1394可同时提供同步(Synchronous)和异步(Asynchronous)数据传输。同步传输应用于实时性的任务,而异步传输则是将数据传送到特定的地址(Explicit Address)。这一标准的协议称为等时同步(Isosynchronous)。使用这一协议的设备可以从IEEE 1394连接中获得必要的带宽。其余的带宽,可以用于异步数据传输,异步数据传输过程并不保留同步传输所需的带宽。这种处理方式使得两种传输方式各得其所,可在同一传输介质上可靠地传输音频、视频和计算机数据。IEEE 1394对计算机内部总线没有影响。

3.IEEE 1394和USB的相似性

两者都可以提供即插即用及热插拔的功能。

采用"级联"方式,可以连接多台设备,避免了微型计算机背板仅能提供少量插座只能与少数设备连接的限制。

4.IEEE 1394和USB的主要差别

目前IEEE 1394规范的传输速度为100～400 Mb/s,因此它可连接高速设备如DVD播放机、数码相机、硬盘等。而USB1-1受到12Mbit/s传输速度限制只能连接低速的键盘、麦克风、软驱或电话等设备。

IEEE 1394的拓扑结构中,不需要集线器(Hub)就可连接63台设备,并且可以由网桥(Bridge)再将这些独立的子网(Subtree)连接起来。IEEE 1394并不强制要用微型计算机控制这些设备,也就是说这些设备可以独立工作。而在USB网络中最多可连接127台机器,而且一定要有微型计算机,作为总的控制。

IEEE 1394的拓扑结构在其外部设备增减时,会自动重设网络,其中包括网络短暂的等待状态。而USB以Hub来判明其连接设备的增减,因此可以减少USB网络动态重设的状况。

总的来说,USB和IEEE 1394在功能和设计思想上有许多相似的地方,但是它们的传输速率不同,因而适用范围也不同。

本章小结

总线是构成计算机系统的互联结构,是多个系统功能部件之间进行数据传送的公共通道,总线上的多个设备采用分时的方式进行工作。总线分为片内总线、系统总线和外部总线3种,其中系统总线和外部总线是本章介绍的重点。

本章首先对总线的基本概念进行了全方位地阐述,并对单总线、双总线、三总线结构进行了分析,给出了各自的优缺点。系统总线由数据总线、地址总线、控制总线以及电源线等组成,加上接口电路构成了系统总线的全部,本章对总线接口进行了详细的论述。多个设备要共享,必须要解决使用设备的冲突,本章给出了集中式仲裁和分布式仲裁两种,其中对集中式仲裁的菊花链方式、计数器方式和独立方式进行了详细的论述。总线是设备之间的链接,目的是要传递包含信息的数据,总线有串行和并行两种数据传输方式。总线的通信模式的异步方式和同步方式也进行了详细的分析和论述。

本章介绍了当前典型的系统总线标准和外部总线标准。系统总线介绍的是 ISA 总线和 PCI 总线,给出了 ISA 的扩展 EISA 总线。从 ISA 总线的基本信号和访问信号两个方面对 ISA 总线进行了介绍。PCI 总线是当前流行的总线,是一个高带宽而且与处理器无关的总线,支持即插即用的工作模式外部总线介绍的是常用的并行接口、IEEE—488 总线、RS—232—C 总线、USB 总线以及 IEEE 1394 总线 5 种。

习题

1. 三总线结构比单总线结构有什么创新?
2. 计算机总线可以分为哪些类型?
3. 评价总线的性能指标有哪些?
4. 常用的 PC 总线有哪些?各有什么特点?
5. 说明总线系统结构对计算机系统性能的影响。
6. USB 的工作模式有哪些?
7. 并口的工作模式有什么区别?
8. 总线的定时控制方式一般有几种方式?有何区别?
9. 系统总线的标准有哪些?
10. 什么是总线?为什么要制定计算机总线标准?

第7章 输入/输出系统

本章导读

计算机的输入/输出系统是计算机系统中最具有多样性和复杂性的部分，一般来说输入/输出系统的硬件是由外部设备、输入/输出接口、I/O总线组成，其中输入/输出接口是核心部件。本章主要介绍计算机系统与外部设备通过接口进行的各种信息传递的控制方式，即程序查询方式、中断方式、DMA方式、通道方式。

本章要点

- 输入/输出接口概念
- 输入/输出接口的工作原理
- 程序查询方式
- 中断
- DMA
- 通道

7.1 输入/输出接口概述

7.1.1 输入/输出接口

输入/输出系统是计算机外部设备(简称外设)与计算机系统进行信息交换的硬件与软件的总称，简称I/O系统。输入/输出系统的基本功能是由输入/输出设备控制器(又称I/O接口)的硬件和操作系统共同完成。

现代计算机系统中外部设备的种类繁多，设备结构和工作原理各不相同。如何把各式各样的设备与计算机连接起来是输入/输出系统的基本任务之一。计算机主机与外部设备之间有分散连接和总线连接两种方式，其中分散连接方式现在已经被淘汰。总线方式为设备连接最佳方式，可以从基本类型延伸为二、三总线类型，成为结合类型。无论采用总线的哪种模式，必须通过输入/输出接口把设备与总线连接。

为什么外部设备一定要通过接口连接到主机呢？这是因为主机和外部设备具有不同的工作特点：它们的工作速度相差一个甚至几个数量级，比如键盘输入数据和CPU读取数据速度相差太大了；计算机主机与外部设备的信息形式也是不同的，为此要设置I/O接口来解决这些差异，从而使主机与外部设备能够协同工作。两个部件之间要协同工作，就需要交流信息。

主机和外部设备之间需要交换的信息有5类。

①数据信息:这类信息可以是通过输入设备送到计算机的输入数据,也可以是经过计算机运算处理和加工后,送到输出设备的结果数据。传送数据可以是并行的,也可以是串行的。

②控制信息:这是CPU对外部设备的控制信息或管理命令,如外部设备的启动和停止控制、输入或输出操作的指定、工作方式的选择、中断功能的允许和禁止等。

③状态信息:这类信息用来标志外设的工作状态,CPU在必要时可通过对它的查询来决定下一步的操作。比如,输入设备数据准备好标志,输出设备忙闲标志等。

④联络信息:这是主机和外部设备间工作的时间配合信息,它与主机和外部设备间的信息交换方式密切相关。通过联络信息可以决定不同工作速度的外部设备和主机之间交换信息的最佳时刻,以保证整个计算机系统能统一协调地工作。

⑤ 外部设备识别信息:这是I/O寻址的信息,使CPU能从众多的外部设备中寻找出与自己进行信息交换的唯一外部设备。

7.1.2 输入/输出接口的功能

1.实现主机和外部设备的通信联络控制

接口中的同步控制电路用来解决主机与外部设备的时间配合问题。

2.进行地址译码和设备选择

任何一个计算机系统都要连接多种外部设备,CPU要在不同时刻与不同外部设备交换信息,当CPU送来选择外部设备的地址码后,接口必须对地址进行译码以产生设备选择信息,使主机能和指定的外部设备交换信息。

3.实现数据缓冲

在接口电路中,一般设置一个或几个数据缓冲寄存器,用于数据的暂存。在传送过程中,先将数据送入数据缓冲寄存器中,然后再送到输出设备或主机中去。

4.数据格式的变换

在输入或输出操作过程中,为了满足主机或外部设备的各自要求,接口电路中必须具有完成各类数据相互转换的功能。如:并串转换、串并转换、模数A/D转换、数模D/A转换以及二进制数和ASCII码的相互转换。此外,还有信号电平的转换。

5.传递控制命令和状态信息

当CPU要启动某一外部设备时,通过接口中的控制命令寄存器向外部设备发出启动命令;当外部设备准备就绪时,则有"准备好"状态信息送回接口中的状态寄存器,为CPU提供反馈信息,告诉CPU,I/O设备已经具备和CPU交换数据的条件。当外部设备向CPU提出中断请求和DMA(Direct Memory Access)请求时,CPU也有相应的响应信号反馈给外部设备。

7.1.3 输入/输出接口的组成

在不同的接口中分设各自相应的寄存器,赋以不同的端口地址,各种信息分时地使用数据总线传送到各自的寄存器中。接口的基本组成及与主机、外部设备之间的连接如图7-1所示。

接口(Interface)与端口(Port)是两个不同的概念。端口是指接口电路中可以进行读/写的寄存器,若干个端口加上相应的控制逻辑电路才组成接口。

通常,一个接口中包含有数据端口、命令端口和状态端口。存放数据信息的寄存器称为数

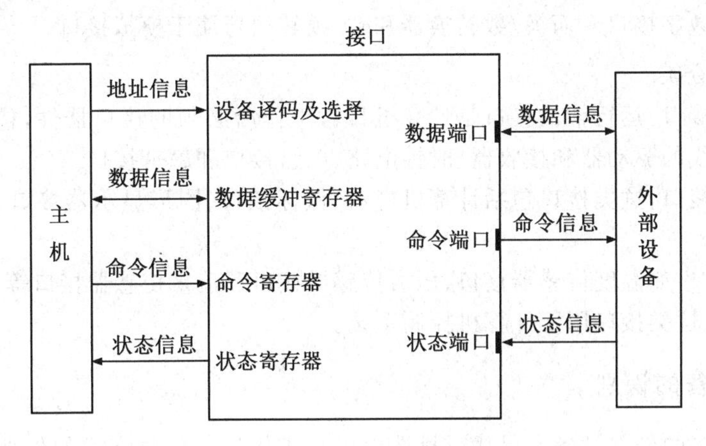

图7-1 计算机接口组成

据端口，存放状态信息的寄存器称为状态端口，存放控制命令的寄存器称为命令端口。CPU通过输入指令可以从有关端口中读出信息，通过输出指令可以把信息写入有关端口。对状态端口只进行输入操作，将设备状态标志送到CPU中去；对命令端口只进行输出操作，CPU将向外部设备发送各种控制命令。在有的接口电路中状态信息和控制信息共用一个寄存器，称之为设备的控制状态寄存器。

7.1.4 输入/输出接口的类型

输入/输出接口的分类可以从不同的角度来考虑。

1.按数据传送方式分类

可分为串行接口和并行接口两类。这里所说的数据传送方式指的是外部设备和接口一侧的传送方式，而在主机和接口一侧，数据总是并行传送的。在并行接口中，外部设备和接口间的传送宽度是一个字节(或字)的所有位，所以传送速率高，但传输线的数目将随着传送数据宽度的增加而增加。在串行接口中，外部设备和接口间的数据是一位一位串行传送的，传送速率低，但只需少量数据线，在远程终端和计算机网络等设备离主机较远的场合下，用串行接口比较经济合算。

2.按主机访问I/O设备的控制方式分类

可分为程序查询式接口、中断接口、DMA接口，以及更复杂一些的通道控制器、I/O处理机，本教材就是按照该方式进行讲述的。

3.按功能选择的灵活性分类

可分为可编程接口和不可编程接口。可编程接口的功能及操作方式是由程序来改变或选择的，用编程的手段可使一块接口芯片执行多种不同的功能。不可编程接口则不能由程序来改变其功能，只能用硬连线逻辑来实现不同的功能。

4.按通用性分类

可分为通用接口和专用接口。通用接口是可供多种外部设备使用的标准接口，通用性强。专用接口是为某类外部设备或某种用途专门设计的。

5.按输入/输出的信号分类

可分为数字接口和模拟接口。数字接口的输入/输出全为数字信号，以上列举的并行接口和串行接口都是数字接口。而模/数转换器和数/模转换器属于模拟接口。

6.按应用来分类

①运行辅助接口:运行辅助接口是计算机日常工作所必须的接口器件,包括数据总线、地址总线和控制总线的驱动器和接收器、时钟电路、磁盘接口和磁带接口。

②用户交互接口:这类接口包括计算机键盘、鼠标接口、图形显示器接口及语音识别与合成接口等。

③传感器接口:如温度传感器接口、压力传感器接口和流量传感器接口等。

④控制接口:这类接口用于计算机控制系统。

7.1.5 外部设备的识别

为了能在众多的外部设备中寻找或挑选出要与主机进行信息交换的外部设备,就必须对外部设备进行编址。外部设备识别是通过地址总线和接口电路中的地址译码器来实现的。一台外部设备可以对应一个或几个识别码,从硬件结构来讲,每个特定的地址码指向外部设备接口中的一个寄存器。目前,常采用两种不同的外部设备编址方式。

1.独立编址方式

在这种方式下,外部设备端口与主存单元的地址都是分别单独编址的,外部设备端口不占用主存空间。当访问主存时,由主存读/写控制线控制;当访问外部设备时,由 I/O 读/写控制线控制。目前,微型计算机 Intel x86 系列都采用这种方式。

由于独立编址,所以外部设备端口必须由单独设立的输入/输出(I/O)指令来访问,当 CPU 使用 I/O 指令时,其指令的地址字段可以直接或间接的指示出端口地址。这些端口地址被接口电路中的地址译码器接收并且进行译码,符合者就是 CPU 所指定的外部设备,将被选定的外部设备与 CPU 进行信息交换。

2.统一编址方式

在这种方式下,外部设备端口和主存单元的地址是统一编址的,即外部设备接口的寄存器就相当于主存单元。单总线结构的计算机系统多采用这种方式,同一总线既作存储总线又作 I/O 总线。CPU 可以用访问主存单元同样的方法访问外部设备,不需专门的 I/O 指令。当 CPU 访问外部设备时,把分配给该外部设备的地址码(具体到该外部设备接口中的某一寄存器)送到地址总线上,然后各外部设备接口中的地址译码器对地址码进行译码,如果符合即是 CPU 指定的外部设备。

7.1.6 输入/输出信息传递的控制方式

主机和外部设备之间的信息传送控制方式,经历了由低级到高级、由简单到复杂、由集中管理到各部件分散管理的发展过程,按其发展的先后次序和主机与外部设备并行工作的程度,可以分为 5 种。

1.程序查询方式

程序查询方式是一种程序直接控制方式,这是主机与外部设备之间进行信息交换的最简单方式,输入和输出完全是通过 CPU 执行程序来完成的。一旦某一外部设备被选中并启动后,主机将查询这个外部设备的某些状态位,看其是否准备就绪?若外部设备未准备就绪,主机将再次查询;若外部设备已准备就绪,则执行一次 I/O 操作。

这种方式控制简单，但外部设备和主机不能同时工作，各个外部设备之间也不能同时工作，系统效率低。因此，该方式仅适用于CPU速度不是很高，而且外部设备的种类和数目不多、数据传送率较低的情况。

2.程序中断方式

在主机启动外部设备后，无须等待查询，而是继续执行原来的程序，外部设备在做好输入/输出准备时，向主机发中断请求，主机接到请求后就暂时中止原来执行的程序，转去执行中断服务程序对外部请求进行处理，在中断处理完毕后返回原来的程序继续执行。显然，程序中断不仅适用于外部设备的输入/输出操作，也适用于对外界发生的随机事件的处理。

程序中断在信息交换方式中处于最重要的地位，它不仅允许主机和外部设备同时并行工作，并且允许一台主机管理多台外部设备，使它们同时工作。但是完成一次程序中断所需的辅助操作可能很多，当外部设备的数目较多时，中断请求过分频繁，可能使CPU应接不暇；另外，对于一些高速外部设备，由于信息交换是成批的，如果处理不及时，可能会造成信息丢失，因此，它主要适用于中、低速外部设备。

3.直接存储器存取(DMA)方式

DMA方式是在主存储器和外部设备之间开辟直接的数据通路，可以直接进行数据交换，基本上不需要CPU介入的主存和外部设备之间的信息传送，这样不仅能保证CPU的高效率，而且能满足高速外部设备的需要。

DMA方式只能进行简单的数据传送操作，在数据块传送的起始和结束时还需CPU及中断系统进行预处理和后处理。

4.I/O通道的控制方式

I/O通道的控制方式是DMA方式的进一步发展。系统中设有通道控制部件，每个通道挂若干台外部设备，主机在执行I/O操作时，只需启动有关通道，通道将执行通道程序，从而完成I/O操作。

通道是一个具有特殊功能的处理器，能独立地执行通道程序，产生相应的控制信号，实现对外部设备的统一管理和外部设备与主存之间的数据传送控制。但通道不是一个完全独立的处理机，要在CPU的I/O指令指挥下才能启动、停止或改变工作状态，是从属于CPU的一个专用处理器。

一个通道执行输入/输出过程全部由通道按照通道程序自行处理，不论交换信息多少，只需要CPU两次(启动和停止时)操作。因此，主机、外部设备和通道可以并行同时工作，而且一个通道可以控制多台不同类型的设备。

5.I/O处理机方式

通道方式的进一步发展就形成了I/O处理机，又称为外围处理机。I/O处理机既可以完成I/O通道要完成的I/O控制，又可以完成码制变换、格式处理、数据块的检错以及纠错等操作。I/O处理机基本上独立于主机工作。在许多大型计算机系统中，设置了多台外围处理机，实际上已经成为一个多机系统，在系统结构上已由功能集中式演变成为功能分散的分布式系统。

目前，小型、微型计算机大多采用程序查询方式、程序中断方式和DMA方式，大、中型计算机多采用通道方式和外围处理机方式。下面将详细介绍这几种典型的输入/输出控制方式的工作原理及其接口。

7.2 程序查询方式

7.2.1 程序查询方式的原理

1.程序查询的基本思想

由CPU执行一段输入/输出程序来实现主机与外部设备之间的数据传送方式称为程序直接控制方式。根据外部设备的不同性质,这种传送方式又可分为无条件传送和程序查询方式两种。

在无条件传送方式中,I/O接口总是准备好接收主机的输出数据,或总是准备好向主机输入数据,因而CPU无须查询外部设备的工作状态。在CPU认为需要时,随时可直接利用I/O指令访问相应的I/O端口,实现与外部设备之间的数据交换。这种方式的优点是软、硬件结构都很简单,但其时序要求配合精确,一般的外部设备难以满足该要求。所以,该方式只是用于简单开关量的输入/输出控制中,稍复杂一点的外部设备都不采用此种方式。

许多外部设备的工作状态是很难事先预知的,比如键盘何时按键,一台打印机是否能接收新的打印输出信息等。当CPU与外部设备工作不同步时,很难确保CPU在执行输入操作时,外部设备一定是"准备好"的;而在执行输出操作时,外部设备一定是"缓冲器空"的。为了保证数据传送的正确进行,就要求CPU在程序中查询外部设备的工作状态,如果外部设备尚未准备就绪,CPU则就循环等待,只有外部设备已做好准备,CPU才能执行I/O指令,这就是程序查询方式。

程序查询方式具有以下特点。

①简单,容易控制,接口硬件设备少。

②CPU和外部设备是串行工作,CPU的效率低。

③适用于单用户时,主机只输入或输出而无任何其他事可做的场合。

2.程序查询方式的工作流程

程序查询方式的工作过程大致为:

(1)预置传送参数

在传送数据之前,由CPU执行一段程序预置传送参数。传送参数包括存取数据的主存缓冲区首地址和传送数据的个数。

(2)向I/O接口发命令字

当CPU选中某台外部设备时,执行输出指令向I/O接口发出命令字,启动外部设备,为接收数据或发送数据操作做准备。

(3)从I/O接口取回状态字

CPU执行输入指令,从I/O接口中取回状态字并进行测试,判断数据传送是否可以进行。

(4)查询外部设备标志

CPU不断查询状态标志,如果外部设备没有准备就绪,CPU就执行空指令进行等待,一直到这个外部设备准备就绪,并发出"准备就绪"信号为止。

(5)传送数据

只有外部设备准备好,才能实现主机与外部设备间的一次数据传送。输入时CPU执行输入指令,从I/O接口的数据缓冲寄存器中接收数据;输出时CPU执行输出指令,将数据写入

I/O 接口的数据缓冲寄存器。

(6)修改传送参数

每进行一次数据传送,需要修改传送参数,其中包括主存缓冲区地址加 1,传送个数计数器减 1。

(7)判断传送是否结束

如果传送个数不为 0,则转第(3)步,继续传送,直到传送结束为止。

程序查询方式的工作流程如图 7-2 所示,其程序查询的核心是查询设备状态是否就绪,如果没有则循环再查询,直到设备就绪;真正传送数据的操作由输入或输出指令完成。

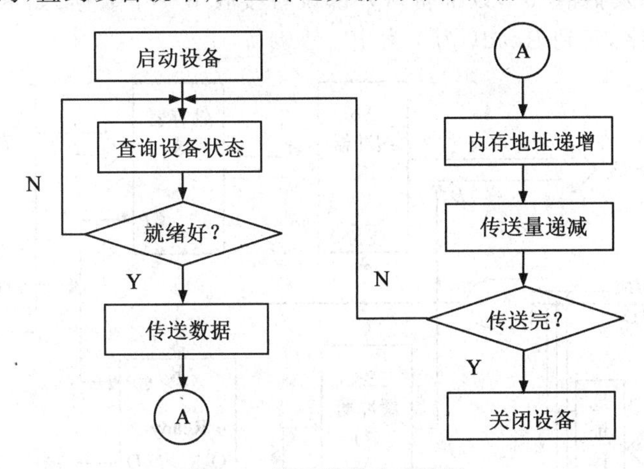

图 7-2　程序查询方式流程

7.2.2　程序查询方式接口

程序查询方式是最简单、经济的 I/O 方式,只需很少的硬件,如图 7-3 所示为程序查询方式接口示意图。

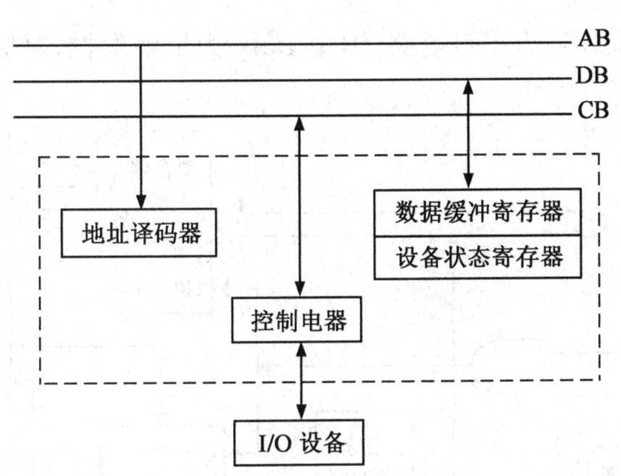

图 7-3　程序查询方式接口

通常接口中至少有 2 个寄存器,1 个是数据缓冲寄存器,即数据端口,用来存放与 CPU 进行传送的数据信息,另 1 个是供 CPU 查询的设备状态寄存器,即状态端口,这个寄存器由多个标志位组成,其中最重要的是设备准备就绪标志(输入和输出设备的准备就绪标志可以不是同一位）。当 CPU 得到这位信息后就进行判断，以决定下一步是继续循环等待还是进行 I/O 传送，也有些计算机仅设置状态标志触发器，其作用与设备状态寄存器相同。

1. 输入接口

如图 7-4 所示为查询式输入接口电路，图中 Ready 为准备好触发器，对应于设备状态寄存器 D_0 位。在输入设备准备好数据时，发出一个选通信号(STB)，一方面将数据送入锁存器，同时将 Ready 触发器置“1”，以表示接口电路中已有数据（即准备就绪），CPU 要从外部设备输入数据时，先执行输入指令读入状态字，如 Ready 为 1，则再执行输入指令从缓冲器中读入数据，同时把 Ready 触发器清“0”，以准备从外部设备接收下一个数据；如 Ready 为 0，则 CPU 等待，继续读入状态字，直到 Ready 为 1 为止。

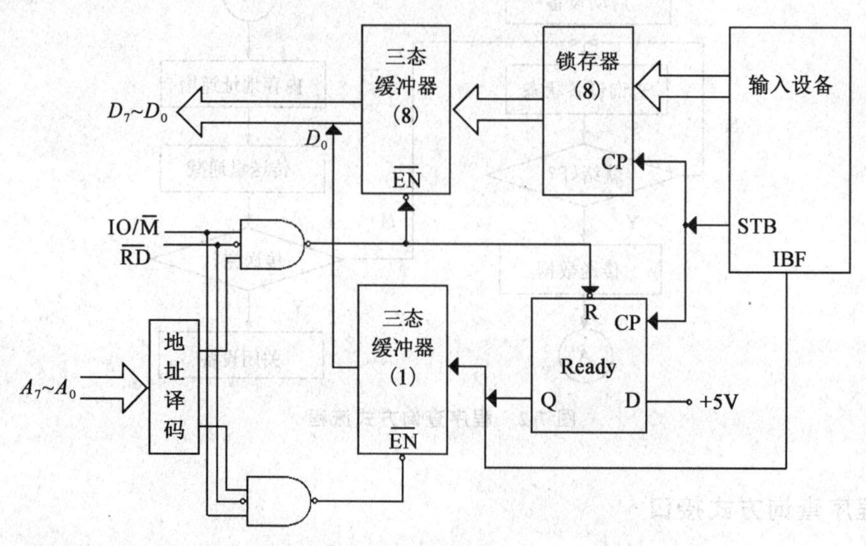

图 7-4 程序查询方式输入接口电路

2. 输出接口

如图 7-5 所示为查询式输出接口电路，图中 Busy 为忙触发器，对应于设备状态寄存器的 D_7 位。

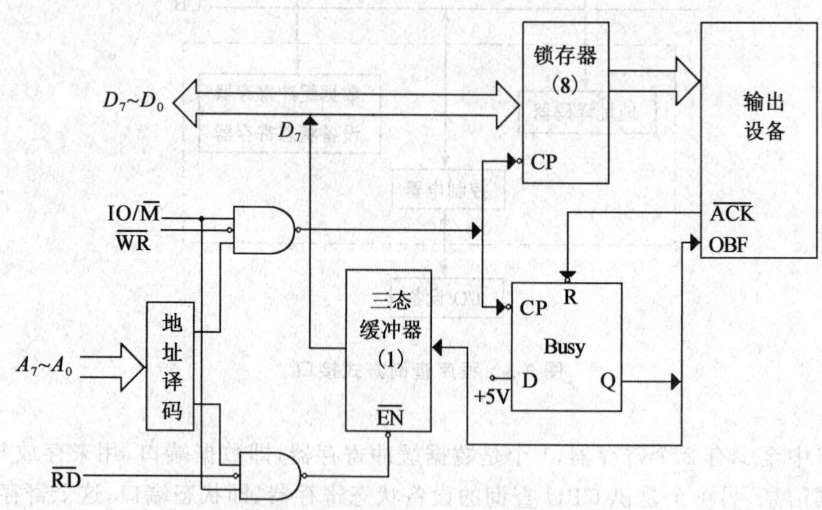

图 7-5 程序查询方式输出接口电路

输出时，CPU首先执行输入指令读取外部设备的状态字，如Busy为1，表示接口的输出缓冲器是满的，CPU只能等待，继续读入状态字，直至Busy为0为止。如Busy为0，表示接口的输出缓冲器是空的，CPU可向外部设备发送数据。此时，CPU执行输出指令，将数据送入锁存器，并将Busy触发器置"1"。在输出设备把CPU送来的数据真正输出后，发出一个$\overline{\text{ACK}}$信号，使Busy触发器置"0"，以准备下一次传送。

若有多个外部设备需要用查询方式工作时，其流程如图7-6所示。CPU会逐个查询外部设备，发现哪个外部设备准备就绪，就对该外部设备实施数据传送，然后再对下一外部设备查询，依次循环。在整个查询过程中，CPU不能做别的事。如果某一外部设备刚好在查询过自己之后才处于就绪状态，那么它必须等CPU查询完其他外部设备，再次查询自己时，才能被CPU服务，这对于实时性要求较高的外部设备来说，就可能丢失数据。

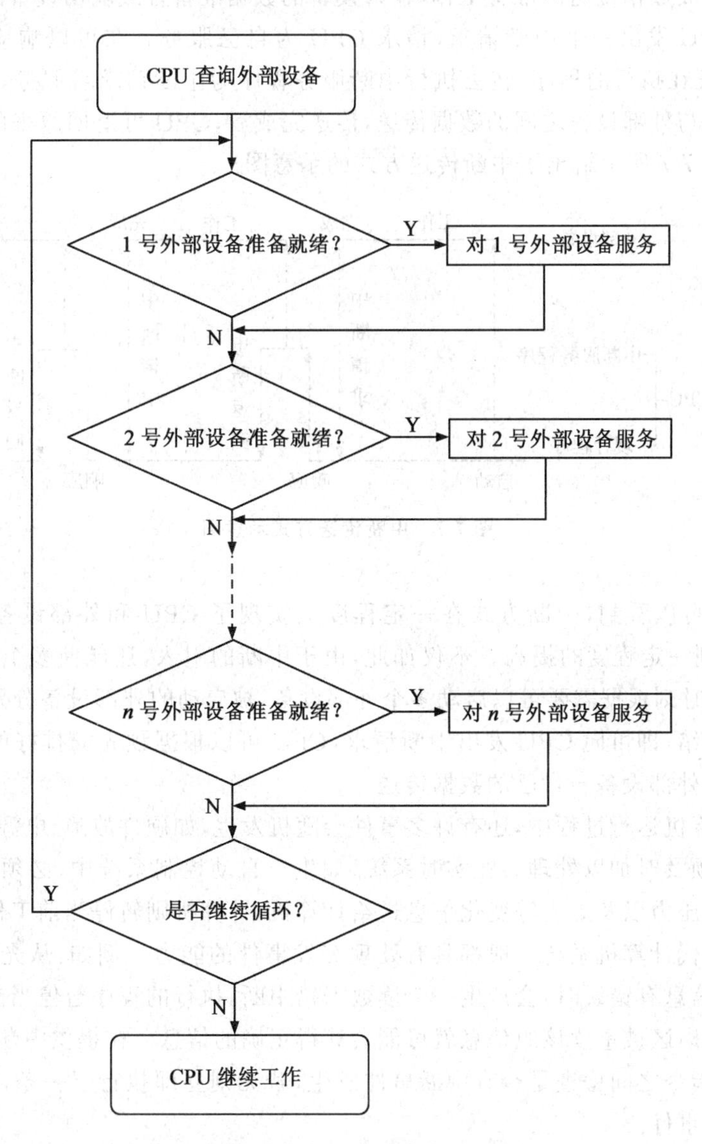

图7-6　多个外部设备的查询工作流程

7.3 程序中断方式

7.3.1 中断的概念

1. 中断的引入

为了提高输入/输出能力和CPU的执行效率,20世纪50年代中期,中断传送方式被引进计算机系统。中断传送方式的思想是:CPU在程序中安排好在某一时刻启动某一台外部设备,然后CPU继续执行原来程序,不需要像查询方式那样一直等待外部设备的准备就绪状态。一旦外部设备完成数据传送的准备工作(输入设备的数据准备好或输出设备的数据缓冲器空)时,便主动向CPU发出一个中断请求,请求CPU为自己服务。在可以响应中断的条件下,CPU暂时中止正在执行的程序,转去执行中断服务程序为中断请求者服务,在中断服务程序中完成一次主机与外部设备之间的数据传送,传送完成后,CPU可返回原来的程序,从断点处继续执行。如图7-7所示给出了中断传送方式的示意图。

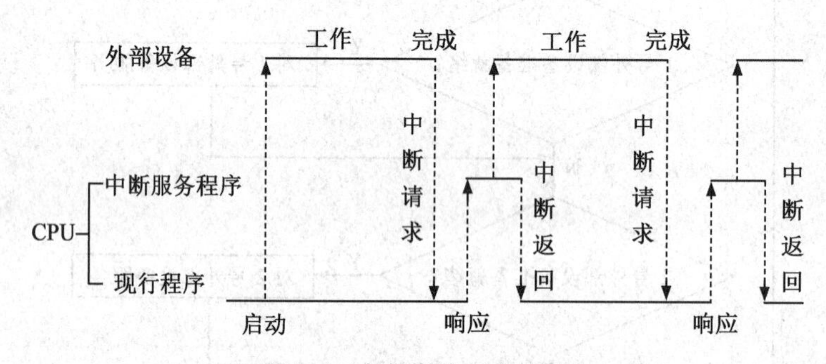

图7-7 中断传送方式示意图

从图7-7中可以看到,中断方式在一定程度上实现了CPU和外部设备的并行工作,使CPU的效率得到一定程度的提高。不仅如此,由于中断的引入,还能使多个外部设备并行工作,CPU在不同时刻根据需要可以启动多个外部设备,被启动的外部设备分别同时独立工作,一旦自己准备就绪,即可向CPU发出中断请求,CPU可以根据预先安排好的优先顺序,按轻重缓急处理几台外部设备与自己的数据传送。

另外,在计算机运行过程中,还有许多事件会随机发生,如硬件故障、电源掉电和程序出错等,这些事件必须及时加以处理。在实时系统,如生产自动控制系统中,必须即时将传感器传来的温度、距离、压力以及湿度等变化信息送给计算机,计算机则暂停当前工作,转去处理和解决异常情况。现代计算机系统一般都具有处理突发事件的能力。例如:从光盘上读入一组信息,当发现读入信息有错误时,会产生一个读数据错中断,执行的程序暂停当前的工作,并让光盘旋转到出错的扇区被重读该组信息就可能会获得正确的信息。在提供中断装置的计算机系统中,在每两条指令之间检查是否有中断事件发生,若无则立即执行下一条,否则响应该事件并转去处理中断事件。

这种处理突发事件的能力是由计算机的硬件和软件协作完成的。首先,由硬件的中断装置发现外部设备产生的中断事件,然后,中断装置通知CPU中止现行程序的执行,引出该事件的中断处理程序来处理。计算机系统不仅可以处理由于硬件或软件错误而随机产生的事件，而且可以处理某种预见要发生的事件。例如，外部设备工作结束时，也会发出中断请求，向系统报告已完成任务，系统根据具体情况做出相应处理。引起中断的事件称为中断源。发现中断源并产生中断的硬件称中断装置。在不同的硬件结构中，通常有不同的中断源和不同的中断装置。

2.中断的定义

中断是指当计算机执行现行程序时，系统中出现某些急需处理的异常情况或特殊请求，CPU暂时中止现行程序，而转去对随机发生的更紧迫的事件进行处理，在处理完毕后，CPU将自动返回原来的程序继续执行。

中断系统是计算机实现中断功能的软、硬件总称。一般在计算机系统中配置中断机构，在外部设备接口中配置中断控制器，在软件上设计相应的中断服务程序。

3.中断与调用子程序的区别

表面上看起来，计算机的中断处理过程有点类似于调用子程序的过程，这里的现行程序相当于主程序，中断服务程序相当于子程序。但是，它们之间却有着本质上的区别。

①子程序的执行是由程序员事先安排好的(由一条调用子程序指令转入)，而中断服务程序的执行则是由随机的中断事件引起的。

②子程序的执行受到主程序或上层子程序的控制，而中断服务程序一般与被中断的现行程序毫无关系。

③不存在同时调用多个子程序的情况，而有可能发生多个外部设备同时请求CPU为自己服务的情况。

因此，中断的处理要比调用子程序指令的执行复杂得多。

4.中断的基本类型

中断源很多，从不同的角度，中断有很多不同的分类。

(1)自愿中断和强迫中断

不同硬件结构的中断源各不相同，从中断事件的性质来说，可以分成强迫性中断事件和自愿性中断事件两大类。

自愿性中断事件是正在运行的程序所期待的事件。这种事件是由于执行了一条访管指令而引起的，它表示正在运行的程序对操作系统有某种需求，一旦机器执行到一条访管指令时，便自愿停止现行程序而转入访管中断处理程序处理。例如，要求操作系统协助启动外部设备工作。

强迫性中断事件不是正在运行的程序所期待的，而是由于某种事故或外部请求信息所引起的。对于输入/输出接口的动作引起的，如数据传输结束、设备出错等等。这类中断事件其他原因大致有以下几种。

①机器故障中断事件。例如，电源故障，主存储器校验出错等。

②程序性中断事件。例如，定点溢出，除数为0，地址越界等。

③外部中断事件。例如，时钟的定时中断，控制台发控制信息等。

(2)内中断和外中断

按照中断信号的来源不同，把中断分为内中断和外中断两类。

外中断一般又称中断，是指来自处理器和主存储器之外的中断，包括电源故障中断、时钟中断、控制台中断以及I/O中断等。

内中断是指来自处理器和主存内部的中断，一般又称陷入或异常，包括：通路校验错、主存奇偶错、非法操作码、地址越界、页面失效、调试指令、访管中断以及算术操作溢出等各种程序性中断等。其中访管中断是由机器指令提供的特殊指令，该指令执行时将会引起中断。

(3)向量中断和非向量中断

向量中断是指那些中断服务程序的入口地址是由中断源自己提供的。中断源在提出中断请求的同时，通过硬件向主机提供中断服务程序入口地址，即向量地址。

非向量中断的中断事件不能直接提供中断服务程序的入口地址，而由CPU查询之后得到。

(4)单重中断和多重中断

单重中断在CPU执行中断服务程序的过程中不能被再打断。

多重中断在执行某个中断服务程序的过程中，CPU可去响应级别更高的、更加紧急的中断请求，又称为中断嵌套。多重中断表征计算机中断功能的强弱，有的计算机能实现6级以上的多重中断。

(5)程序中断和简单中断

中断按处理方式的不同分为程序中断和简单中断两种。

程序中断是利用中断服务程序对引起中断的事件进行处理的中断。

简单中断暂停处理机的数据传送操作，插入一个外部设备与内存之间的数据传送操作。这种中断不去执行中断服务程序，故不破坏现行程序的状态，这种方式常常是指DMA方式。

(6)可屏蔽中断和不可屏蔽中断

按中断请求的可屏蔽性分可屏蔽中断和不可屏蔽中断。

可屏蔽中断这一类的中断请求需在CPU的中断标志IF为1或中断屏蔽标志IM为0才能被响应。

不可屏蔽中断(NMI)这一类的中断请求不受IF或IM的控制，均能被响应。

7.3.2 中断请求与中断判优

1.中断请求的提出和传送

(1)中断请求的提出

由于每个中断源向CPU发出中断请求的时间是随机的，为了记录中断事件并区分不同的中断源，可采用具有存储功能的触发器来记录中断源，称为中断请求触发器。当某一个中断源有中断请求时，其相应的中断请求触发器置成1的状态，此时，该中断源向CPU发出中断请求信号。

多个中断请求触发器构成一个中断请求寄存器，其中每一位对应一个中断源，中断请求寄存器的内容称为中断字或中断码，中断字中为1的位就表示对应的中断源有中断请求。

(2)中断请求信号的传送

①独立请求线。每个中断源单独设置中断请求线，将中断请求信号直接送往CPU，如图7-8(a)所示。这种方式的特点是CPU在接到中断请求的同时也就知道了中断源是谁，其中断服务程序的入口地址在哪里。这有利于实现向量中断，提高中断的响应速度，但是其硬件代价

较大，且CPU所能连接的中断请求线的数目有限，难以扩充。

②公共请求线。多个中断源共有一根公共请求线，如图7-8(b)所示。这种方式的特点是在负载允许的情况下，中断源的数目可随意扩充，但CPU在接到中断请求后，必须通过软件或硬件的方法来识别中断源，然后再找出中断服务程序的入口地址。

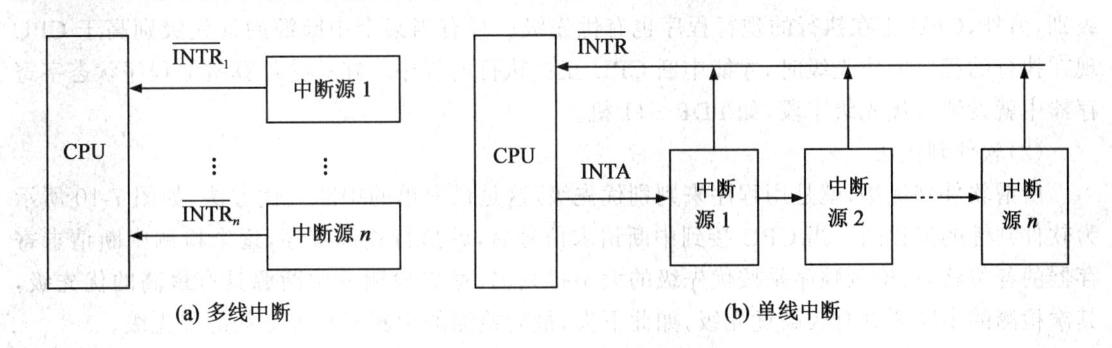

图7-8　多线中断与单线中断

③二维结构。将中断请求线连成二维结构，如图7-9所示，同一优先级别的中断源，采用一根公共的请求线，不同请求线上的中断源优先级别不同，这种方式综合了前两种中断方式的优点，在中断源较多的系统中常采用这种方式。

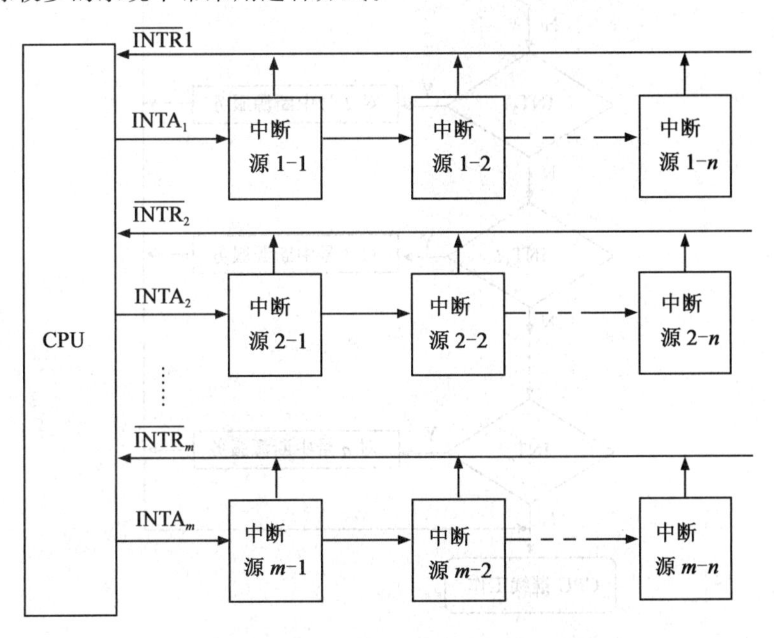

图7-9　二维结构中断请求信号的传递方式

2. 中断优先级与判优方法

(1)中断优先级

计算机应用环境不同，中断源的数目也不同，一般有十几个到几十个。当多个中断源同时发出中断请求时，CPU究竟首先响应哪一个中断请求呢？通常，把全部中断源按中断性质和处理的轻重缓急安排优先级并进行排队。

确定中断优先级的原则是:对那些提出中断请求后需要立刻处理,否则就会造成严重后果的中断源,规定为较高的优先级;而对那些可以延迟响应和处理的中断源,规定为较低的优先级。如故障中断一般优先级较高,其次是简单中断,接着才是I/O设备中断。

每个中断源均有一个为其服务的中断服务程序,每个中断服务程序都有与之对应的优先级别,另外,CPU正在执行的现行程序也有优先级。只有当某个中断源的优先级别高于CPU现在执行的程序的优先级时,才能中断CPU正在执行的程序。在一些计算机的程序状态字寄存器中就设置有优先级字段,如PDP—11机。

(2)软件判优法

所谓软件判优法,就是用程序来判别优先级,这是最简单的中断判优方法,如图7-10所示为软件判优的流程图。当CPU接到中断请求信号后,就执行查询程序,逐个检测中断请求寄存器的各位状态,检测顺序是按优先级的大小排列的,最先检测的中断源具有最高的优先级,其次检测的中断源具有较高优先级,如此下去,最后检测的中断源具有最低的优先级。

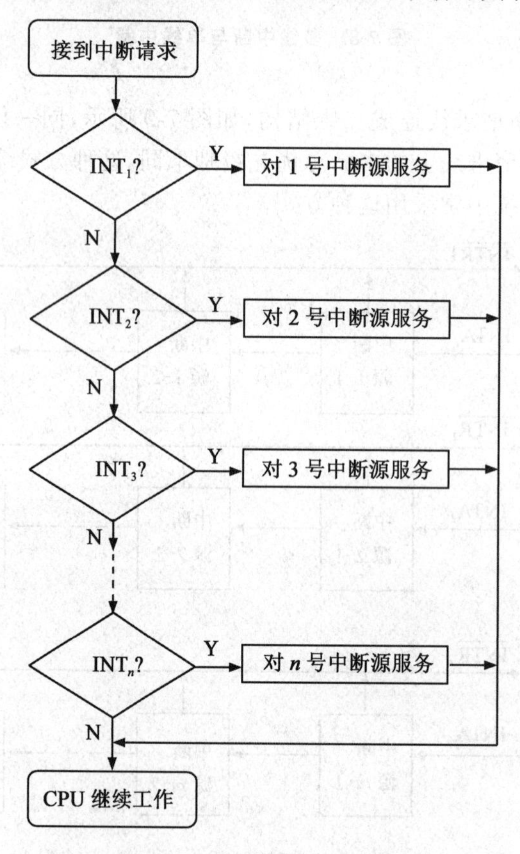

图7-10 软件判优的流程图

显然,软件判优与识别中断源是结合在一起的,当查询到中断请求信号的发出者,也就是找到了中断源,可以转入对应的中断服务程序中去。

软件判优方法简单,可以灵活地修改中断源的优先级别;但查询、判优完全是靠程序实现的,不但占用CPU时间,而且判优速度慢。

(3)硬件判优电路

采用硬件实现中断优先级判定可节省CPU时间,而且速度快,但是成本较高。

根据中断请求信号的传送方式不同,有不同的优先排队电路,常见的有以下几种方案。

①独立请求线的优先排队电路。如图7-11所示为独立请求线的优先排队电路,IRI_i 为来自中断请求触发器的请求信号,IRO_i 为经过优先排队电路后送给编码器的中断请求信号。

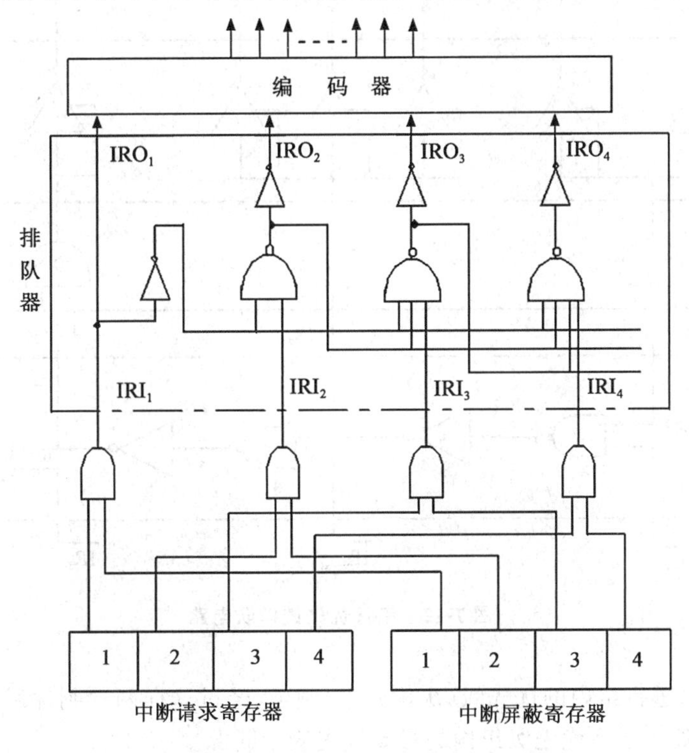

图7-11 独立请求线的优先排队电路

优先次序为 $IRI_1 \rightarrow IRI_2 \rightarrow IRI_3 \rightarrow \cdots$。优先级别高的中断请求将自动封锁优先级别低的中断请求。这种电路判优速度快,并能在判优的同时识别出中断源,但所需的硬件较多。

②公共请求线的优先排队电路。如图7-12所示为串行优先链排队电路。$\overline{INTO}$ 是送往CPU的公共中断请求线,所有中断源的请求信号都经过一个"或门"之后送到CPU。$\overline{INTI}$ 称为中断响应线或中断批准线,是CPU对INT信号的回答信号,它以串行链的方式依次连接所有中断源。CPU中断响应先被中断源1接收,若其有中断请求,就阻塞 $\overline{INTI}$ 再向下传送,进而使CPU为自己服务;若中断源1无中断请求,则将 $\overline{INTI}$ 信号继续传送到中断源2,……,直至最后。这种优先排队电路称为串行优先链(菊花链)排队电路。

串行方式电路中,离CPU近的中断源的优先级别高于离CPU远的中断源的优先级别。这里所指的远近并不一定是指空间距离,而是指信号传递的顺序。这种方法的实现电路较简单,但一旦电路设计连接好后,想再改变或调整优先级别将很困难。

③二维结构优先排队电路。二维结构优先排队电路适用于中断请求线连成二维结构的系统,各中断源的优先级被分成主优先级和次优先级。当有一个或多个中断请求发生时,在CPU中先进行组间优先级(主优先级)判定,确定出其中最高优先级组,再对这个组发出中断

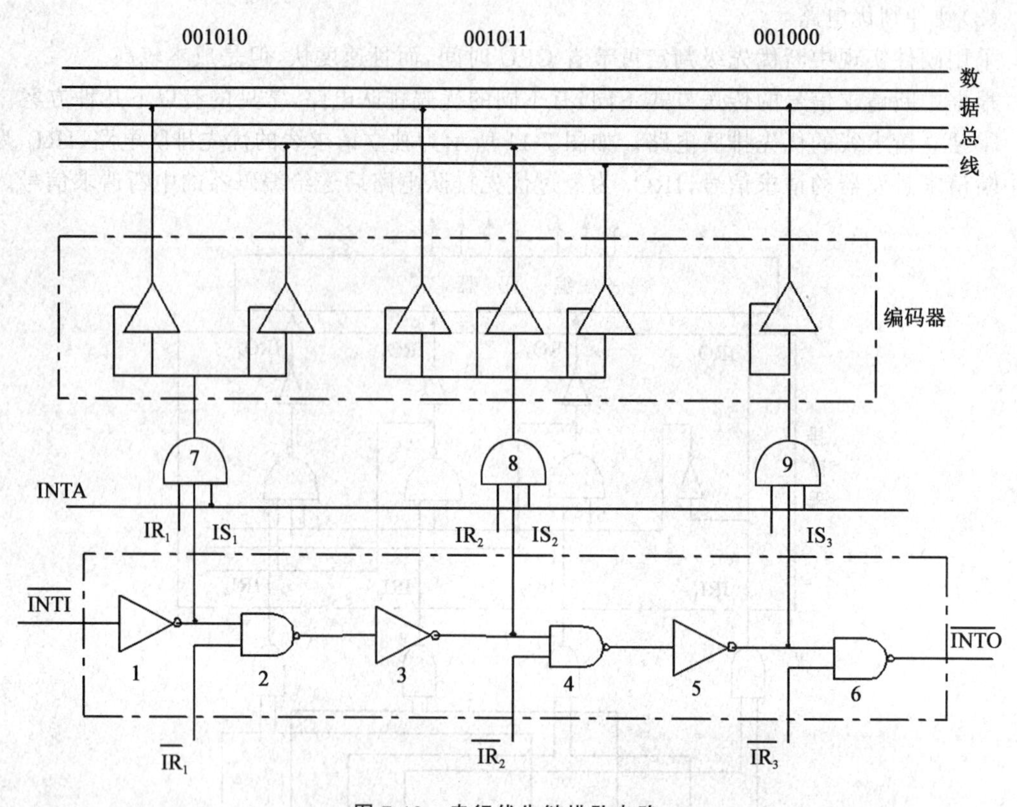

图 7-12 串行优先链排队电路

响应信号 $INTA_i$，进行组内的优先级(次优先级)判定，经过这样两次判优后，就可得到在同时请求的中断源中处于最高优先级组内的最高优先级中断源。

主优先级判定电路设在 CPU 内部，次优先级判定电路设在外部设备接口电路之中，二维的优先级判优电路具有较强的适应能力。

7.3.3 中断响应和中断处理

1. CPU 响应中断的条件

CPU 响应中断必须满足下列条件和时间的要求。

①CPU 接收到中断请求信号：首先中断源要发出中断请求信号，同时 CPU 还要接收到这个中断请求信号。

②CPU 允许中断：CPU 允许中断，即开中断。CPU 内部有一个中断允许触发器，只有当其被置位时，CPU 才可能响应中断源的中断请求(中断开放)。如其被复位，CPU 则处于不可中断状态，即使中断源有中断请求，CPU 也不会响应(中断关闭)。

通常，中断允许触发器由开中断指令(EI)来置位，由关中断指令(DI)或硬件自动使其复位。

③一条指令执行完毕：这是 CPU 响应中断请求的时间限制条件，一般情况下，CPU 会在一条指令执行完毕，且没有更紧迫的任务时才能响应中断请求。

2. 中断隐指令

CPU 响应中断之后，会经过某些操作，转去执行中断服务程序。这些操作是由硬件直接实现的，称为中断隐指令。中断隐指令并不是指令系统中的一条真正的指令，没有操作码，所以中断隐指令是一种不允许、也不可能为用户使用的特殊指令。其所完成的操作主要有以下几种。

①保存断点：为了保证在中断服务程序执行完毕后能正确返回原来的程序，必须将原来程序的断点（即程序计数器中的内容）保存起来。断点可以压入堆栈，也可以存入主存储器的特定单元中。

②暂不允许中断：此时关中断是为了使在用软件保护中断现场（即 CPU 的主要寄存器状态）时，不被新的中断所打断，从而保证被中断的程序在中断服务程序执行完毕后能继续正确地执行下去。

并不是所有的计算机都在中断隐指令中由硬件自动地关中断，也有些计算机的这一操作是由软件（中断服务程序）来实现的。

③引出中断服务程序：引出中断服务程序的实质就是取出中断服务程序的入口地址，将其送入程序计数器。对于向量中断和非向量中断，引出中断服务程序的方法是不相同的。

以上几个基本操作在不同的计算机系统中的处理方法是各异的。通常，在组合逻辑控制的计算机中，专门设置了一个中断周期，来完成中断隐指令的任务。在微程序控制的计算机中，则专门安排有一段微程序来完成中断隐指令的这些操作。

3. 中断周期

在组合逻辑控制器的计算机中，为了完成中断隐指令的任务，专门设置了中断周期（IT）。假设，某一非向量中断的计算机，其中断总服务程序的入口地址为 00002H，在这个单元里存放着一条无条件转移指令，转向中断总服务程序。在总服务程序中进一步保护现场，中断判优并查询中断源，然后转向对应中断源的中断服务程序，这个中断周期的流程如图 7-13 所示。

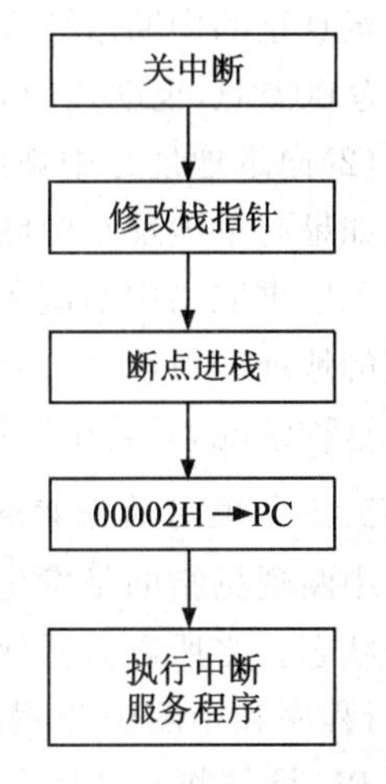

图 7-13　中断周期的流程

4. 进入中断服务程序

识别中断源的目的在于使 CPU 转入为该中断源专门设置的中断服务程序，解决这个问题的方法可以用软件，也可以用硬件，或用两者相结合的方法。

软件方法在前面已经提到，中断隐指令控制进入一个中断总服务程序，在那里判优、寻找中断源并且转入相应的中断服务程序。这种方法方便、灵活，硬件极简单，但效率是比较低的。

本书着重讨论硬件向量中断法，当 CPU 响应某一中断请求时，硬件能自动形成并找出与该中断源对应的中断服务程序的入口地址。

向量中断的过程如图 7-14 所示，中断源向 CPU 发出中断请求信号 $\overline{\text{INTR}}$ 后，CPU 经过一定的判优处理，若决定响应这个中断请求，则向中断源发出中断响应信号 INTA。中断源接到 INTA 信号后就通过自己的向量地址发生器向 CPU 发送向量地址，CPU 接收该向量地址后就可转入相应的中断服务程序。

向量地址通常有两种情况。

(1)向量地址是中断服务程序的入地址

如果向量地址就是中断服务程序的入口地址，则CPU不需要再经过处理就可以进入相应的中断服务程序，Z-80的中断方式0就是这种情况。各中断源在接口中由硬件电路形成一条含有中断服务程序入口地址的特殊指令（重新启动指令），从而转入相应的中断服务程序。中断源向CPU提供RST指令，其操作码为11NNN111，其中NNN为三位二进制码，范围为000～111，故RST指令有8种组合。

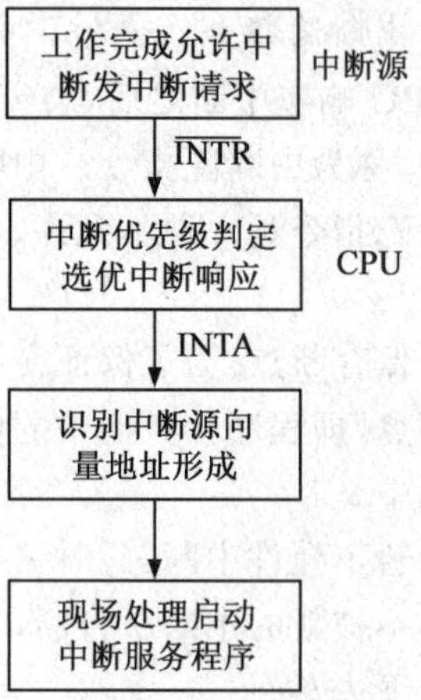

工作完成允许中断发中断请求　中断源

$\overline{INTR}$

中断优先级判定选优中断响应　CPU

INTA

识别中断源向量地址形成

现场处理启动中断服务程序

图7-14　向量中断的过程

RST指令的功能如下。

(SP-1)←PCh　　断点高8位进栈保存

(SP-1)←PCl　　断点低8位进栈保存

SP←SP-2　　修改栈指针

PC←8×NNN　　转中断服务程序入口地址

由此可见，RST指令能调用位于存储器前64个字节的8个中断服务程序中的任意一个，两个入口地址之间相隔有8个单元，它们依次是00H、08H、10H、……、38H。如果中断服务程序较短，就可以放在这些单元里；如果中断服务程序较长，可在8个单元里再放一条转移指令，以转至真正的中断服务程序中去。例如，当指令为RST 7时，经CPU处理后得到的向量地址VA为0038H，也就是说，该中断源的中断服务程序的入口地址为0038H。

(2)向量地址是中断向量表的指针

如果向量地址是中断向量表的指针，则向量地址指向一个中断向量表，从中断向量表的相应单元中再取出中断服务程序的入口地址，此时中断源给出的向量地址是中断服务程序入口地址的地址。目前，大多数微型计算机都采用这种方法，Intel X86和Z—80的中断方式2都属于这种情况，其转中断服务程序的方法如图7-15所示。

5.中断现场的保护和恢复

中断现场指的是发生中断时CPU的状态，其中最重要的是断点，另外还有一些通用寄存器的状态。之所以需要保护和恢复现场的原因是因为CPU要先后执行两个完全不同的程序（现行程序和中断服务程序），必须进行两种程序运行状态的转换。一般来说，在中断隐指令中，CPU硬件将自动保存断点，有些计算机还自动保存程序状态寄存器（Program State Word Register，PSWR）中的内容。但是，在许多应用中，要保证中断返回后原来的程序能正确地继续运行，仅保存这一两个寄存器的内容是不够的。为此，在中断服务程序开始时，应由软件去保存那些硬件没有保存，而在中断服务程序中又可能用到的寄存器（如某些通用寄存器）的内容，在中断返回后，这些内容应该被恢复。

现场的保护和恢复方法不外乎有纯软件和软、硬件相结合两种。纯软件方法是在CPU响应中断后，用一系列传送指令把要保存的现场参数送到主存储器的某些单元中去，当中断服务程序结束后，再采用传送指令进行相反方向的传送。这种方法不需要硬件代价，但是占用了CPU的宝贵时间，速度较慢。现代计算机一般都采用硬件方法来自动快速地保护和恢复部分重要的现场参数，其余寄存器的状态再由软件完成保护和恢复，这种方法的硬件支持是堆栈。

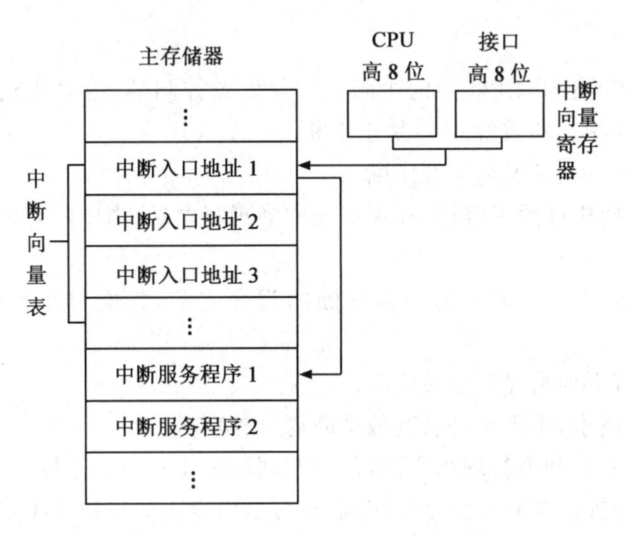

图 7-15　中断向量的方法

软、硬件处理现场往往是和向量中断结合在一起使用的。先把断点和程序状态字自动压入堆栈，这就是保护旧现场；接着根据中断源送来的中断向量自动取出中断服务程序入口地址和新的程序状态字，这就是建立新现场；最后由一些指令实现对必要的通用寄存器的保护。恢复现场则是保护现场的逆处理。

7.3.4　多重中断与中断屏蔽

1. 中断嵌套

中断嵌套过程如图 7-16 所示，中断嵌套的层次可以有多层，越在里层的中断越急迫，优先级越高，因此优先得到 CPU 的服务。

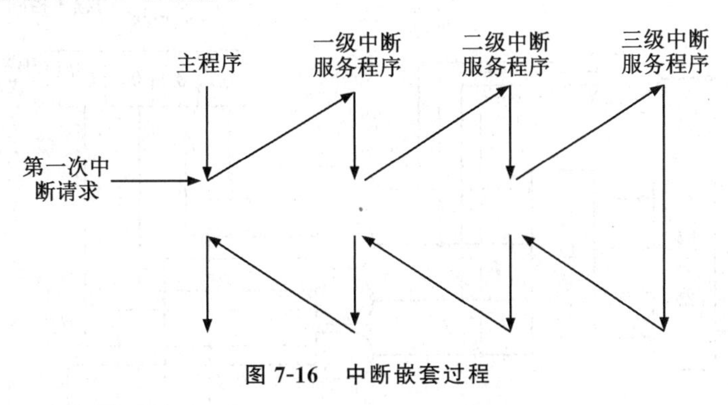

图 7-16　中断嵌套过程

要使计算机具有多重中断的能力，首先要能保护多个断点，而且要符合前面关于断点保护和恢复的原则，即先发生的中断请求的断点，先保护后恢复；后发生的中断请求的断点，后保护先恢复。堆栈的先进后出特点正好满足多重中断这一先后次序的需要。同时，为了保证优先级别高的中断源首先得到 CPU 的服务，需要进行中断判优，并且在 CPU 进入某一中断服务程序之后，系统必须处于开中断状态，否则中断嵌套是不可能实现的。

2.允许和禁止中断

允许中断还是禁止中断是用 CPU 中的中断允许触发器控制的,当中断允许触发器被置1,则允许中断,当中断允许触发器被置0,则禁止中断。

允许中断即开中断,有下列情况时应开中断。

①已响应中断请求转向中断服务程序,在保护完中断现场之后,当中断允许触发器被置有效位。

②在中断服务程序执行完毕,即将返回被中断的程序之前,为能再次响应中断请求做准备。

禁止中断即关中断,有下列情况时应关中断。

①当响应某一级中断请求,不再允许被其他中断请求打断时。

②在中断服务程序的保护和恢复现场之前,使处理现场工作不至于被打断。

开、关中断可以由中断置位和复位指令来实现,也可以由设置适当的程序状态字来实现。

3.中断屏蔽

中断源发出中断请求后,这个中断请求并不一定能真正送到 CPU,在有些情况下,可以用程序方式有选择地封锁部分中断,这就是中断屏蔽。

如果给每个中断源都相应地配备一个中断屏蔽触发器,则每个中断请求信号在送往判优电路之前,还要受到中断屏蔽触发器的控制。各中断屏蔽触发器组成一个中断屏蔽寄存器,其内容称为屏蔽字或屏蔽码,由程序来设置。屏蔽字某一位的状态成为本中断源能否真正发出中断请求信号的必要条件之一。这样,就可实现 CPU 对中断处理的灵活控制,使中断能在系统中合理协调地进行。中断屏蔽寄存器的作用如图 7-17 所示,具体地说,用程序设置的方法将中断屏蔽寄存器中的某一位置 1,则对应的中断请求被封锁,无法参加排队判优;若中断屏蔽寄存器中的某一位置 0,才允许对应的中断请求送往 CPU。

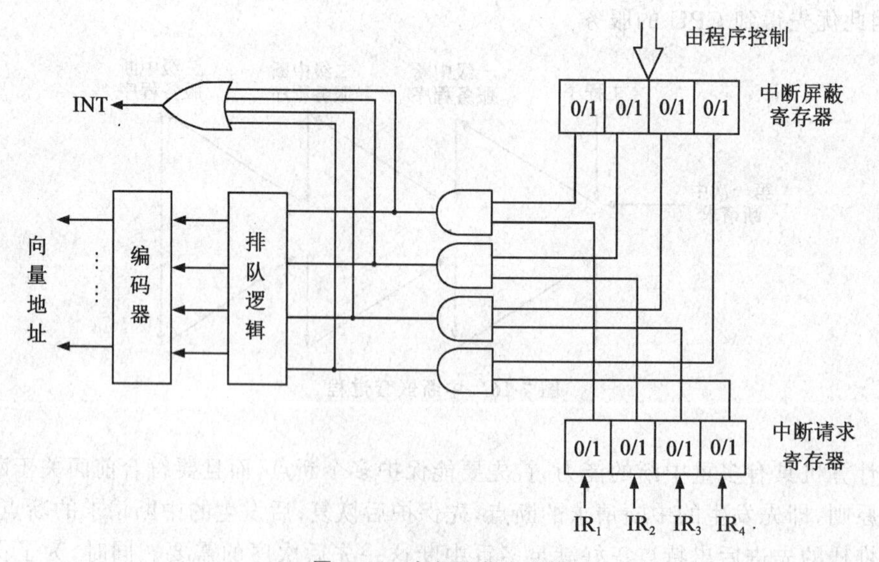

图 7-17 中断屏蔽寄存器

如果一个中断系统有 16 个中断源，每一个中断源按其优先级别赋予一个屏蔽字。0 表示开放，1 表示屏蔽，各中断源对应的屏蔽字见表 7-1。

表 7-1　各中断源的屏蔽字

中断源的优先级	屏蔽字(16 位)
1	111…111
2	011…111
3	001…111
…	…
15	000…011
16	000…001

表 7-1 中第 1 级中断源的优先级别最高，禁止本级和更低级的中断请求；第 16 级中断源的优先级别最低，仅禁止本级的中断请求，而对其他高级的中断请求全部开放。也有些中断请求是不可屏蔽的，即不受中断屏蔽寄存器的控制。这种中断源的中断请求一旦提出，CPU 必须立即响应。它们具有最高的优先级别，例如，电源掉电、内存校验错等。

4. 中断升级

中断屏蔽字的另一个作用是可以改变中断优先级，即将原级别较低的中断源变成较高的级别，称为中断升级。这实际上是一种动态改变优先级的方法。这里所说的改变优先级是指改变中断的处理次序。中断处理次序和中断响应次序是两个不同的概念，中断响应次序是由硬件排队电路决定的，无法改变。但是，中断处理次序是可以由屏蔽码来改变的，故把屏蔽码看成软排队器，中断处理次序可以不同于中断响应次序。

例如，某计算机的中断系统有 4 个中断源，每个中断源对应一个屏蔽码，表 7-2 为程序级别与屏蔽码的关系，中断响应的优先次序为 1→2→3→4，根据表 7-3 给出的屏蔽码，中断的处理次序和中断的响应次序是一致的。

表 7-2　程序级别与屏蔽码

程序级别	屏蔽码			
	1 级	2 级	3 级	4 级
第 1 级	1	1	1	1
第 2 级	0	1	1	1
第 3 级	0	0	1	1
第 4 级	0	0	0	1

根据这一次序，读者可以看到 CPU 运动的轨迹，如图 7-18 所示。当多个中断请求同时出现时，处理次序与响应次序一致，当中断请求先后出现时，允许优先级别高的中断请求打断优先级别低的中断服务程序，实现中断嵌套。

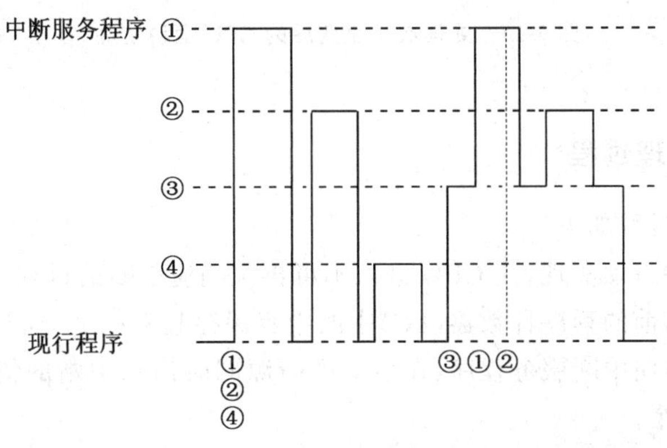

图 7-18　CPU 的运行轨迹

在不改变中断响应次序的条件下，通过改写屏蔽码可以改变中断处理次序，例如，要使中断处理次序改为 1→4→3→2，则只需使中断屏蔽码改为如表 7-3 所示即可。

表 7-3 改变处理次序的屏蔽码

程序级别	屏蔽码			
	1 级	2 级	3 级	4 级
第 1 级	1	1	1	1
第 2 级	0	1	0	0
第 3 级	0	1	1	0
第 4 级	0	1	1	1

在同样中断请求的情况下，CPU 的运动轨迹发生变化，如图 7-19 所示。图中第一次①、②、④3 个请求同时到达，首先响应第①级中断请求，紧接着响应第②级中断请求，由于第②级的屏蔽码是对第④级开放的，当第②级的中断服务程序执行到开中断指令后，立即被第④级中断请求打断，CPU 转去执行第④级中断服务程序，待第④级的中断服务程序执行完毕后再返回接着执行第②级中断服务程序。当第③级中断请求到来并执行其中断服务程序的过程中，又来了第①级中断请求，第③级中断服务程序将被第①级中断请求打断，转去执行第①级中断服务程序，在此过程中，第②级中断请求又出现了，但因第②级的处理级别最低，故不理睬它的请求，直至第③级的中断服务程序执行完毕，再响应第②级中断请求。

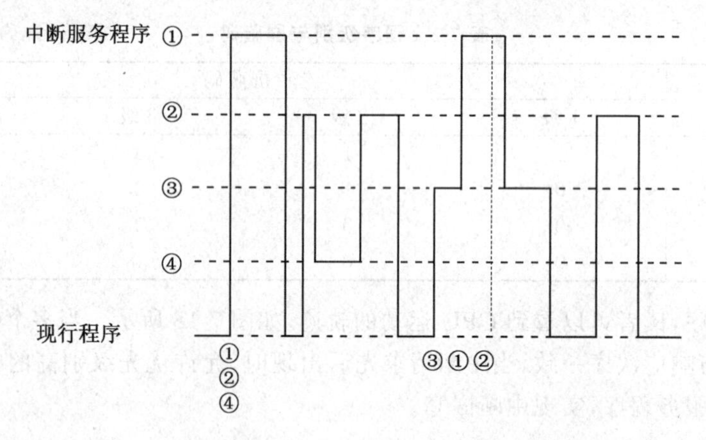

图 7-19 处理次序改变后的 CPU 运动轨迹

7.3.5 程序中断处理过程

程序中断的处理过程如下。

①关中断：由硬件自动实现，让 CPU 进入不可再次响应中断的过程。

②保存断点：将当前的程序计数器(PC)中的内容保存起来。

③识别终端源，转向中断服务程序：在多个中断源同时请求中断的情况下，实际响应的只能是优先权最高的那个。

④保存现场，交换屏蔽字：现场信息一般是指程序状态字、中断屏蔽寄存器和 CPU 中某些

寄存器的内容。

⑤开中断:开中断将允许更高级的中断请求得到响应,实现中断嵌套。

⑥执行中断服务程序主体。

⑦关中断:为了在恢复现场和屏蔽字时不要被中断打断。

⑧恢复现场和屏蔽字。

⑨开中断。

⑩中断返回。

程序中断处理过程如图 7-20 所示。

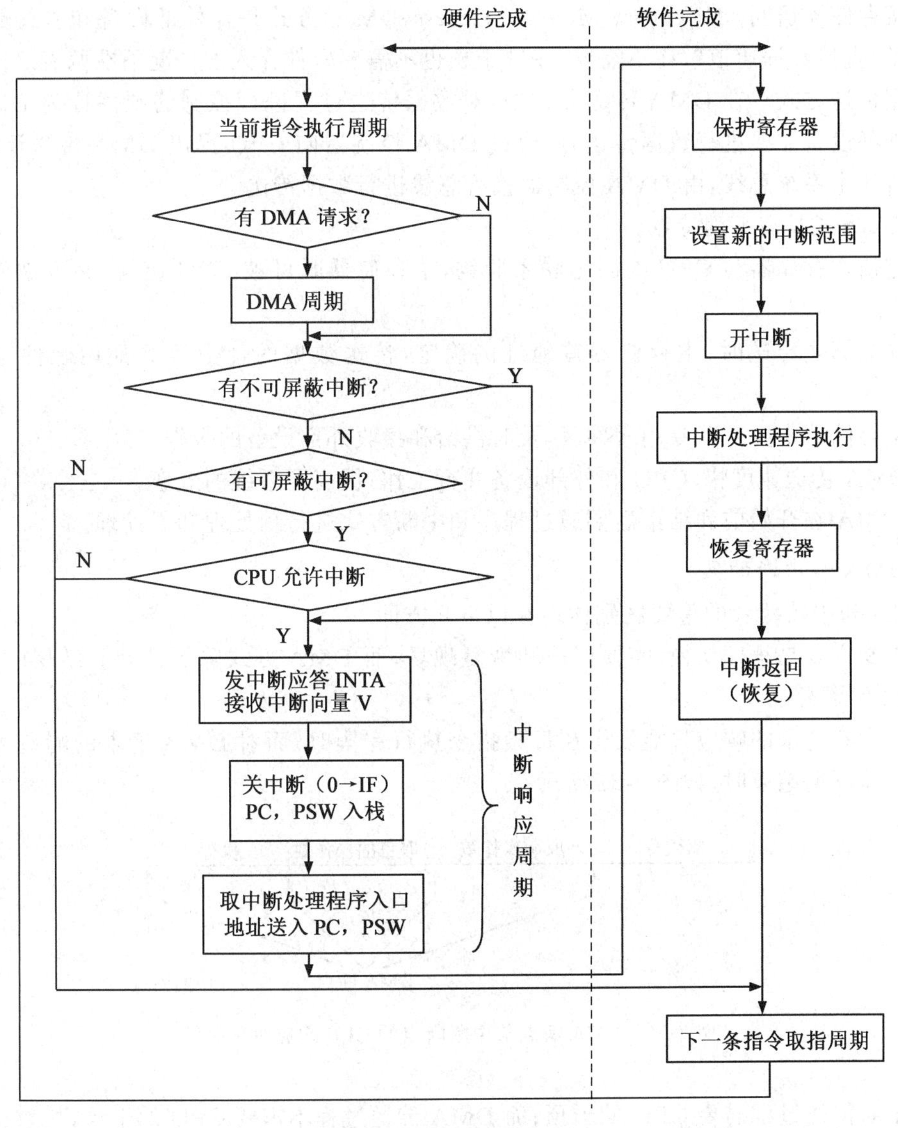

图 7-20　程序中断处理过程

7.4 直接存储器访问(DMA)方式

7.4.1 DMA 方式的基本概念

1.DMA 方式的特点

无论程序查询还是程序中断方式,输入/输出操作的主要工作都是由 CPU 执行程序完成的,这需要花费 CPU 时间,因此不能有效实现高速外部设备与主机的信息交换。

直接存储器访问 (Directory Memory Access,DMA)方式是在外部设备和主存储器之间开辟一条"直接数据通道",在不需要 CPU 干预也不需要软件介入的情况下在两者之间进行的高速数据传送方式。在 DMA 传送方式中,对数据传送过程进行控制的硬件称为 DMA 控制器。当外部设备需要进行数据传送时,通过 DMA 控制器向 CPU 提出 DMA 传送请求,CPU 响应后将让出系统总线,由 DMA 控制器接管总线进行数据传送。

DMA 方式具有下列特点。

①它使主存储器与 CPU 的固定联系脱钩,主存储器既可被 CPU 访问,又可被外部设备访问。

②在数据块传送时,主存储器首地址的确定,传送数据的计数等等都用硬件电路直接实现。

③主存储器中要开辟专用缓冲区,及时供给和接收外部设备的数据。

④DMA 传送速度快,CPU 和外部设备并行工作,提高了系统的效率。

⑤ DMA 在开始前和结束后要通过程序和中断方式进行预处理和后处理。

2.DMA 和中断的区别

DMA 和中断两者的重要区别体现在以下几方面。

①中断方式是程序切换,需要保护和恢复现场;而 DMA 方式除了开始和结尾时,不占用 CPU 的任何资源。

②对中断请求的响应只能发生在每条指令执行完毕时;而对 DMA 请求的响应可以发生在每个机器周期结束时,如图 7-21 所示。

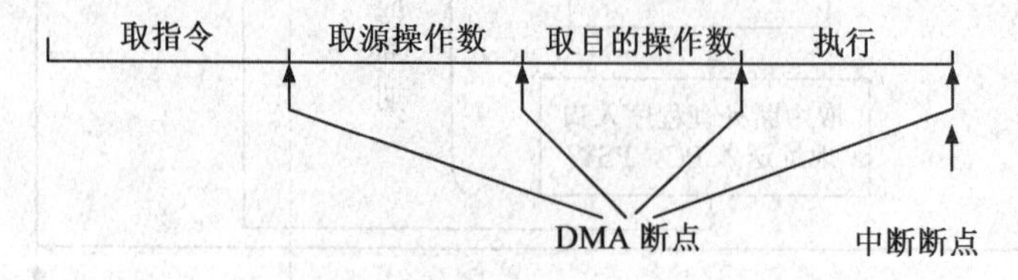

图 7-21 DMA 断点与中断断点的 CPU 响应时刻比较

③中断传送过程需要 CPU 的干预;而 DMA 传送过程不需要 CPU 的干预,故数据传送速率非常高,适合于高速外部设备的成组数据传送。

④DMA 请求的优先级高于中断请求。

⑤中断方式具有对异常事件的处理能力,而 DMA 方式仅局限于完成传送信息块的输入/

输出操作。

3.DMA方式的应用

DMA方式一般应用于主存储器与高速外部设备之间的简单数据传送。高速外部设备如磁盘、磁带以及光盘等外存储器,其他带有局部存储器的外部设备、通信设备等。

对磁盘的读/写是以数据块为单位进行的,一旦找到数据块起始位置,就将连续地读/写。找到数据块起始位置的时间是随机的,与之相应,接口何时具备数据传送条件也是随机的。由于磁盘读写速度较快,在连续读写过程中不允许CPU花费过多的时间。因此,从磁盘中读出数据或往磁盘中写入数据时,一般采用DMA方式传送。即直接由主存储器经数据总线输出到磁盘接口,然后写入盘片;或由盘片读出到磁盘接口,然后经数据总线写入主存储器。

当计算机系统通过通信设备与外部通信时,常以数据帧为单位进行批量传送。何时引发一次通信,可能是随机的。开始通信后,常以较快的数据传输速度连续传送,因此,适于采用DMA方式。在不通信时,CPU则可以照常执行程序,在通信过程中仅需占用系统总线,系统开销很少。

在大批量数据采集系统中,也可以采用DMA方式。

许多计算机系统中选用动态存储器DRAM作为主存储器,并用异步方式安排刷新周期。刷新请求的提出,对主机来说是随机的。DRAM的刷新操作可视为存储器内部的数据批量传送,因此,也可以采用DMA方式实现。将每次刷新请求当成DMA请求,CPU在刷新周期中让出系统总线,按行地址(刷新地址)访问主存储器,实现各芯片的一行刷新。利用系统的DMA机制实现动态刷新,简化了专门的动态刷新逻辑,提高了主存储器的利用率。

DMA传送是直接依靠硬件实现的,可用于快速的数据直传。也正是由于这一点,DMA方式本身不能处理较复杂的事件。因此,在某些场合常综合应用DMA方式与程序中断方式,二者互为补充。

7.4.2 DMA接口

DMA接口相对于查询式接口和中断式接口来说比较复杂,它是在中断接口的基础上再加上DMA机构组成的。习惯将DMA方式的接口电路称为DMA控制器。

1.DMA控制器的基本组成

如图7-22所示为一个简单的DMA控制器框图。DMA控制器由以下几部分组成。

(1)主存地址计数器

用来存放主存储器中要交换数据的地址,该计数器的初始值为主存储器缓冲区的首地址,当DMA传送时,每传送一个数据,将地址计数器加1,从而以增量方式给出主存储器中要交换的一批数据的地址,直至这批数据传送完毕为止。

(2)传送长度计数器

用来记录传送数据块的长度,其初始值为传送数据的总字数或总字节数。每传送一个字或一个字节,计数器自动减1,当其内容为0时表示数据已全部传送完毕。也有些DMA控制器中,初始时将字数或字节数以负数的补码形式送计数器,每传送一个字或一个字节,计数器加1,当计数器溢出时,表示数据传送完毕。

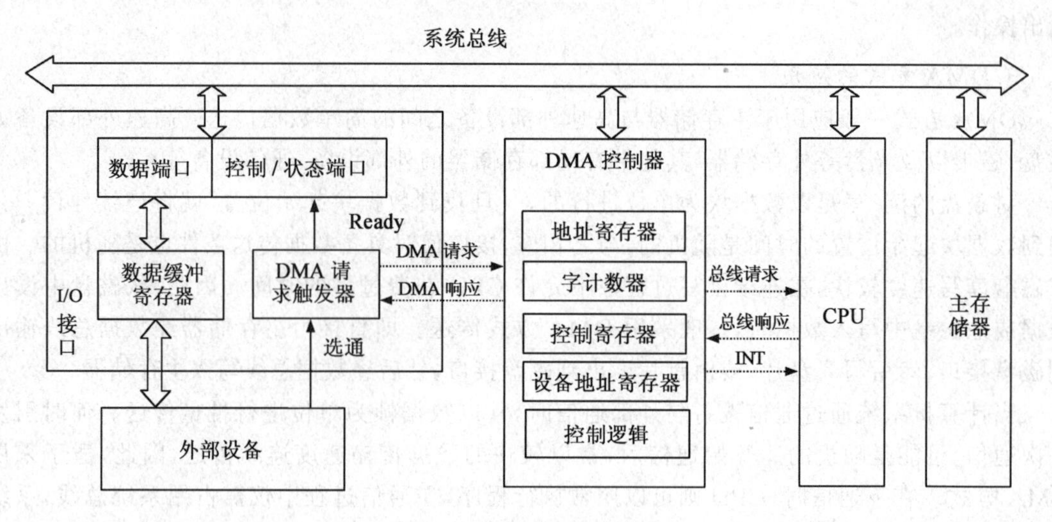

图 7-22 DMA 控制器框图

(3)数据缓冲寄存器

用来暂存每次传送的数据。输入时,数据由外部设备(如磁盘)先送往数据缓冲寄存器,再通过数据总线送到主存储器。反之,输出时,数据由主存储器通过数据总线送到数据缓冲寄存器,然后再送到外部设备。

(4)DMA 请求触发器

每当外部设备准备好一个数据后给出一个控制信号,使 DMA 请求触发器置位,控制/状态逻辑经系统总线向 CPU 发出总线请求(HOLD),如果 CPU 响应,发回批准信号(HLDA),DMA 控制器接管总线的控制权,向系统总线传送命令与主存储器地址。控制/状态逻辑接收此信号后使 DMA 请求触发器复位,为交换下一个数据做准备。

(5)控制/状态逻辑

控制/状态逻辑由控制和时序电路以及状态标志等组成。用于指定传送方向,修改传送参数,并对 DMA 请求信号和 CPU 响应信号进行协调和同步。

(6)中断机构

当一个数据块传送完毕,触发中断,向 CPU 提出中断请求,CPU 将进行 DMA 传送的结尾处理。

如果一个 DMA 控制器连接多台设备,这样的 DMA 系统中存在两级 DMA 请求逻辑,在某设备需要进行 DMA 传送时,接口向 DMA 控制器提出 DMA 请求;然后 DMA 控制器向 CPU 申请占用系统总线。如果 CPU 响应,则放弃对系统总线的控制权(输出至高阻抗,与系统总线脱钩),并向 DMA 控制器发出批准信号,DMA 控制器获得批准后,接管系统总线(送出总线地址与传送命令),并向接口发出响应信号。

2.DMA 控制器的功能

DMA 控制器在外部设备与主存储器之间直接传送数据的过程中,完全代替了 CPU 的控制功能。

①接受外部设备发出的 DMA 请求,并向 CPU 发出总线请求。

②当 CPU 响应此总线请求,发出总线响应信号后,接管对总线的控制权,进入 DMA 操作周期。

③确定传送数据的主存储器单元地址及传送长度,并能自动修改主存储器地址计数值和传送长度计数值。

④规定数据在主存储器与外部设备之间的传送方向,发出读/写或其他控制信号,并执行数据传送的操作。

⑤通过中断向 CPU 报告 DMA 操作结束。

7.4.3　DMA 传送

1.DMA 传送方法

DMA 控制器与 CPU 通常采用以下 3 种方法协同使用主存储器。

(1)CPU 停止访问主存储器法

这是最简单的 DMA 方法,这种方法是用 DMA 请求信号迫使 CPU 让出总线控制权,CPU 在现行机器周期执行完成后,使其数据、地址总线处于三态,并输出总线批准信号。每次 DMA 请求获得批准,DMA 控制器获得总线控制权以后,连续占用若干个存取周期(总线周期)进行成组连续的数据传送,直至批量传送结束,DMA 控制器才把总线控制权交回 CPU。在 DMA 操作期间,CPU 处于等待状态,停止访问主存储器,仅能进行一些与总线无关的内部操作,如图 7-23(a)所示为这种传送方法的时序图。这种方法只适用于高速外部设备的成组传送。

当外部设备的数据传送率接近于主存储器工作速度时,或者 CPU 除了等待 DMA 传送结束并无其他事可干(例如单用户状态下的个人计算机)时,常采用这种方法。该方法可以减少系统总线控制权的交换次数,有利于提高输入/输出速度。

(2)存储器分时法

把原来主存储器的一个存取周期分成两个时间片,一片分给 CPU,一片分给 DMA,使 CPU 和 DMA 交替地访问主存储器。这种方法不需要申请和归还总线,使总线控制权的转移几乎不需要什么时间,所以对 DMA 传送来讲效率是很高的,而且 CPU 既不停止现行程序的运行,也不进入等待状态,在 CPU 不知不觉中便进行了 DMA 传送,但这种方法需要主存储器在原来的存取周期内为两个部件服务,如果要维持 CPU 的访存速度不变,就要求主存储器的工作速度提高一倍。另外,由于大多数外部设备的速度都不能与 CPU 相匹配,所以供 DMA 使用的时间片可能成为空操作,将会造成一些不必要的浪费。如图 7-23(b)所示为这种方法的时序图。

(3)周期挪用法

周期挪用法是前两种方法的折中。当外部设备没有 DMA 请求时,CPU 按程序要求访问主存储器,一旦外部设备有 DMA 请求并获得 CPU 批准后,CPU 让出一个周期的总线控制权,由 DMA 控制器控制系统总线,挪用一个存取周期进行一次数据传送,传送一个字节或一个字;然后,DMA 控制器将总线控制权交回 CPU,CPU 继续进行自己的操作,等待下一个

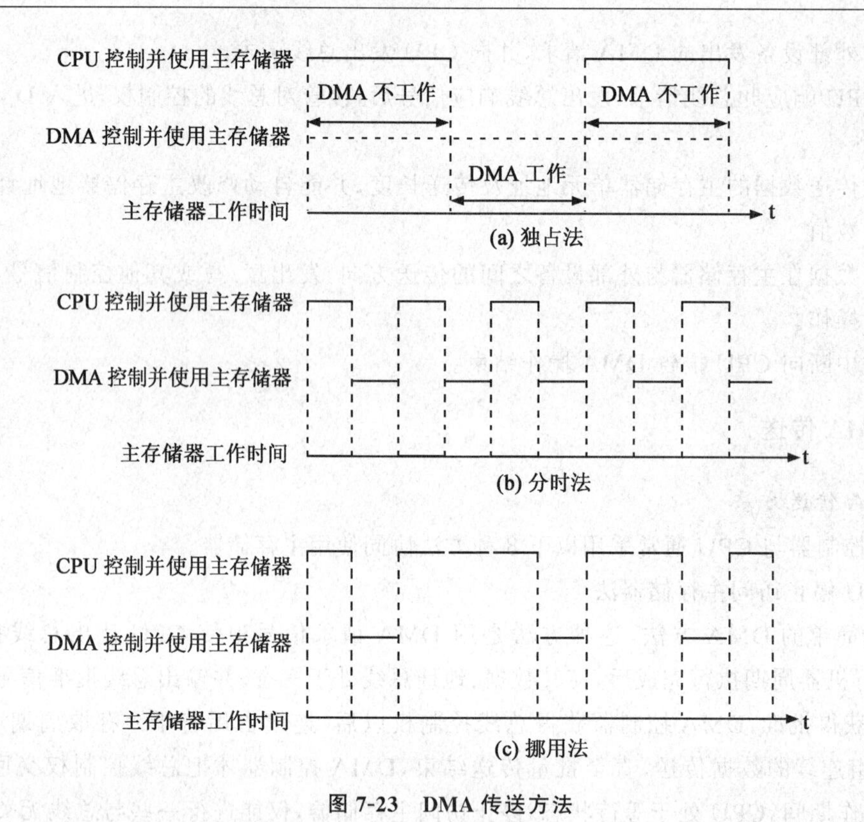

图 7-23 DMA 传送方法

DMA 请求的到来。重复上述过程,直至数据块传送完毕。如果在同一时刻,发生 CPU 与 DMA 的访存冲突,那么优先保证 DMA 的工作,而 CPU 等待一个存取周期,如图 7-23(c)所示。若 DMA 传送时 CPU 不需要访问主存储器,则外部设备的周期挪用对 CPU 执行程序无任何影响。

当主存储器的工作速度高出外部设备较多时,采用周期挪用法可以提高主存储器的利用率,对 CPU 程序执行的影响较小,因此,高速主机系统常采用这种方法。在 DMA 传送数据尚未准备好时,CPU 可使用系统总线访问主存储器。根据主存储器的存取周期与磁盘的数据传输率,可以计算出主存储器操作时间的分配情况:有多少时间需用于 DMA 传送(被挪用),有多少时间可用于 CPU 访存,这在一定程度上反映了系统的处理效率。

2.DMA 的传送过程

DMA 的传送过程可分为 3 个阶段:DMA 传送前预处理、数据传送和传送后处理。

(1)DMA 预处理

这是在 DMA 传送之前做的一些必要的准备工作,是由 CPU 来完成的。CPU 首先执行几条 I/O 指令,用于测试外部设备的状态、向 DMA 控制器的有关寄存器置初值、设置传送方向、启动该外部设备等。

在这些工作完成之后,CPU 继续执行原来的程序,在外部设备准备好发送的数据(输入时)或接收的数据已处理完毕(输出时),外部设备向 DMA 控制器发 DMA 请求,再由 DMA 控制器向 CPU 发总线请求。

(2)数据传送

DMA 的数据传送可以是以单字节(或字)为基本单位,也可以以数据块为基本单位。对于以数据块为单位的传送,DMA 控制器占用总线后的数据输入和输出操作都是通过循环来实现的,其传送过程如图 7-24 所示。

需要特别指出的是,如图 7-24 所示的流程图不是由 CPU 执行程序实现的,而是由 DMA 控制器实现的。

(3)DMA 后处理

当传送长度计数器计为 0 时,DMA 操作结束,DMA 控制器向 CPU 发中断请求,CPU 停止原来程序的执行,转去执行中断服务程序做 DMA 结束处理工作。

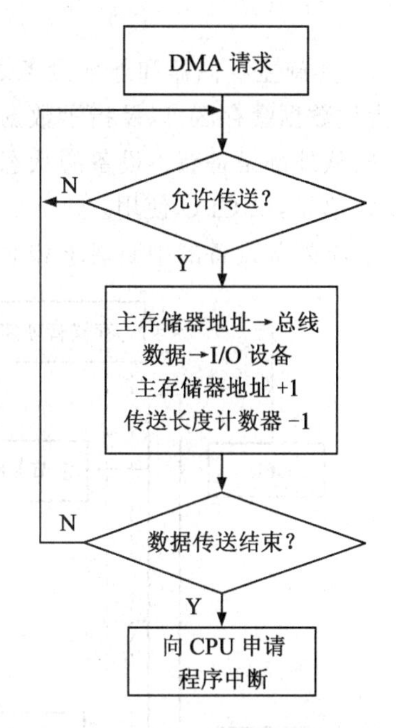

图 7-24 DMA 的数据传送过程

7.5 通道方式

7.5.1 通道的概述

在大型计算机系统中,所连接的 I/O 设备数量多,输入/输出频繁,要求系统整体的速度快,单纯依靠主 CPU 采取中断和 DMA 等控制方式已不能满足要求。于是通道控制方式被引入计算机系统。

1.通道控制方式与 DMA 方式的区别

通道控制方式是 DMA 方式的进一步发展,实质上,通道也是实现外部设备和主存储器之间直接交换数据的控制器。与 DMA 控制器相比,两者的主要区别体现在以下两方面。

①DMA 控制器是通过专门设计的硬件控制逻辑来实现对数据传送的控制;而通道则是一个具有特殊功能的处理器,具有自己的指令和程序,通过执行一个通道程序实现对数据传送的控制,故通道具有更强的独立处理数据输入/输出的功能。

②DMA 控制器通常只能控制一台或少数几台同类设备;而一个通道则可以同时控制许多台同类或不同类的设备。

2.通道的功能

典型的具有通道的计算机结构,如图 7-25 所示,一个主机可以接若干个通道,一个通道可以接若干个设备控制器,一个设备控制器又可以接一台或多台外部设备。因此,从逻辑结构上讲,具有 4 级连接:主机→通道→设备控制器→外部设备。

通道是一种高级的 I/O 控制部件,在一定的硬件基础上利用软件手段实现对 I/O 的控制和传送,更多地免去了 CPU 的介入,从而使主机和外部设备的并行工作程度更高。当然,通道并不能完全脱离 CPU,还要受到 CPU 的管理,比如启动、停止等,而且通道还应该向 CPU 报告自己的状态,以便 CPU 决定下一步的处理。

通道大致应具有以下几个方面的功能。

①接受 CPU 的 I/O 指令,按指令要求与指定的外部设备进行联系。

②从主存储器取出属于该通道程序的通道指令,经译码后向设备控制器和设备发送各种

命令。

③ 实施主存储器和外部设备之间的数据传送,如为主存储器或外部设备装配和拆卸信息,提供数据缓存区,以及指示数据存放的主存储器地址和传送的数据量。

④从外部设备获得设备的状态信息,形成并保存通道本身的状态信息,信息送到主存储器的指定单元,供 CPU 使用。

⑤将外部设备的中断请求和通道本身的中断请求按次序及时报告 CPU。

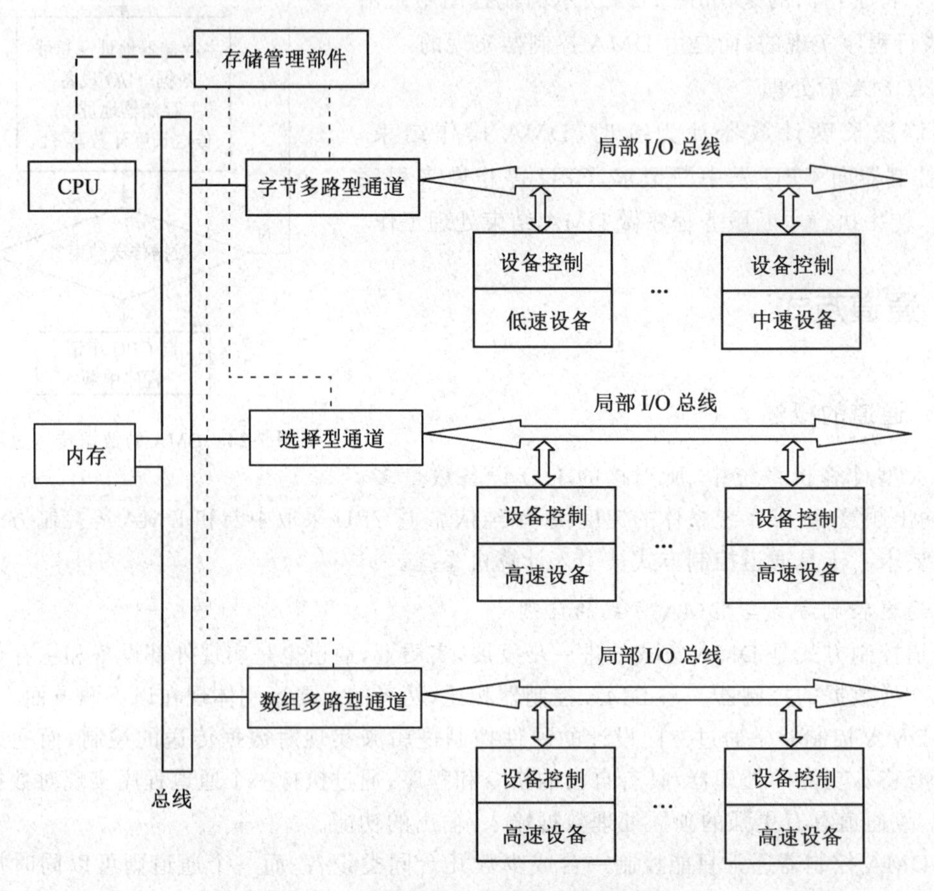

图 7-25 具有通道的计算机系统结构图

3.设备控制器的功能

通道通过执行通道程序来控制设备控制器进行数据传送操作,并以通道状态字来接收设备控制器反馈回来的外部设备状态。因此,设备控制器就是通道对外部设备实现传送控制的执行机构。设备控制器的具体任务如下。

①从通道接收控制信号,控制外部设备完成所要求的操作。

②向通道反馈外部设备的状态。

③将外部设备的各种不同信号转换为通道能识别的标准信号。

7.5.2 通道的类型与结构

1. 通道类型

按照通道独立于主机的程度,可分为结合型通道和独立型通道两种类型。结合型通道在硬件结构上与CPU结合在一起,借助于CPU的某些部件作为通道部件来实现外部设备与主机的信息交换,这种通道结构简单,成本较低,但功能较弱。独立型通道完全独立于主机对外部设备进行管理和控制,这种通道功能强,但设备成本高。

按照输入/输出信息的传送方式,通道可分为3种类型。

(1)字节多路通道

字节多路通道是一种简单的共享通道,用于连接与管理多台低速设备,以字节交叉方式传送信息,其传送方式如图7-26所示。字节多路通道先选择设备A,为其传送一个字节A_1;然后选择设备B,传送字节B_1;再选择设备C,传送字节C_1。再交叉地传送A_2、B_2、C_2、……所以字节多路通道的功能好比一个多路开关,交叉(轮流)地接通各台设备。

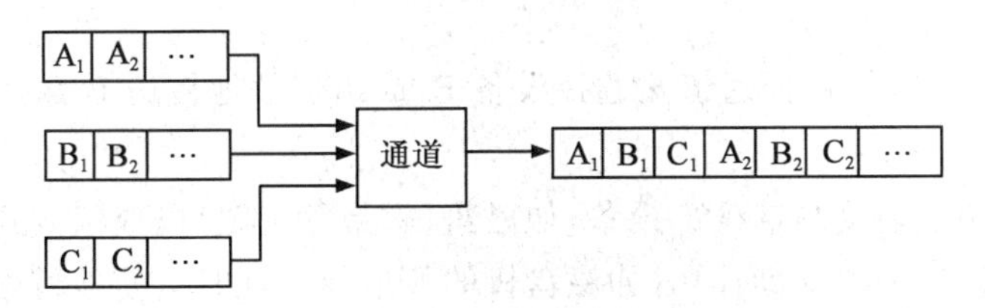

图7-26 字节多路通道传送方式示意图

一个字节多路通道,包括多个按字节方式传送信息的子通道。每个子通道服务于一个设备控制器,每个子通道都可以独立地执行通道程序,各个子通道可以并行工作。但是,所有子通道的控制部分是公共的,各个子通道可以分时地使用。

通道不间断地、轮流地启动每个设备控制器,当通道为一个设备传送完一个字节后,就转去为另一个设备服务。当通道为某一设备传送时,其他设备可以并行地工作,准备需要传送的数据字节或处理收到的数据字节。这种轮流服务是建立在主机的速度比外部设备的速度高得多的基础之上,可以提高系统的工作效率。

通道在单位时间内传送的位数或字节数,称为通道的数据传送率或流量,标志了计算机系统中的系统吞吐量,也表明了通道对外部设备的控制能力和效率。在单位时间内允许传送的最大字节数或位数,称为通道的最大数据传送率或通道极限流量,是设计通道的最大依据。

设通道连接P台外部设备,T_s为通道传送期间用于选择设备的时间,T_D为传送一个字节需要的时间。对字节多路通道来说,每传送一个字节需选择一次设备。因此,其通道极限流量为:

$$f_{多路\max} = \frac{1}{T_s + T_D}$$

字节多路通道的最大实际流量为该通道所接外部设备流量的总和。即:

$$f_{多路} = f_1 + f_2 + \cdots + f_p = \sum_{i=1}^{p} f_i$$

在设计通道时，应使通道的最大实际流量小于该通道的极限流量。

(2)选择通道

对于高速设备，字节多路通道显然是不合适的。选择通道又称高速通道，在物理上也可以连接多个设备，但这些设备不能同时工作，在一段时间内通道只能选择一台设备进行数据传送，此时该设备能独占整个通道。因此，选择通道一次只能执行一个通道程序，只有当它与主存储器交换完信息后，才能再选择另一台外部设备并执行该设备的通道程序，为其服务。如图7-27所示，选择通道先选择设备A，成组(数据块)连续地传送A_1A_2……。

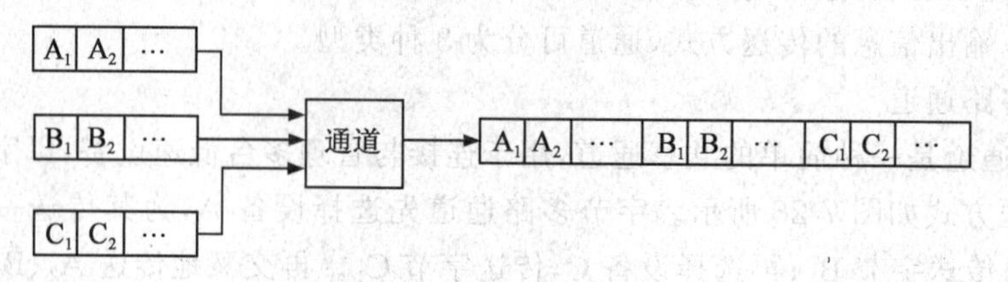

图 7-27 选择通道传送方式示意图

当设备A传送完毕后，选择通道又选择设备B，成组连续地传送B_1B_2……再选择设备C，成组连续地传送C_1C_2……

选择通道主要用于连接高速外部设备，如磁盘、磁带等，信息以成组方式高速传送。但是，在数据传送过程中还有一些辅助操作(如磁盘机的找道等)，此时会使通道处于等待状态，所以虽然选择通道具有很高的数据传送速率，但整个通道的利用率并不高。

如果通道选择设备的时间为T_s，传送一个字节的时间为T_D，选择通道要在传送一个数据块的n个字节之后，才选择一次设备，故传送一个数据块所需时间为nT_D+T_s。所以选择通道的极限流量为：

$$f_{\text{选择max}}=\frac{1}{\dfrac{T_s}{n}+T_D}$$

其最大实际流量等于所接设备中数据传送率最大的那一个。

(3)数组多路通道

数组多路通道是把字节多路通道和选择通道的特点结合起来的一种通道结构。其基本思想是：当某设备进行数据传送时，通道只为该设备服务；当设备在执行辅助操作(如磁头移动等)时，通道暂时断开与这个设备的连接，挂起该设备的通道程序，去为其他设备服务。

数组多路通道有多个子通道，既可以执行多路通道程序，即像字节多路通道那样，所有子通道分时共享总通道；又可以用选择通道那样的方式成组传送数据。既具有多路并行操作的能力，又具有很高的数据传送速率，使通道的效率充分得到发挥。

数组多路通道也是在传送一组数据之后，再选择另一设备。若该数据块有K个字节，则每隔K个T_D才有一个T_S，故它的极限流量为：

$$f_{\text{数组max}}=\frac{1}{\dfrac{T_s}{K}+T_D}$$

其最大实际流量也等于所接设备中数据传送率最大的那一个。

如果整个输入/输出系统中具有几种不同类型的通道，则系统的极限流量应为各类通道极限流量之和，系统的最大实际流量也为各通道最大实际流量之和。

三种类型的通道组织在一起，可配置若干台不同种类、不同速度的I/O设备，使计算机的I/O组织更合理、功能更完善、管理更方便。

2.通道的结构

通道的一般逻辑结构如图7-28所示，其中CSWR（Channel States Word Register）、CAWR（Channel Address Word Register）和CCWR（Channel Command Word Register）是3个重要的寄存器。CCWR是通道命令字寄存器，用来存放通道命令字（CCW），CCW是控制I/O操作的关键参数，一条条的通道命令字构成通道程序，放在主存储器中。CAWR是通道地址字寄存器，指出了CCW在内存中的地址，初始值由程序预置，工作时通道就依照这个地址到主存储器中取出CCW并加以执行。CSWR是通道状态字寄存器，记录了通道程序执行后本通道和相应设备的各种状态信息，这些信息称为通道状态字（CSW），CSW通常放在主存储器的固定单元中，此专用单元的内容在执行下一个I/O指令或中断之前是有效的，可供CPU了解通道、设备状态和操作结束的原因。

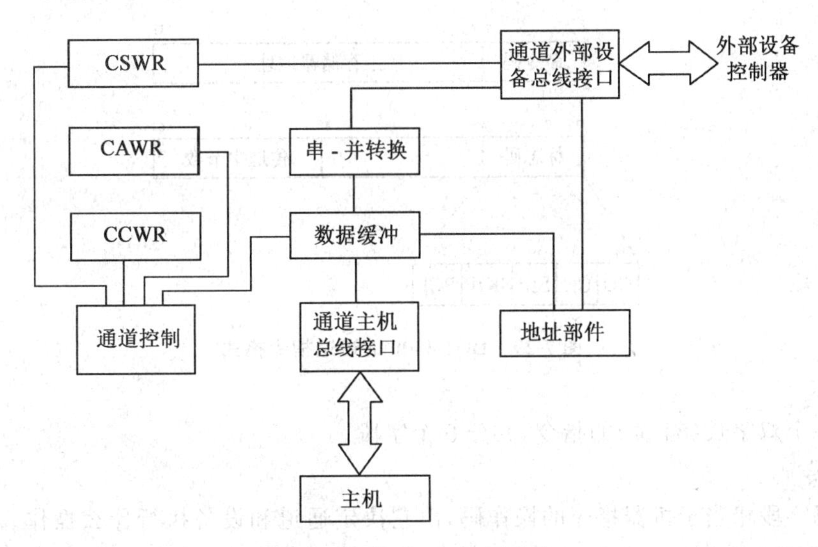

图7-28　通道的一般逻辑结构

7.5.3　通道程序

1.通道结构计算机中的I/O指令

CPU是通过执行I/O指令以及处理来自通道的中断，来实现对通道的管理的。通常把CPU运行操作系统管理程序时的状态称为管态，在具有通道结构的计算机中，I/O指令都是管态指令。在采用通道结构的计算机系统中，与输入/输出有关的指令分为两级。

（1）CPU执行的I/O指令

在采用通道结构的系统中，这种I/O指令比较简单，并不直接控制具体的I/O操作，只是负责通道的启动和停止，查询通道或设备的状态，控制通道去完成I/O操作。

如在 IBM 4300 中主要有下列几条 I/O 指令，用于 CPU 对通道和设备进行管理。

①SIO：启动 I/O 指令，其作用是使指令所指出的通道和设备接通，并且启动该通道开始执行通道程序。

②HIO：停止 I/O 指令，其作用是停止通道的现行操作，断开通道与设备的联系，以进行必要的处理或把通道让给更优先的 I/O 操作。

③TIO：测试 I/O 指令，用于测试相应设备的状态。

④TCH：测试通道状态指令，用于测试通道忙闲、是否断开、有否中断请求等。

(2)通道执行的通道指令

通道指令也就是通道命令字(CCW)，用来编制通道程序，并由管理程序存放在主存储器的任何地方。在主 CPU 启动指定通道后，通道执行通道程序来实现具体的 I/O 操作。直到组成通道程序的全部 CCW 执行完毕时，这次 I/O 传送就算完成了。通道指令格式简单，功能专一，一般带有很强的面向外部设备的特征。

2.通道指令格式

通道指令的功能和格式因计算机不同而异，下面介绍 IBM 4300 的通道指令格式，如图 7-29 所示。

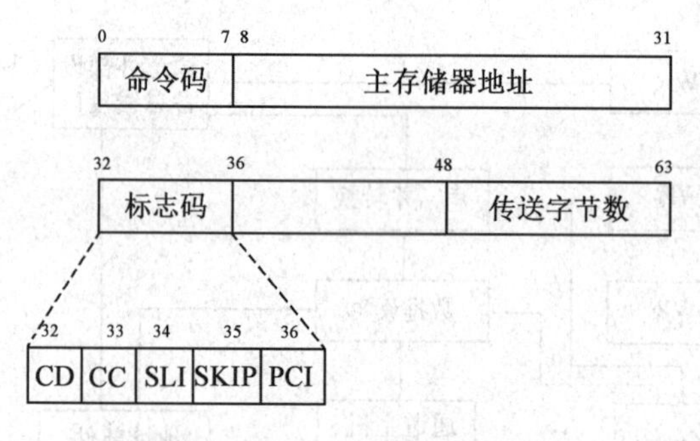

图 7-29 IBM 4300 的通道指令格式

这是一个双字长(64 位)的指令，共分 5 个字段。

(1)命令码

命令码字段相当于机器指令的操作码，由它决定通道和设备执行什么操作。命令码虽有 8 位，但却无 256 种操作。通常将 8 位命令码分成基本操作位和补充位两部分，低位为基本操作位，用以规定通道设备的操作类型；高位为补充位，用 m 表示，用来进一步规定 I/O 设备所需的不同操作，其编码状态因外部设备不同而异。通道执行时只识别基本操作，而不识别补充位。

(2)数据地址

通道指令中的 8～31 位(共 24 位)给出本次 I/O 传送操作(读、写、反读)时内存缓冲区的首地址，在数据传送过程中，每传送一个字(或字节)，数据地址修改一次(加 1 或减 1)。

(3)传送字节计数

通道指令中的 48～63 位(共 16 位)，用来表示通道执行 I/O 操作所传送的数据块长度，通常以字节为单位。为了修改方便，一般用计数值的补码表示，每传送一次，计数值加 1，当字节传送字段为全零时，表示数据块传送完毕。

(4)标志码

通道指令中的32～36位(共5位),用来定义通道程序的链接方式或通道命令的操作特征,统称为特征位。各位的含义如下。

① 数据链特征,用CD表示。CD为1,表示接下去的一条通道指令也是数据传送命令。执行完本条通道指令后不必断开与通道的逻辑联系,接着取出下条通道指令来执行即可,第二条通道指令的命令码和第一条的命令码相同。

②命令链特征,用CC表示。CC为1,表示本条通道指令执行完毕,接着有不同操作命令的通道指令要执行。执行完本条通道指令后要断开与通道的逻辑联系,接着取下条通道指令。前后两条通道指令的命令码是不相同的。

由此可见,只要通道指令中的CD或CC位为1,就表示通道程序还没有结束;当CD和CC位全为0时,表示本条通道指令是通道程序的最后一条指令,通道程序将结束。

③封锁错误长度特征,用SLI表示。所谓长度错是指通道指令中所给定的传送字节个数与外部设备请求传送的字节个数不相等时,该通道指令执行完毕就要产生长度错误标志,并向CPU发中断请求。若SLI为1时,即使产生了长度错误标志,也不发送错误信号,不产生中断请求,继续执行通道指令。

④封锁写入主存储器特征,用SKIP表示。SKIP为1时,禁止将外部设备读出的数据写入主存储器。本特征位若与数据链特征位连用,则可从外部设备的一批连续数据中任选一部分写入主存储器,故又称为跳读位。

⑤ 程序控制中断特征,用PCI表示。PCI为1,表示执行本通道指令时,允许产生一个中断条件。

3.通道程序举例

通道程序由一条或几条通道命令字(CCW)组成,在进行通道程序设计时,要特别注意命令码和标志码的应用。例如:在对磁盘机进行读/写操作前,要使用控制命令查找磁盘地址,这个地址(含柱面号、盘面号和扇区号等)被包含在控制命令的数据地址字段中。根据此命令使磁盘机进行寻址工作,当找到指定的磁盘数据区时,通道才开始执行真正地对磁盘机进行读/写操作的通道程序。下面通过两个例子介绍通道程序。

例7-1　磁盘写入操作。

把主存储器中3个长度分别为128个字节、96个字节和256个字节的数据块写入到磁盘机的指定地址中去。这3个数据块的主存储器起始地址分别为002000H、002100H和002200H。同时,假设磁盘数据区地址已通过前面的通道程序找到了,因此完成磁盘写入操作的通道程序见表7-4。

表7-4　磁盘写入操作通道程序

通道指令	命令	主存储器地址(16进制)	标志码(2进制)	字节计数(10进制)
CCW_1	磁盘写	002000	10000	128
CCW_2	无用	002100	10000	96
CCW_3	无用	002200	00000	256

例 7-2 磁带读出操作。

从磁带机读出一个数据块，总长度为 256 个字节，分别放到主存储器的 2 个地方，其中第 1 个位置的起始地址为 005000H，存放数据块开始的 120 个字节；第 2 个位置的起始地址为 006000H，存放数据块的最后 80 个字节，数据块中间部分的 56 个字节不送入主存储器中，其通道程序见表 7-5。

表 7-5 磁带机读出操作通道程序

通道指令	命令	主存储器地址(16 进制)	标志码(2 进制)	字节计数(10 进制)
CCW_1	磁带读	005000	10000	120
CCW_2	无用	无用	10010	56
CCW_3	无用	006000	00000	80

7.5.4 通道的工作过程

通道的工作过程如图 7-30 所示。

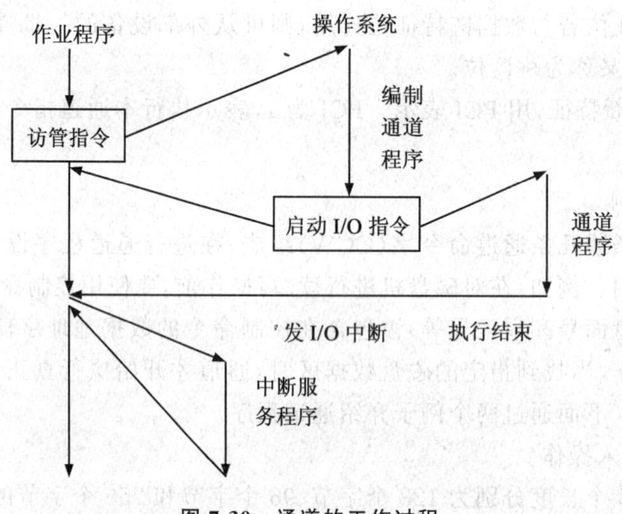

图 7-30 通道的工作过程

1. CPU 启动通道工作

CPU 执行访管指令转入编制的通道程序，向通道发出“启动 I/O”命令。

2. 数据传输

①从约定的主存储器单元或专用寄存器中取得通道程序首地址，然后从主存储器中读出第一条通道指令。

②检查通道、子通道的状态是否能用。若不能用，则形成结果特征，回答启动失败，该通道指令无效；若能用，就把第一条通道指令的命令码发送到响应设备，进行启动，等到设备回答并断定启动成功后，建立结果特征“已启动成功”；否则建立结果特征“启动失败”，结束操作。

③启动成功后，通道将通道程序首地址保留到子通道中。此时通道可以处理其他工作，设

备执行通道指令规定的操作。

④设备依次按自己的工作频率发出使用通道的申请，进行排队。通道响应设备申请，将数据从内存经通道送至设备，或反之。在传送完一个数据后，通道修改内存地址和传输个数，直至传输个数为“0”时，结束该条通道指令的执行。

⑤每条通道指令结束后，设备发出“通道结束”和“设备结束”信号。通道程序则根据数据链和命令链的标志决定是否继续执行下一条通道指令。

3.传送的后处理

通道程序执行结束后，发出正常结束中断，CPU 响应中断，分析结束原因并进行必要的处理。

本章小结

计算机系统中外部设备所占的比重越来越多，如何与千差万别的外部设备实现通信、传递数据是任何通用计算机系统必须解决的问题，本章在对计算机与外部设备连接的输入/输出接口做了详细的分析后，重点讲述了 CPU 对外部设备管理的方式，分别是程序查询方式、程序中断方式、DMA 方式以及通道方式。其中程序查询方式对 CPU 的资源浪费最大，现在很少使用；外部处理机方式需要硬件的支持最多，致使计算机系统变得更加复杂，在微型计算机中很少使用，只有贵重的大、中型计算机才使用该方式，本书仅仅简单介绍，不做深入的阐述。

程序中断方式是各类计算机中应用最为广泛的一种数据交换方式，能够使 CPU 与外部设备并行工作，提高了 CPU 的使用效率，同时也可以解决随机出现的事件，提高了 CPU 对异常事务的处理能力。为此本教材详细地介绍了程序中断工作的模式、程序中断的详细过程以及程序中断所需要的软硬件支持，并对相应的中断优先级仲裁、中断向量的产生和中断控制逻辑等硬件进行了详细的分析。

DMA 主要是解决中断不能高速实现内存与外部设备之间的数据交换而提出的技术，它通过 DMA 控制器和中断的配合，能够在 CPU 很少的参与下完成批量数据的直接传输，从而进一步提高 CPU 的使用效率。本教材对 DMA 的接口逻辑和电路进行了详细的分析和阐述，对 DMA 的 3 种传送模式进行了探讨。

通道是一种具有特殊功能的处理器，拥有自己的指令和程序，专门负责数据输入/输出的传输控制，比 DMA 的效率更好，而且可以代替 CPU 对外部设备做出更加有力的控制，进一步提高了 CPU 的使用效率，真正实现了 CPU 与外部设备的并行工作。通道的类型有选择通道、数组多路通道和字节多路通道等 3 种，适应不同速度类型的外部设备。本教材对通道程序的组成以及执行过程进行了详细的阐述，便于掌握通道方式的工作过程的核心原理。

习题

1.比较通道、DMA、中断三种基本 I/O 方式的异同点。

2.CPU 与外部设备进行通信，需要交换哪些信息？

3.计算机输入/输出接口的主要功能是什么？接口的主要组成是什么？

4.CPU 是如何识别外部设备的？请画出简单的数字电路。

5.程序查询方式适用什么环境？结合当前高速计算机和多道程序操作系统来阐述。

6.什么是中断？中断概念是如何引出的？

7.中断是如何实现 CPU 与外部设备的并行工作的？

8.DMA 的接口逻辑是什么？是如何工作的？

9.通道的程序是如何启动执行的？

10.通道的工作过程是什么？

第8章 外部设备

本章导读

外部设备是计算机系统中不可缺少的重要组成部分，外部设备的种类繁多、功能多样，组成和运行原理也各不相同，本章将介绍常用的外部设备的分类及工作原理。

本章要点

- 外部设备的定义、功能、分类及其地位和作用
- 常见的输入设备及其原理
- 常见的打印输出设备的分类及其原理
- 显示设备的原理及常用显示设备介绍
- 磁表面存储器的分类及原理

8.1 外部设备概述

中央处理器(CPU)和主存储器(Main memery，MM)构成计算机的主机。外部设备是计算机系统中主机以外的硬件设备，是计算机系统的重要组成部分。外部设备是计算机与外部世界、计算机与人进行信息交换的设备，是人机联系的界面和桥梁。外部设备可以看成信息转换装置，把需要处理的信息转换成电脉冲输入主机，把主机处理后的信息转换为人可以识别的字符、图形等。

8.1.1 外部设备的分类

外部设备通常可以按照以下两种方式进行分类。

从计算机接收信息和送出结果，外部设备可以分为输入设备与输出设备。

从外部设备的功能来分类，外部设备可以分为输入设备、输出设备、外存储设备、数据通信设备、终端设备以及过程式输入/输出设备。

1. 输入设备

输入设备是将程序、数据、命令、图形和图像等按一定的要求转换成主机能够接收的代码信息，并送入主机内进行处理的设备。包括光介质、磁介质、光学识别、语音识别以及键盘输入等设备。最常用的是鼠标和键盘等输入设备。

2.输出设备

输出设备是将主机处理信息的中间结果和最后结果,以人能识别的字符、图形等形式表示出来的设备。包括显示设备、打印设备、照相设备、语音设备、纸介质设备、磁介质设备以及光介质设备等。其中显示设备和打印设备是两种主要的输出设备。

3.外存储设备

外存储设备用来以文件为单位持久性保存数据、程序和文档,可以补充内存容量的不足,在需要某一部分数据时,可在处理机的控制下,通过接口控制把数据送到内存。外存储设备以磁表面存储器为主,早期有磁鼓、磁带,现在主要用磁盘(硬盘、软盘)和光盘。

4.数据通信设备

计算机网络是计算机技术和数据通信技术相结合的产物,数据通信设备指的是在计算机网络通信中使用的外部设备,包括调制解调器、网络适配器、网络互联设备、通信控制器、网络交换机等。

5.终端设备

终端设备的基本构成是一些通用的输入/输出设备,如各种键盘、不同类型的打印设备、显示设备、软磁盘机和通信设备。终端设备通过传输控制协议和传输介质与主机通信。

6.过程式输入/输出设备

过程式输入/输出设备通常多用于计算机控制系统。这类设备在现场采集到的一般是模拟量,如电压、温度等,要经过从模拟量到数字量的转换(A/D)才能送给计算机,而计算机的输出也必须经过从数字量到模拟量的转换(D/A)才能去进行相应的控制。

综上所述,外部设备的分类如图 8-1 所示。

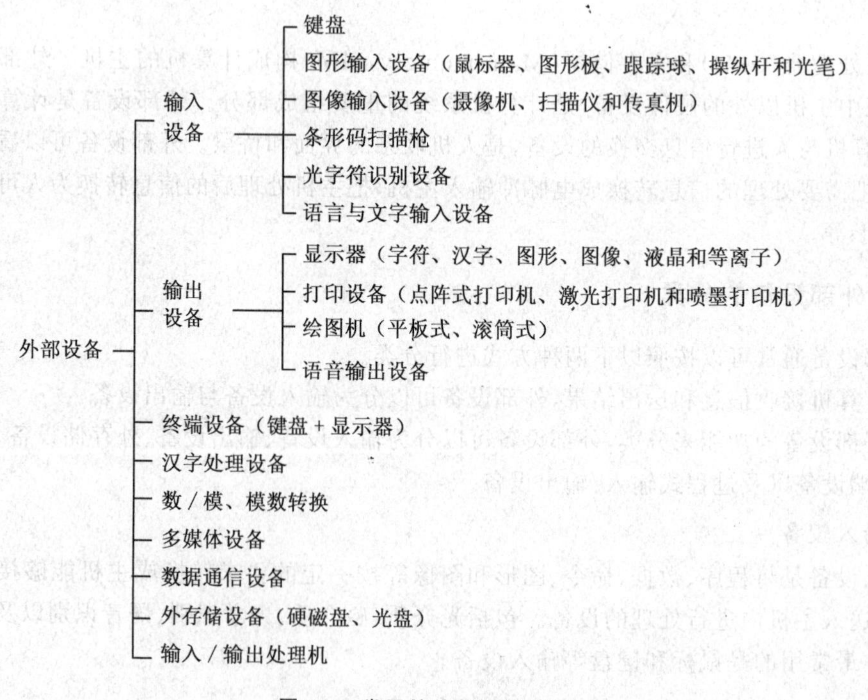

图 8-1 常见的外部设备分类

8.1.2 外部设备的地位和作用

目前,外部设备在计算机系统中的地位已越来越重要。尤其是在微型计算机中,用很少量的集成电路芯片,就可以构成包含CPU和主存储器的主机;而外部设备则往往包括一些相当精密的机、电、磁、光装置,以及一些复杂的控制电路。所以在整机价格的组成比例方面,外部设备所占的比重越来越大。

外部设备在计算机系统中的作用主要有以下4点。

1.外部设备是人机对话的传递工具

人们在操作计算机时必须借助外部设备输送程序和数据;获取计算机处理结果必须借助外部设备送回信息;了解计算机运行状态必须通过外部设备传达参数。所以外部设备是人机对话的传递工具。

2.外部设备是信息转换工具

人们与计算机打交道所使用的信息形式是图形、文字、声音和图像等。但计算机只能运行二进制数据,因此,外部设备必须将本身的信息形式变成计算机能够识别的数据,才能够进行加工、处理。所以外部设备是将一种数据形式转换成为另一种数据形式的信息转换工具。

3.外部设备是程序和数据的驻存地

计算机要对浩瀚的信息进行管理和组织,就必须由外存储设备来装载程序和数据,如数据库、程序库等,供计算机随时读写。因此,外部设备具有保存、承载程序和数据的功用。

4.外部设备是计算机在各领域应用的桥梁

随着计算机应用范围的扩大,从早期的数值计算到文字、表格、图形、图像和语言文字等非数值信息的处理,到各种新型的外部设备陆续制造出来,无论哪个领域,哪个部门,只有配置了相应的外部设备才能使用计算机在这些方面的广泛应用得以实现。

8.2 输入设备

常见的输入设备有键盘、鼠标器、扫描仪和数码相机等,下面选取其中典型的几种做一下介绍。

8.2.1 键盘

1.键盘原理概述

键盘是计算机系统不可缺少的输入设备,人们通过键盘上的按键直接向计算机输入各种数据、命令及指令,从而使计算机完成不同的运算及控制任务。键盘上的每个按键起一个开关的作用,故又称为键开关。

键开关分为接触式和非接触式两大类。接触式键开关当键帽被按下时,两个触点被接通;当释放时,弹簧恢复原来触点断开的状态。这种键开关的结构简单、成本低,但开关通断会产生触点抖动,而且使用寿命较短。非接触式键开关的特点是开关内部没有机械接触,只是利用按键动作改变某些参数或利用某些效应来实现电路的通、断转换。这种键开关无机械磨损,不存在触点抖动现象,性能稳定、使用寿命长,已成为当前键盘的主流。

2. 键盘分类

按照键码的识别方法，键盘可分为两大类型：编码键盘和非编码键盘。

编码键盘是用硬件电路来识别按键代码的键盘，当按下某一键后，相应电路即给出一组编码信息(如 ASCII 码)送主机去进行识别及处理。编码键盘的响应速度快，但它以复杂的硬件结构为代价，并且其硬件的复杂程度随着键数的增加而增加。非编码键盘是用较为简单的硬件和专门的键盘扫描程序来识别按键的位置，即当按下某键后并不给出相应的 ASCII 码，而提供与按下键相对应的中间代码，然后再把中间代码转换成对应的 ASCII 码。非编码键盘的响应速度不如编码键盘，但是它通过软件编程可为键盘中某些键的重新定义提供更大的灵活性，因此得到广泛的使用。

3. 常用的键盘扫描方法

在大多数键盘中，键开关被排列成 M 行×N 列的矩阵结构，每个键开关位于行和列的交叉处。非编码键盘常用的键盘扫描方法有逐行扫描法和行列扫描法。

(1)逐行扫描法

如图 8-2 所示是采用逐行扫描识别键码的 8×8 键盘矩阵，8 位输出端口和 8 位输入端口都在键盘接口电路中，其中输出端口的 8 条输出线接键盘矩阵的行线($X_0 \sim X_7$)，输入端口的 8 条输入线接键盘矩阵的列线($Y_0 \sim Y_7$)。通过执行键盘扫描程序对键盘矩阵进行扫描，以识别被按键的行、列位置。

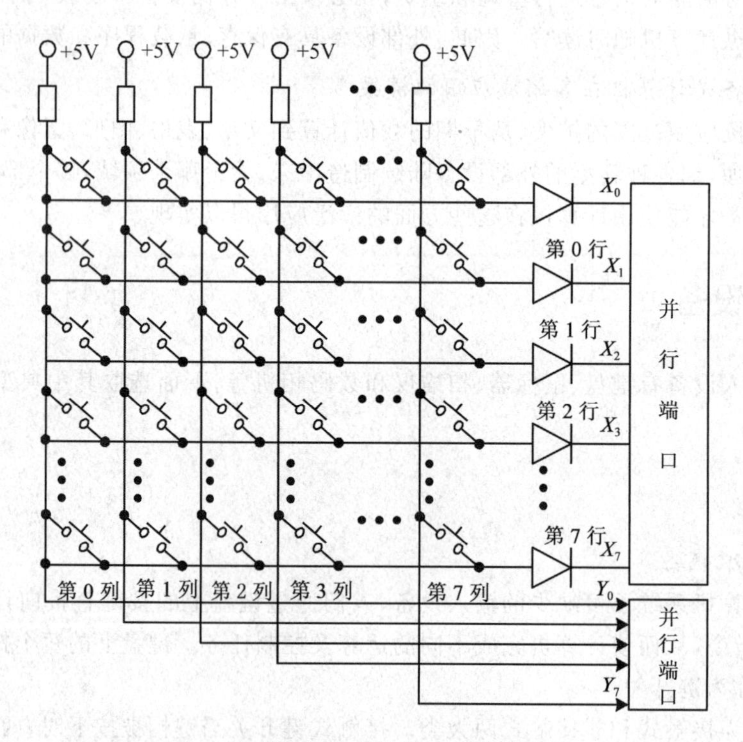

图 8-2 采用逐行扫描法的 8×8 键盘矩阵

以下是键盘扫描程序处理的步骤。

①查询是否有键按下。首先由 CPU 对输出端口的各位置 0，即使各行全部接地，然后

CPU再从输入端口 $Y_0 \sim Y_7$ 读入数据。若读入的数据全为1,表示无键按下;只要读入的数据中有一个不为1,表示有键按下。接着要查出按键行的位置。

②查询已按下键的位置。CPU首先使 $X_0=0$,$X_1 \sim X_7$ 全为1,读入 $Y_0 \sim Y_7$,若全为1,表示按键不在这一行;接着使 $X_1=0$,其余各位全为1,读入 $Y_0 \sim Y_7$……直至 $Y_0 \sim Y_7$ 不全为1为止,从而确定了当前按下的键在键盘矩阵中行的位置。

③按行号和列号求键的位置码。得到的行号和列号表示按下键的位置码。

(2)行列扫描法

在扫描每一行时,读列线,若读得的结果为全1,说明没有键按下,即尚未扫描到闭合键;若某一列为低电平,说明有键按下,且行号和列号已经确定。然后用同样的方法,依次向列线扫描输出,读行线。如果两次所得到的行号和列号分别相同,则键码确定无疑,即得到闭合键的行列扫描码。

4.微型计算机键盘简介

键盘通常通过设在主板上的键盘接口连接到主机,人们通过键盘输入的数据是在主机的BIOS程序的控制下,传送到主机的CPU中进行处理的。如图8-3所示为PC/XT键盘与接口框图,图中虚线的左侧部分是PC/XT键盘,右侧部分是键盘接口,位于微型计算机的主板上。

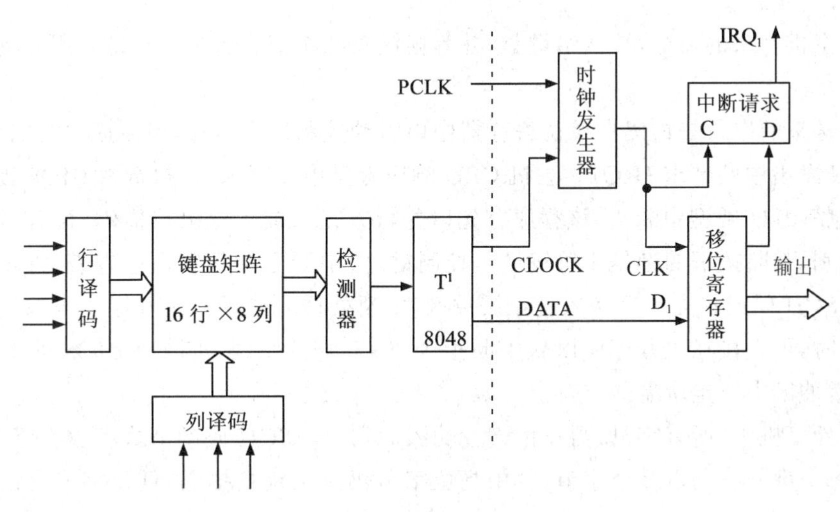

图8-3　PC/XT键盘与接口框图

(1)键盘控制电路

PC系列键盘一般由键盘矩阵和以单片机或专用控制器为核心的键盘控制电路组成,被称为智能键盘。单片机通过执行固化在ROM中的键盘管理和扫描程序,对键盘矩阵进行扫描,发现、识别按下键的位置,形成与按键位置对应的扫描码,并以串行的方式送给微型计算机主板上的键盘接口电路,供计算机系统使用。

PC/XT键盘(83键)采用16行×8列矩阵结构,由8048单片机实现闭合键检测、键码识别和与主机通信的控制。8048单片机通过译码器,分别产生16个行扫描信号和8个列扫描信号。扫描方式采用行列扫描法,即先逐列为1地进行列扫描,矩阵检测器输出送8048单片机的测试端 T_1,可判断是否有行线输出1,从而得到闭合键的列号。然后采用同样的方法,逐行为1地进行行扫描，得到闭合键的行号。8048单片机将列号和行号拼成一个7位的扫描码(列号为前3位，行号为后4位)，例如第4列第7行键被按下，则得到闭合键的扫描码为47H。

键盘内部的8048单片机根据按键位置向主机发送的仅是该按键位置的键扫描码。当键被按下时，输出的数据称为接通扫描码；当键松开时，输出的数据称为断开扫描码。对于83键键盘，接通扫描码与键号相等，用1个字节表示，断开扫描码也用1个字节表示，其值为接通扫描码加80H。例如，A键的键号为30，接通扫描码为1EH，断开扫描码为9EH。对于键盘，接通扫描码与键号不相等。但是接通扫描码仍用1个字节表示，断开扫描码用2个字节表示，其值为接通扫描码前加1个字节的前缀F0H。A键的键号为31，接通扫描码为1CH，断开扫描码为F0H、1CH。

(2)键盘接口电路

键盘接口电路一般在微型计算机的主板上，通过电缆与键盘连接，串行地接收键盘送来的扫描码，或者向键盘发送命令，其功能主要有以下几种。

①串行接收键盘送来的接通扫描码和断开扫描码，转换成并行数据并暂存。

②收到一个完整的扫描码后，立即向主机发中断请求。

③主机中断响应后读取扫描码，并转换成相应的ASCII码存入键盘缓冲区。对于控制键，设置相应的状态。

④接收主机发来的命令，传送给键盘，并等候键盘的响应。通常为自检时用以判断键盘的正确性。

从键盘送来的串行扫描码在移位寄存器中由时钟控制依次右移，组装成并行扫描码，然后向主机CPU发出中断请求IRQ1。主机CPU响应键盘中断请求后，执行由BIOS提供的键盘中断处理程序(09H类型中断)。该程序首先以并行方式从接口取出扫描码，接着对收到的扫描码进行识别，判断按下的键是字符键还是控制键，由中断服务程序通过查表，将扫描码转换为相应的ASCII码或扩充码后送入键盘缓冲区，中断处理完毕返回主程序。当系统或用户需要键盘输入时，可直接在主程序中以软中断指令(INT 16H)的形式调用BIOS的键盘I/O程序，从键盘缓冲区中取走所需的字符。

在微型计算机中，所有字母、数符由键盘输入后均以ASCII码的形式存放在键盘缓冲区。在存放时，每个键的编码占2个字节，其中高位字节仍是系统扫描码，低位字节是由中断服务程序转换成的ASCII码。另外，还有一些键没有对应的ASCII码，比如命令键、组合功能键，对于这些键则用扩充码表示。扩充码存放时高位字节是扩充码，低位字节是00H。这就是说，BIOS中断服务程序执行时首先检查输入的系统扫描码是否可以转换成ASCII码。如果可以，则转换成ASCII码，存入键盘缓冲区；如果不可以，则转换成扩充码，存入键盘缓冲区。

键盘缓冲区是一个先进先出的循环队列，其容量(16个字)足以满足操作员快速输入键符的需要。键盘缓冲区是键盘中断程序(09H类型中断)与键盘I/O程序(INT 16H)之间进行数据传递的媒介体，进队列即由BIOS中断服务程序将键盘输入的系统扫描码转换成ASCII码或扩充码按“先进先出”的原则输入到键盘缓冲区中，出队列即由主机执行软件中断INT 16H，按同样的原则读取键盘缓冲区中的ASCII码或扩充码予以处理或执行。

IBM PC键盘与接口如图8-4所示。

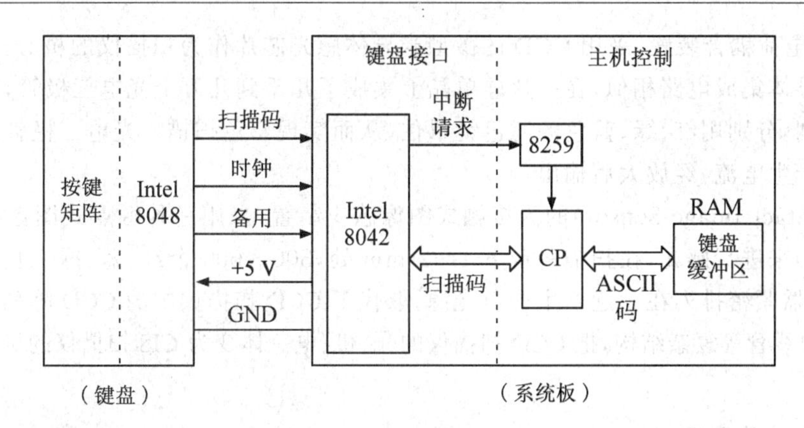

图 8-4 IBM PC 键盘与接口

8.2.2 扫描仪

1.扫描仪原理概述

扫描仪是一种光、机、电一体化的输入设备,是将各种形式的图像信息输入计算机的重要工具,是继键盘和鼠标之后的第三代计算机输入设备,也是功能极强的一种输入设备。扫描仪在工作时会发出强光照射在材料上,没有被吸收的光线将被反射到光学感应器上。光学感应器接收到这些信号后,再将这些信号传送到模数转换器,转换成计算机能够读取的信号,对图像数据进行存储、处理、转换后,再通过驱动程序转换成显示器上能看到的正确图像。扫描仪的光学读取装置相当于人的眼球,其重要性不言而喻。

2.扫描仪分类

扫描仪可分为3大类型:滚筒式扫描仪、平面扫描仪和笔式扫描仪。

笔式扫描仪出现于2000年左右,扫描宽度大约只与四号汉字相同,使用时,贴在纸上一行一行的扫描,主要用于文字识别,但近几年随着科技的发展,大家熟悉的普兰诺(planon.cn)出现了,可以扫描A4幅度大小的纸张,最高可达400 dpi。最初的R710只能扫描黑白页面,2 MB内存,现在升级到4 MB,RC800是其更新产品,不但提升了内存而且支持扩展。不但可以扫描彩色页面还可以扫描照片、名片等。还免费赠送了国内顶尖技术公司的OCR软件。之前的扫描笔都要连接到计算机上,普兰诺实现了脱机扫描。携带特别方便,外出扫描不用愁了。

滚筒式扫描仪一般使用光电倍增管(Photo Multiplier Tube,PMT),因此其密度范围较大,而且能够分辨出图像更细微的层次变化;而平面扫描仪使用的则是电荷耦合装置(Charged-Coupled Device,CCD),故其扫描的密度范围较小。光电耦合器件(CCD)是一长条状有感光元器件,在扫描过程中用来将图像反射过来的光波转化为数位信号,平面扫描仪使用的光电耦合器件大都是具有日光灯线性陈列的彩色图像感光器。

密度范围对扫描仪来说是非常重要的性能参数,密度范围又称像素深度,代表扫描仪所能分辨的亮光和暗调的范围,通常滚筒扫描仪的密度范围大于3.5,而平面扫描仪的密度范围一般在2.4~3.5之间。

3.扫描仪所使用的光学读取装置简介

扫描仪目前所使用的光学读取装置有两种:CCD和CIS。

CCD为电荷耦合装置,采用CCD的微型半导体感光芯片作为扫描仪的核心。CCD与日常使用的半导体集成电路相似,在一片硅单晶上集成了几千到几万个光电三极管,这些光电三极管分为三列,分别用红、绿、蓝色的滤色镜罩住,从而实现彩色扫描。光电三极管在受到光线照射时可以产生电流,经放大后输出。

CIS(Contact Image Sensor)的为接触式图像感应装置,采用一种触点式图像感光元器件(光敏传感器)来进行感光,在扫描平台下1～2 mm处,300～600个红、蓝、绿三色LED(发光二极管)传感器紧密排列在一起产生白色光源,取代了CCD扫描仪中的CCD阵列、透镜、荧光管和冷阴极射线管等复杂结构,把CCD扫描仪的光、机、电一体变为CIS扫描仪的机电一体。

276

4.扫描仪工作原理

平面扫描仪的工作原理如下:平面扫描仪获取图像的方式是先将光线照射在扫描的材料上,光线反射回来后由CCD接收并实现光电转换。

当扫描不透明的材料如照片、打印文本以及标牌、面板、印制板实物时,由于材料上黑的区域反射较少的光线,亮的区域反射较多的光线,而CCD可以检测图像上不同光线反射回来的不同强度的光通过CCD将反射光波转换成为数字信息,用1和0的组合表示,最后控制扫描仪操作的扫描仪软件读入这些数据,并重组为计算机图像文件。

而当扫描透明材料如制版菲林软片,照相底片时,扫描工作原理相同,有所不同的是此时不是利用光线的反射,而是让光线透过材料,再由CCD接收,扫描透明材料需要特别的光源补偿—透射适配器(TMA)装置来完成这一功能。

5.扫描仪的主要性能指标

(1)分辨率

扫描仪的分辨率又可细分为光学分辨率和最大分辨率两种。光学分辨率直接决定了扫描仪扫描图像的清晰程度。扫描仪的光学分辨率用每英寸长度上的点数,即dpi来表示。最大分辨率又称为软件分辨率,通常是指利用软件插值补点的技术模拟出来的分辨率。这实际上是通过软件在真实的像素点之间插入经过计算得出的额外像素,从而获得的插值分辨率。

(2)色彩深度值

色彩深度值(或称为色阶、色彩位数)指的是扫描仪色彩识别能力的大小。扫描仪是利用R(红)、G(绿)、B(蓝)三原色来读取数据的,如果每一个原色以8位数据来表示,总共就有24位,即扫描仪有24位色阶;如果每一个原色以12位数据来表示,总共就有36位,即扫描仪有36位色阶,所能表现出的色彩将会有680亿(2^{36}次方)色以上。

(3)灰度值

灰度值是指进行灰度扫描时对图像由纯黑到纯白整个色彩区域进行划分的级数,又称为灰度动态范围。灰度值越高,扫描仪能够表现的暗部层次就越细。灰度值的大小对于扫描仪正负片通常会有较大的影响。

6.扫描仪系统结构组成

扫描系统中除了扫描仪外,扫描的有效组成要素由以下组件构成。

①连接扫描仪和计算机的USB或SCSI线。

②控制扫描仪的工作软件,是建立于扫描仪和应用程序之间的桥梁。

③图像编辑软件、光学文件识别软件和印制板图形自动识别软件等。

④显示彩色或灰色图像的显示器。

⑤输出设备主要有黑白或彩色激光打印机、热升华打印机、图文输出机或其他彩色打印设备。

除上述基本组件外还可以和下述附加设备匹配,使其具有更多的功能。

①透射适配器(TMA)用于扫描透明胶片材料。

②自动进纸器(ADF)自动进行最多达50页文本材料的连续扫描。

8.2.3 鼠标器

1.鼠标器简介

"鼠标"因形似老鼠而得名"鼠标"。"鼠标"的标准称呼应该是"鼠标器",英文名为Mouse,全称为"橡胶球传动之光栅轮带发光二极管及光敏三极管之晶元脉冲信号转换器"或"红外线散射之光斑照射粒子带发光半导体及光电感应器之光源脉冲信号传感器"。鼠标的使用是为了使计算机的定位操作更加简便,来代替键盘烦琐的指令。

2.鼠标器的分类

鼠标器按其结构和工作方式的不同可分为机械式、光机式和光电式三大类。三种结构的鼠标控制光标移动的原理基本相同。

(1)机械式鼠标器

机械式鼠标器如图8-5所示,其结构最为简单,由鼠标器底部的胶质小球带动X方向滚轴和Y方向滚轴,在滚轴的末端有译码轮,译码轮附有金属导电片与电刷直接接触。鼠标器的移动带动小球的滚动,再通过摩擦作用使两个滚轴带动译码轮旋转,接触译码轮的电刷随即产生与二维空间位移相关的脉冲信号。

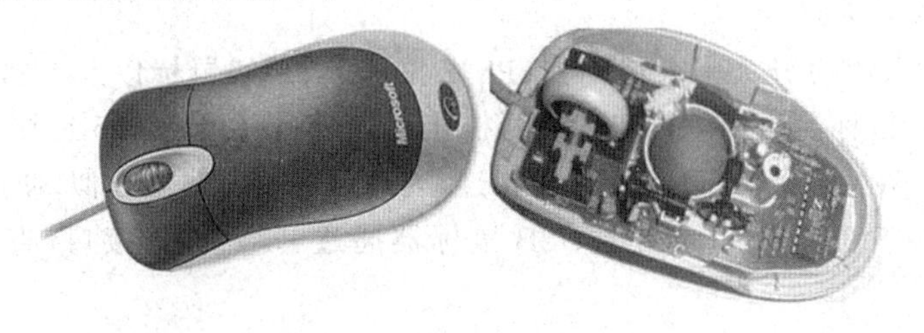

图8-5 机械式鼠标器

由于电刷直接接触译码轮和鼠标器小球与桌面直接摩擦,所以机械式鼠标器的精度有限,电刷和译码轮的磨损也较为厉害,直接影响机械式鼠标器的使用寿命。因此,机械式鼠标器已基本被同样价廉的光机式鼠标器取而代之。

(2)光机式鼠标器

光机式鼠标器是一种光电和机械相结合的鼠标器,光机式鼠标器在机械式鼠标器的基础上,将磨损最厉害的接触式电刷和译码轮改进成为非接触式的LED对射光路元件。当小球滚动时,X、Y方向的滚轴带动码盘旋转。安装在码盘两侧有两组发光二极管和光敏三极管,LED发出的光束有时照射到光敏三极管上,有时则被阻断,从而产生了两组相位相差90°的脉冲序列。脉冲的个数代表鼠标器的位移量,而相位表示鼠标器运动的方向。由于采用的是非接触部件，使磨损率下降，从而大大地提高了鼠标器的使用寿命，也能在一定范围内提高鼠标器的精度。光机式鼠标器的外形与机械式鼠标器没有区别，不打开鼠标器的外壳很难分辨。

(3)光电式鼠标器

光电式鼠标器内部有一个发光二极管，通过该发光二极管发出的光线，照亮光电式鼠标器的底部表面，然后将光电式鼠标器底部表面反射回的一部分光线，经过一组光学透镜，传输到一个光感应器件内成像。这样，当光电式鼠标器移动时，其移动轨迹便会被记录为一组高速拍摄的连贯图像。最后利用光电式鼠标器内部的一块专用图像分析芯片(DSP，数字微处理器)对移动轨迹上摄取的一系列图像进行分析处理，通过对这些图像上特征点位置的变化进行分析，来判断鼠标器的移动方向和移动距离，从而完成光标的定位。

光电式鼠标器一般由光学感应器、光学透镜、发光二极管、接口微处理器、轻触式按键、滚轮、接口以及外壳等构成，其中光学感应器是光电式鼠标器的核心。

光电式鼠标器的分辨率较高，且由于接触部件较少，鼠标器的可靠性大大增强，但其价格相对较高。随着技术的进步，光电式鼠标器的价格也在不断下降，逐渐成为用户的首选和市场中的主流产品。如图 8-6 所示是光电式鼠标器。

图 8-6 光电式鼠标器

3.鼠标器的接口类型

鼠标器按接口类型可分为串行鼠标器、PS/2 鼠标器、总线鼠标以及 USB 鼠标器(多为光电鼠标)4 种。串行鼠标器通过串行口与计算机相连，有 9 针接口和 25 针接口两种。PS/2 鼠标器通过一个 6 针微型 DIN 接口与计算机相连，与键盘的接口非常相似，使用时要注意区分。总线鼠标器的接口在总线接口卡上。USB 鼠标器通过一个 USB 接口，直接插在计算机的 USB 口上。

8.2.4 数码相机

1.数码相机概述

数码相机是数码照相机的简称，又称数字式相机，英文全称为 Digital Still Camera (DSC)，简称 Digital Camera(DC)。

数码相机，是一种利用电子传感器把光学影像转换成电子数据的照相机。与普通照相机在胶卷上靠溴化银的化学变化来记录图像的原理不同，数码相机的传感器是一种光感应式的光电耦合器件(CCD)或互补金属氧化物半导体(CMOS)。在图像传输到计算机以前，通常会先储存在数码存储设备中(通常是使用闪存)。

2.数码相机结构原理图

如图 8-7 所示，数码相机的基本结构包括镜头图像传感器、A/D 转换器、数字信号处理器

(DSP)、微处理器(MPU)、存储器、液晶显示器(LCD)以及接口。

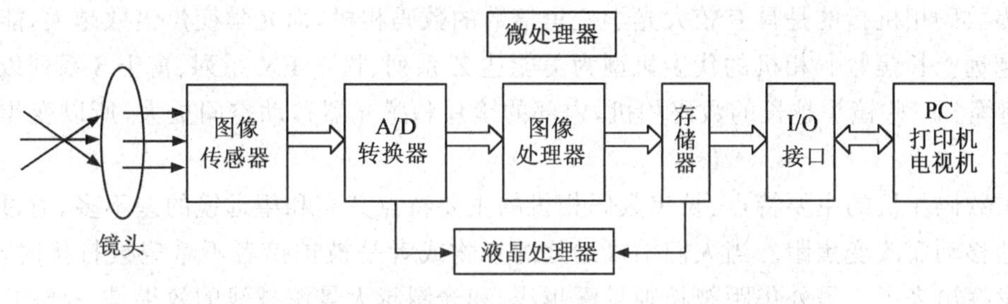

图 8-7　数字照相机的结构

3.数码相机产品分类

如图 8-8 所示,根据数码相机最常用的用途可以简单分为单反数码相机、卡片数码相机、长焦数码相机和家用数码相机。

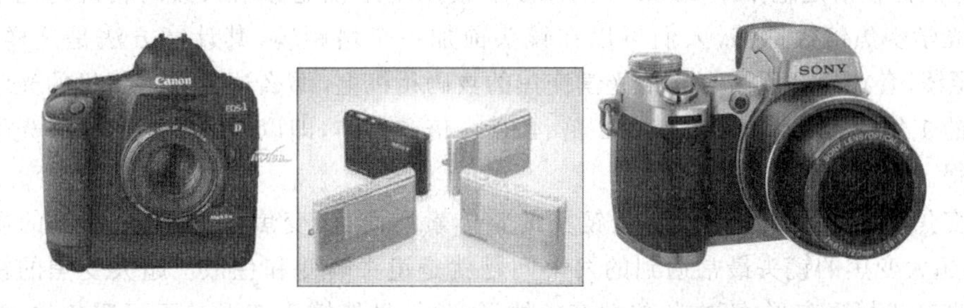

图 8-8　单反数码相机、卡片数码相机、长焦数码相机

(1)单反数码相机

单反数码相机就是指单镜头反光数码相机,即 Digital 数码、Single 单独、Lens 镜头、Reflex 反光的英文缩写 DSLR。此类相机一般体积较大,比较重。

单反数码相机的一个很大的特点就是可以交换不同规格的镜头,这是单反相机天生的优点,是普通数码相机不能比拟的。

(2)卡片数码相机

卡片数码相机在业界内没有明确的概念,有小巧的外形、相对较轻的机身以及超薄时尚的设计是衡量此类数码相机的主要标准。

卡片数码相机的主要特点:卡片数码相机可以不算累赘地被随身携带;而在正式场合把它们放进西服口袋里也不会坠得外衣变形;女士们的小手包再也不难找到空间挤下它们;在其他场合把卡片数码相机塞到牛仔裤口袋或者干脆挂在脖子上也是可以接受的。虽然它们功能并不强大,但是最基本的曝光补偿功能还是超薄数码相机的标准配置,再加上区域或者点测光模式,这些小东西在有时候还是能够完成一些摄影创作。至少你对画面的曝光可以有基本控制,再配合色彩、清晰度、对比度等选项,很多漂亮的照片也可以来自这些被“高手”们看不上的小东西。

卡片数码相机和其他相机区别:优点包括时尚的外观、大屏幕液晶屏、小巧纤薄的机身,操作便捷,缺点包括手动功能相对薄弱、超大的液晶显示屏耗电量较大、镜头性能较差。

(3)长焦数码相机

长焦数码相机指的是具有较大光学变焦倍数的数码相机,而光学变焦倍数越大,能拍摄的景物就越远。长焦数码相机的代表机型为美能达 Z 系列、松下 FX 系列、富士 S 系列以及柯达 DX 系列等。一些镜头越长的数码相机,内部的镜片和感光器移动空间更大,所以变焦倍数也更大。

长焦数码相机的主要特点:长焦数码相机的主要特点其实和望远镜的差不多,通过镜头内部镜片的移动而改变焦距。当人们拍摄远处的景物或者是被拍摄者不希望被打扰时,长焦的好处就发挥出来了。另外焦距越长则景深越浅,和光圈越大景深越浅的效果是一样的,浅景深的好处在于突出主体而虚化背景,相信很多人在拍照时都追求一种浅景深的效果,这样使照片拍出来更加专业。一些镜头越长的数码相机,内部的镜片和感光器移动空间更大,所以变焦倍数也更大。如今数码相机的光学变焦倍数大多在 3～12 倍之间,即可把 10 m 以外的物体拉近至 5～3 m;也有一些数码相机拥有 10 倍的光学变焦效果。家用数码相机的光学变焦倍数在 10～22 倍,能比较清楚地拍到 70 m 外的东西。使用增距镜能够增大数码相机的光学变焦倍数。如果光学变焦倍数不够,人们可以在镜头前加一个增距镜,其计算方法是这样的,一个 2 倍的增距镜,套在一个原来有 4 倍光学变焦的数码相机上,那么这台数码相机的光学变焦倍数由原来的 1 倍、2 倍、3 倍、4 倍变为 2 倍、4 倍、6 倍和 8 倍,即以增距镜的倍数和光学变焦倍数相乘所得。

那么变焦范围越大越好吗? 对于镜头的整体素质而言,变焦范围越大,镜头的质量也越差。10 倍超大变焦的镜头最常遇到的两个问题就是镜头畸变和色散。超大变焦的镜头很容易在广角端产生桶形变形,而在长焦端产生枕形变形,虽然镜头变形是不可避免的,但是好的镜头会将变形控制在一个合理的范围内。而理论上变焦倍数越大,镜头也越容易产生形变。当然很多厂家也为此做了不少努力。比如通常厂家会在镜头里加入非球面镜片来预防这种变形的产生。对于色散来说厂家通常使用防色散镜片来避免。随着光学技术的进步,目前的 10 倍变焦镜头实际上在光学性能上应该可以满足人们日常拍摄的需要。

8.2.5 其他输入设备或输入方式简介

①轨迹球的结构颇像一个倒置的鼠标,好像在小圆盘上镶嵌一颗圆球。轨迹球的功能与鼠标器相似,朝着指定的方向转动小球,光标就在屏幕上朝着相应的方向移动。

②跟踪点是一个压敏装置,只有铅笔上的橡皮大小,所以可嵌在按键之间,用手指轻轻推它,光标就朝着指点的方向移动。

③触摸板是一种方便的输入设备,其表面对压力和运动敏感,当用手指轻轻在触摸板滑动时,屏幕上的光标就同步运动。有的触摸板周围设有按钮,其作用与鼠标器的按钮相同,另一些触摸板,则是通过轻敲触摸板表面完成与点击鼠标器相同的操作。

④汉字识别与手写输入,特点是手写输入自然、灵活。

书写中文的输入设备有台湾的中华第一笔、中科院的汉王笔,北大方正的如意笔以及香港的易达笔等。

⑤语音识别与输入,利用人的自然语言实现人机对话。

8.3 打印输出设备

8.3.1 打印设备的分类

1.按印字原理分类

按印字原理分类,打印设备可以分为击打式与非击打式两种。

击打式是使印字机构与色带和纸相撞击而打印字符,如针型、球型、菊花瓣型和活字鼓等;而非击打式是采用电、磁、光以及喷墨等物理、化学方法印刷字符,如静电、激光和喷墨等。

2.按工作方式分类

按工作方式分类,打印设备可以分为串行打印机与并行打印机两类。串行打印机为逐字打印的打印机,并行打印机为一次可输出一行字符的打印机。

8.3.2 点阵针式打印机

1.点阵针式打印机的组成结构与功能

针式打印机的结构如图8-9所示,点阵针式打印机利用直径0.2~0.3 mm的打印针通过打印头中的电磁铁吸合或释放来驱动打印针向前击打色带,将墨点印在打印纸上而完成打印动作,通过对色点排列形式的组合控制,实现对规定字符、汉字和图形的打印。所以,点阵针式打印机实际上是一个机电一体化系统。它由两大部分组成:机械部分和电气控制部分。机械部分主要完成打印头横向左右移动、打印纸纵向移动以及打印色带循环移动等任务,电气控制部分主要完成从计算机接收传送来的打印数据和控制信息,将计算机传送来的模板形式的数据转换成打印数据,控制打印针动作,并按照打印格式的要求控制字车步进电动机和输纸步进电动机动作,对打印机的工作状态进行实时检测等。

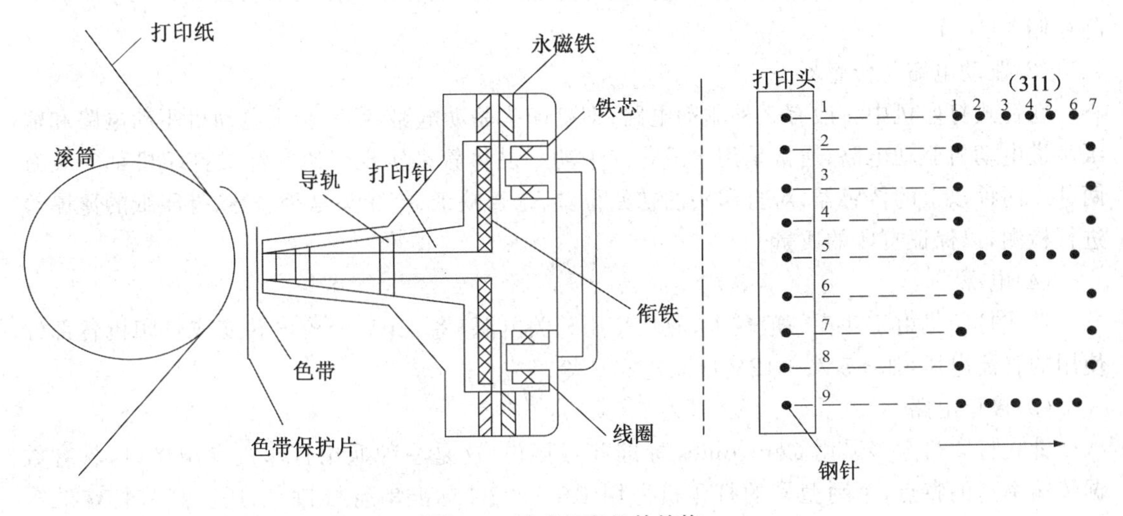

图8-9 针式打印机的结构

在机械部分的主要组件具有以下功能和作用。

(1)字车传动机构

在字车步进电动机的驱动下,载有打印头的字车沿水平方向的横轴左右移动,将打印头移动到需要打印的位置。字车传动机构一般由字车步进电动机、字车底座、齿型带(或齿条)以及初始位置传感器等组成。

(2)输纸传动机构

在输纸步进电动机的驱动下,通过摩擦输纸或链轮输纸方式将打印纸移动到需要打印的位置上。输纸传动机构一般由输纸步进电动机、打印胶辊、输纸链轮、导纸板、压纸杆和纸尽传感器等组成。根据输纸方式的不同,在输纸传动机构的实现形式上分为卷绕式输纸方式(也称为普通输纸方式)和平推式输纸方式两种。

(3)色带传动机构

为了保证打印质量和清晰度,在打印头前的色带需要不断更换,色带传动机构通常采用换向齿轮使色带按照一定的速率和方向循环运动,该机构一般由换向齿轮组和色带盒组成。

(4)打印头

由一定数量的打印针按照单列或双列(个别的为三列)纵向排列,在打印数据的配合下实现字符、汉字和图形的打印。目前常用的打印头一般为9针和24针,均是通过薄膜电缆与控制电路连接。

电气控制部分中的主要组件具有以下的功能和作用。

(1)微处理器或单片机

针式打印机所有的动作和功能都是由其控制电路中的微处理器或单片机来控制实现的。不但要完成对打印数据的加工转换,还要控制机械部件的协调动作,同时还要对面板功能选择和工作状态进行监视以及必要的显示,这一切必须依靠执行打印机专用监控软件来实现。

(2)数据/程序/字符点阵存储器

在通用计算机中离不开各种存储器,在针式打印机中同样也需要有关种类的存储器件。一般分为输入数据缓冲存储器、中间数据缓冲存储器、监控程序存储器以及西文和汉字字符点阵存储器(字库)。

(3)驱动电路与传感器

在针式打印机中一般有3种驱动电路,即打印头驱动电路、字车步进电动机驱动电路和输纸步进电动机驱动电路,通常采用集成化的中功率晶体管来实现。通常针式打印机都安装有两种或两种以上的传感器,对打印头的初始位置、是否缺纸、打印头是否过热、打印纸的薄厚等进行检测,以保证打印的质量。

(4)电源

针式打印机由于功耗一般较大,故均采用开关电源,将220V交流电转变成打印机各部件使用的直流电压,如+5V、+12V以及+24V等。

(5)接口电路

针式打印机大多采用Centronics标准并行接口,这是一种通用打印机专用接口,具有数据传输率高的特点,个别型号的打印机采用RS—232C标准串行接口,以适应某些特殊的需要。在打印机接口电路中,往往还配置一定存储容量的输入数据缓冲区,如1KB、8KB、16KB、40KB等,其目的是减少与计算机主机的频繁通信,提高计算机主机的工作效率。

2.针式打印机的工作原理

针式打印机的工作原理如图 8-10 所示，它是依靠打印针击打所形成色点的组合来实现规定字符和汉字打印的。因此，在打印方式上，针式打印机均采用字符打印和位图像两种打印方式，其中字符打印方式是按照计算机主机传送来的打印字符(ASCII 码形式)，由打印机自己从所带的点阵字符库中取出对应字符的点阵数据(打印数据)经字形变换(如果需要的话)处理后，送往打印针驱动电路进行打印；而位图像打印方式则是由计算机进行要打印数据的生成，并将生成的数据送往打印机，打印机不需要进行打印数据的处理，可以直接将其打印出来。在位图像打印方式下，计算机生成的打印数据可以是一幅图像或图形，也可以是汉字。

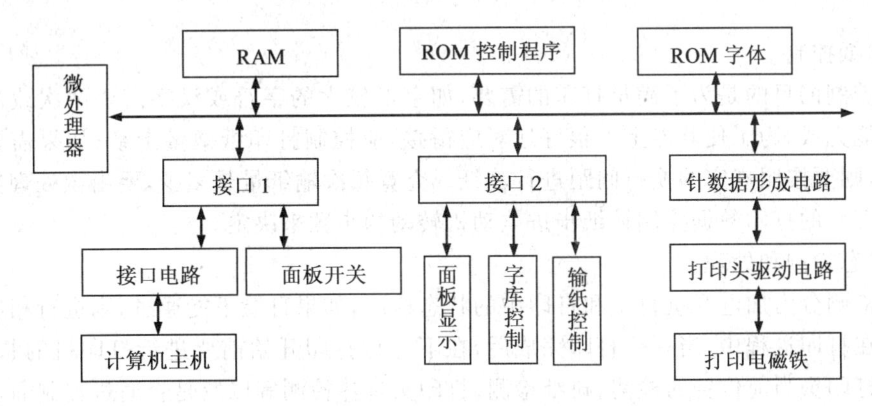

图 8-10　针式打印机的工作原理

从针式打印机对打印数据的处理方式上来分类，可将打印机分为西文打印机和中文打印机两类。它们之间的区别在于西文打印机内部仅带有西文字符点阵字库，在打印西文时采用的是字符打印方式，而打印汉字时则需采用位图像打印方式；而中文打印机由于内部带有西文和汉字点阵字符库，所以不论是打印西文字符还是打印汉字，均采用的是字符打印方式。当然，在打印图像或图形时，两种打印机都采用位图像打印方式。打印过程的实现实际上是一个较为复杂的数据处理过程。

(1)接收计算机主机数据

在一般情况下，打印机按照其输入数据缓冲区的容量接收来自计算机主机的数据，其数据类型有 3 种：①ASCII 码形式的字符数据，其中西文字符和某些图形符号为一字节数据；而中文字符为二字节数据，通常称为汉字内码。②ASCII 码形式的打印命令代码，由其规定了要打印字符的形式(如大小、粗细、旋转、修饰等)和打印机执行的动作(如回车、换行、换页等)。③位图像数据(一般为单字节的十六进制数据组)。在接收数据阶段，打印机中的微处理器或单片机要控制接口电路实现与计算机的通信，并将接收的数据按其性质区分开来，供下面的数据处理阶段使用。

(2)数据处理

打印机要根据已得到的数据进行相应的数据处理。首先要对打印命令进行处理，确定每行要打印字符或打印列的数量，然后从输入数据缓冲区中取出相同数量的字符数据或位图像数据进行有关点阵数据的处理，即通常所说的按行处理。所有的数据处理过程都是在中间数据缓冲区中进行的。当一行打印数据处理完成时或在这一行数据的某个位置上出现表示回车的命令时，便将这一行打印数据送往打印缓冲区，执行有关打印控制的程序，将其打印出来。

(3)打印控制

当打印数据准备好以后，控制程序要根据打印质量的要求(如草稿打印、信函打印、倍密度打印等)来确定字车步进电动机的运行步频，并根据选定的运行步频进行字车驱动控制。由于打印头击打频率(出针频率)是固定的，因此打印密度是随着字车运行速度而变化的。字车运行的速度慢，打印点的密度就大，打印质量也就高；反之，字车运行的速度快，打印点的密度小，打印质量就降低。所以，通常情况下，为了便于用户选择合适的打印质量，在使用说明书上均列出各种打印字符或图像的打印范例。当一行打印数据打印完成后，控制程序就转入输纸控制中。

(4)输纸控制

输纸控制的目的是为了满足打印的需要，如字形较大的字符或汉字需要两次或两次以上的打印才能完成，为了使其能上下很好地对应衔接，应控制打印纸微量走纸；如果需要打印下一行字符，则要按照规定的换行间距进行输纸。究竟每次输纸量是多少，要由微处理器或单片机根据处理后的打印数据控制输纸步进电动机转动的步数来决定。

(5)状态检测和处理

状态检测分为加电开机自检和打印中的状态检测，如果自检不能通过，则进行相应的报警处理。而在打印过程中，当一行打印完成后，在下一行打印开始前要进行打印机的状态检测，主要包括打印头当前位置的检测、缺纸检测、打印头过热检测等以及是否通过控制面板给出了脱机命令和其他操作命令。在上述检测和处理结束后，才能进入下一行打印数据的处理过程。

3.针式打印机的主要技术参数及性能指标

用户在选购和使用针式打印机时，应该对所使用的针式打印机的性能有所了解。一般情况下，打印机厂商在产品说明书上均给出有关的技术参数和性能指标，下面对一些主要的技术参数和性能指标的意义进行介绍。

(1)打印方式

打印方式表明针式打印机在打印过程中所采用的模式。如“双向逻辑选距”打印方式，在该打印方式下，打印机将根据每行打印内容的具体位置来控制打印头的启停位置，以用来节省时间，提高打印速度和效率。又如“可选择单双向”打印方式，在该方式下，可由用户根据打印要求，选择每次打印时打印头的起始位置。单向打印是打印每一行时，打印头字车都要先回到初始位置，然后再打印，打印效率较低，但字符或图像上下衔接精度高；双向打印是打印头横向来回移动时进行打印，打印效率高。但由于机械部件精度的影响，可能会造成字符或图像上下衔接部分有一定的错位，对打印质量会带来影响。

(2)打印头

在选购时注意打印头的针数，目前绝大多数的针式打印机都采用24针的打印头。这种打印头具有打印速度快、打印质量好的特点，其性能参数主要是针的使用寿命，如2亿次/针。另外，在选择针式打印机时要注意打印机的点密度，点密度定义为在水平方向上每英寸打印的点数，用DPI表示。打印质量较高的打印机其点密度可以达到360dpi。

(3)字符集

字符集是针式打印机中字库种类的说明，通过字符集可以看出该打印机属于哪一种类型。中文针式打印机的字符集种类较为齐全，一般包括有ASCII码点阵字符集、汉字点阵字符集以及国际字符组点阵字符集等，通常上述字符集是按国家标准制定的。如GB—007标准(宋体24×24点阵字符集)和GB—2312—1980(宋体32×32点阵字符集)。

(4)打印速度

打印速度是点阵打印机重要的性能指标，反映打印机的综合性能指标，一般只给出打印一行西文字符或中文汉字时的打印速度。标准的说明应是在草稿方式下，按照每英寸打印10个西文字符(10cpi)的方式，每秒钟能打印字符的数目。现在打印速度较快的打印机其打印速度一般在200字/s以上。

(5)行距

在说明书中一般都有行距指标，因为这项指标是说明输纸操作精度和性能的重要指标，尤其是最小输纸距离(如1/360 in或n/368 in)更能反映出其输纸组件的控制能力和精密程度。

(6)接口

大多数打印机均标准配置Centronics并行接口，其他标准的接口一般是作为附件而另需购置。

(7)最大缓冲容量

该指标间接表明了打印机在打印时对计算机主机工作效率的影响。缓冲容量大，一次输入的数据就多，打印机处理和打印所需的时间就长。因此，与计算机通信的次数就可以减少，可以提高计算机主机的效率。

(8)输纸方式

对于输纸方式来说，一台好的针式打印机应具备多种输纸功能，这反映出其机构设计是否合理及全面。一般情况下应有连续纸输送的链轮装置，以保证输纸的精度和避免输纸过程中的偏斜；另外是否具备单页纸和卡片纸的输送能力，以及是否具备平推进纸的能力，这一点对票据打印十分重要。

(9)纸宽及纸厚度

纸宽指标反映出针式打印机最大打印宽度，目前通用针式打印机的该项指标一般为9 in(窄行)和13.6 in(宽行)；纸厚度则反映出打印头的击打能力，这项指标对于需要复写副本的用途很重要。一般用“正本+复写份数”来表示。

8.3.3 喷墨打印机

喷墨打印机是在针式打印机之后发展起来的，采用非击打的工作方式。比较突出的优点是体积小、操作简单方便、打印噪音低、使用专用纸张时可以打出和照片相媲美的图片等等。经过若干年的积累，喷墨打印机的技术已经取得了长足的发展。

1.喷墨打印机的分类

喷墨技术可分为连续式和间歇式两大类，目前流行的喷墨打印机技术属于间歇式。喷墨打印机按打印头的工作方式可以分为压电喷墨技术和热喷墨技术两大类型。按照喷墨的材料性质又可以分为水质料、固态油墨和液态油墨等类型的打印机。

2.喷墨打印机的工作原理

喷墨技术的原理：利用电阻迅速加热喷墨头，使喷墨头内的墨水汽化产生气泡，气泡膨胀将墨水喷出喷嘴，墨滴以每秒3000～6200点的速度喷射到纸上，当喷头与纸之间的距离很小时，便可在纸上形成精确的图案。

压电喷墨技术是将许多小的压电陶瓷放置到喷墨打印机的打印头喷嘴附近，利用它在电压作用下会发生形变的原理，适时地把电压加到它的上面。压电陶瓷随之产生伸缩使喷嘴中的墨汁喷出，在输出介质表面形成图案。

用压电喷墨技术制作的喷墨打印头的成本比较高，所以为了降低用户的使用成本，一般都将打印喷头和墨盒作成分离的结构，更换墨水时不必更换打印头。因为打印头的结构比较合理可通过控制电压来有效调节墨滴的大小和使用方式，从而获得较高的打印精度和打印效果。它对墨滴的控制能力强，容易实现高精度的打印，现在达到 1440 dpi 的超高分辨率。当然它也有缺点，假设使用过程中喷头堵塞了，无论是疏通或更换费用都比较高而且不易操作，搞不好整台打印机可能就报废了。

热喷墨技术是让墨水通过细喷嘴，在强电场的作用下，将喷头管道中的一部分墨汁汽化，形成一个气泡，并将喷嘴处的墨水顶出喷到输出介质表面，形成图案或字符。所以这种喷墨打印机有时又被称为气泡打印机。用这种技术制作的喷头工艺比较成熟成本也很低廉，但由于喷头中的电极始终受电解和腐蚀的影响，对打印机的使用寿命会有不少影响。所以采用这种技术的打印喷头通常都与墨盒做在一起，更换墨盒时即同时更新打印头。这样一来用户就不必再对喷头堵塞的问题太担心了。同时为降低使用成本，常常能看见给墨盒打针的情形（加注墨水）。在打印头刚刚打完墨水后，立即加注专用的墨水，只要方法得当，可以节约不少的耗材费用。

热喷墨技术的缺点是在使用过程中会加热墨水，而高温下墨水很容易发生化学变化，性质不稳定，所以打出的色彩真实性就会受到一定程度的影响；另一方面由于墨水是通过气泡喷出的，墨水微粒的方向性与体积大小很不好掌握，打印线条边缘容易参差不齐，一定程度地影响了打印质量，所以多数产品的打印效果还不如压电技术产品。

8.3.4 激光打印机

激光技术出现于 20 世纪 60 年代，真正投入实际应用始于 20 世纪 70 年代初期。最早的激光发射器是充有氦—氖（He—Ne）气体的电子激光管，体积很大，因此在实际应用中受到了很大限制。20 世纪 70 年代末期，半导体技术趋向成熟。半导体激光器随之诞生，高灵敏度的感光材料也不断发现，加上激光控制技术的发展，激光技术迅速成熟，并进入了实际应用领域。以美国、日本为代表的科研人员，在静电复印机的基础上，结合了激光技术与计算机技术，相继研制出半导体激光打印机。这种类型打印机的打印质量好、速度快、无噪音，所以很快得到了广泛应用。

1.激光打印机的基本结构

激光打印机是由激光器、声光调制器、高频驱动、扫描器、同步器及光偏转器等组成，其作用是把接口电路送来的二进制点阵信息调制在激光束上，之后扫描到感光体上。

感光体与照相机构组成电子照相转印系统，把射到感光鼓上的图文映像转印到打印纸上，其原理与复印机相同。激光打印机是将激光扫描技术和电子显像技术相结合的非击打输出设备。它的机型不同，打印功能也有区别，但工作原理基本相同，都要经过充电、曝光、显影、转印、消电、清洁和定影 7 道工序，其中有 5 道工序是围绕感光鼓进行的。当把要打印的文本或图像输入到计算机中，通过计算机软件对其进行预处理。然后由打印机驱动程序转换成打印机可以识别的打印命令(打印机语言)送到高频驱动电路,以控制激光发射器的开与关,形成点阵激光束,再经扫描转镜对电子显像系统中的感光鼓进行轴向扫描曝光,纵向扫描由感光鼓的自身旋转实现。激光打印机的结构如图 8-11 所示。

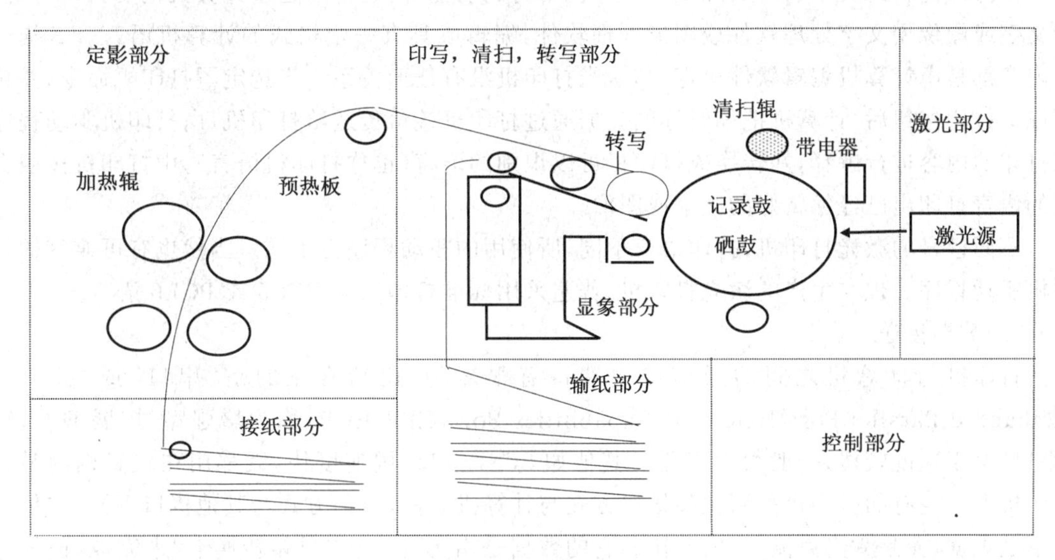

图 8-11 激光打印机的结构

2.激光打印机工作原理

激光打印机工作过程所需的控制装置和部件的组成、设计结构、控制方法和采用的部件会因品牌和机型不同而有所差别。

①对感光鼓充电的极性不同。

②感光鼓充电采用的部件不同。有的机型使用电极丝放电方式对感光鼓进行充电,有的机型使用充电胶辊(FCR)对感光鼓进行充电。

③高压转印采用的部件有所不同。

④感光鼓曝光的形式不同。有的机型使用扫描镜直接对感光鼓扫描曝光,有的机型使用扫描后的反射激光束对感光鼓进行曝光。

不过激光打印机的工作原理基本一样。由激光器发射出的激光束,经反射镜射入声光偏转调制器,与此同时,由计算机送来的二进制图文点阵信息,从接口送至字形发生器,形成所需字形的二进制脉冲信息,由同步器产生的信号控制 9 个高频振荡器,再经频率合成器及功率放大器加至声光调制器上,对由反射镜射入的激光束进行调制。调制后的光束射入多面转镜,再经广角聚焦镜把光束聚焦后射至光导鼓(硒鼓)表面上,使角速度扫描变成线速度扫描,完成整个扫描过程。

硒鼓表面先由充电极进行充电,使其获得一定电位,之后经载有图文映像信息的激光束的曝光,便在硒鼓的表面形成静电潜像,经过磁刷显影器显影,潜像即转变成可见的墨粉像,在经过转印区时,在转印电极的电场作用下,墨粉便转印到普通纸上,最后经预热板及高温热滚定影,即在纸上熔凝出文字及图像。在打印图文信息前,清洁辊把未转印走的墨粉清除,消电灯把鼓上残余电荷清除,再经清洁纸系统彻底地清洁,即可进入新一轮的工作周期。

3.激光打印机数据转译与传递

(1)数据转译

要打印完整的文字、图像,除激光打印机本身的功能外,还必须通过计算机把要打印内容,即文字或图像用文字处理软件或图形处理软件,编辑成具有一定格式的计算机语言。其描述的内容都是由计算机编辑软件决定,与激光打印机没有任何关系。当选定了打印机命令,并按下确定打印按钮后,计算机把编辑好的数据通过打印机接口传送给打印机,由打印机驱动程序把打印的内容进行解释,并转换成打印机可以识别的语言(也称打印机语言),由打印机按照自己的语言打印出已经编辑好的文字或图像。

不同型号的激光打印机,打印语言不同,所使用的驱动程序也不同。当然也有可兼容的打印机驱动程序。现在生产的激光打印机,普遍采用标准打印语言 PCL5 或 PCL6 语言。

(2)数据传送

打印机与计算机之间的通信传送端口有很多种,比较常见的是"串口"或"并口"。(Enhanced Parallel Port/Extended Capabilities Port,EPP/ECP)称为增强型/扩展型并口。"串口"由于速度较慢,一般很少采用。其他如 SCSI 接口,因速度快,大都用在较高档的激光打印机上。还有的打印机采用视频接口方式与计算机通信,通信方式与其他接口不同,它传送的不是数据,而是激光束流,速度更快。它的数据是由另外一块"视频转换卡"来完成,但因它与计算机共享内存,要求计算机有足够的缓存空间。一般印刷排版行业采用此种接口的打印机较多。有的高档打印机带有多种接口,可同时接多台计算机。现在生产的很多打印机配备速度更快的 USB 接口。

当打印控制器从计算机接收数据之后,打印机一般采取两种工作方式:一种是把数据直接送给解释器执行打印,称为"段工作方式",这种方式工作的打印机不需要很多的缓存和内存,普通型的打印机多采用此种工作方式。另一种是把传输的数据存储在打印机内部的硬盘中,待使用时可随时打印出来,也称为"池工作方式",很多高档打印机使用这种工作方式。它的优点是当许多用户共享一台打印机时,可同时发出打印命令而不必等待,并可节省数据通信传输的等待时间,但其价格也较贵。

4.激光打印机光栅或点阵潜像的生成

激光打印机打印出的文字或图像,如果在放大镜下观察,就会发现文字或图像是由很多的白点和黑点组成(也称点阵图形),与普通的点阵式打印效果相似。前者是通过控制激光束的开与关实现点阵排列,而后者则是通过打印针击打来实现点阵排列。

光栅图像是一种视频数字图像,需要打印机中的光栅转换器把视频数据进行光栅化处理,转换成打印机使用的点阵图像打印,所谓光栅图像是由独立的点所组成的图像。如报纸上印的或电视屏幕上显示的图像就是光栅图像。

激光打印机的点阵排列是由二进制数据组成的方阵控制,每个点对应一个二进制数位,由运算控制器控制激光器向感光鼓表面射出一束激光,称为"曝光",被曝光的"点"称为"像素点"。要打印一个文字或一幅图像,需要很多的"像素点"组成。因此,单位面积内像素点的数目越多,打印的分辨率就越高。如果一个激光扫描装置,沿感光鼓轴向水平表面,射出每英寸 300 个点,并且感光鼓由主电动机带动按照 1/300 分匀速旋转,那么,激光打印机就能以 300×300 dpi 的分辨率打印出文字或图像。现在,高档的激光打印机的输出精度可以达到 2400 dpi。

由像素点形成点阵图像，还要经过声光调制器、高频驱动器、扫描器、同步器和光学系统共同完成。

5. 打印机中一些技术术语

(1)字模(Font)

由一组字符组成，通常包括字母、数字、标点符号以及一些专用符号，每个字模有特定大小、高度、宽度和倾斜度。

(2)字式样(Font Styles)

字模可划分为四大组：文本组、显示组、装饰组和符号组。

文本组：小型文本体可以作为文稿的正文，大型文本体可以作为文稿的标题。

显示组：显示组的字母常用于广告和书名中。

装饰组：不常用，草体属于此类。

符号组：科技、工程、绘图、音乐等领域中常用专门符号。

(3)字模存储器

字模存储器可以有多种，字模可选择存放在打印机内或主机的磁盘上。

8.4 显示设备

显示设备是将电信号转换成视觉信号的一种装置。在计算机系统中，显示设备被用作输出设备和人机对话的重要工具。与打印机等硬复制输出设备不同，显示器输出的内容不能长期保存，当显示器关机或显示别的内容时，原有内容就消失了，所以显示设备属于软复制输出设备。

8.4.1 显示设备的分类

计算机系统中的显示设备，若按显示对象的不同可分为字符显示器、图形显示器和图像显示器。字符显示器是指能显示有限字符形状的显示器。图形和图像是既有区别又有联系的两个概念。图形是指以几何线、面、体所构成的图；而图像是指模拟自然景物的图，如照片等。从显示角度看，它们都是由像素(光点)所组成的。目前常用的显示器都具有两种显示方式：字符方式和图形图像方式，所以它们既是字符显示器，又是图形图像显示器。

若按显示器件的不同可分为阴极射线管(CRT)、等离子显示器(PD)、发光二极管(LED)、场致发光显示器(ELD)、液晶显示器(LCD)、电致变色显示器(ECD)和电泳显示器(EPID)等。

显示器件按显示原理可分为两类。一类是主动显示器件，如 CRT 显示器、发光二极管等，它们是在外加电信号作用下，依靠器件本身产生的光辐射进行显示的，因此也称光发射器件；另一类是被动显示器件，如液晶显示器，这类器件本身不发光，工作时需另设光源，在外加电信号的作用下，依靠材料本身的光学特性变化，使照射在它上面的光受到调制，因此这类器件又称光调制器件。

8.4.2 阴极射线管(CRT)显示器

1. CRT 显示器的基本结构

CRT 显示器由显示适配器(显示卡)和显示器(监视器)两部分组成，如图 8-12 所示。

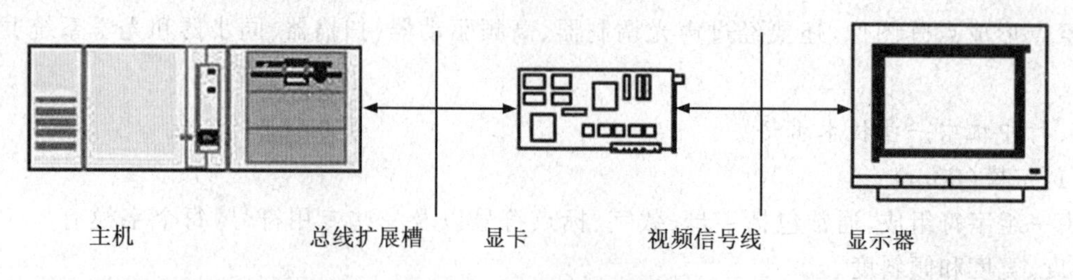

图 8-12 CRT 显示器的组成

2.CRT 显示器的主要技术指标

(1)点距

点距是指屏幕上两个相邻的同色荧光点之间的距离。点距越小,显示的画面就越清晰、自然和细腻。用显示区域的宽和高分别除以点距,即得到显示器在垂直和水平方向上最高可以显示的点数(即极限分辨率)。

(2)行频和场频

行频又称水平扫描频率,是电子枪每秒在屏幕上扫描过的水平线条数,以 kHz 为单位。场频又称垂直扫描频率,是每秒屏幕重复绘制显示画面的次数,以 Hz 为单位。

(3)视频带宽

视频带宽是表示显示器显示能力的一个综合性指标,以 MHz 为单位。它指每秒扫描的像素个数,即单位时间内每条扫描线上显示的点数的总和。带宽越大表明显示器显示控制能力越强,显示效果越佳。

视频带宽>水平分辨率×垂直分辨率×刷新率

(4)最高分辨率

最高分辨率是定义显示器画面解析度的标准,由每帧画面的像素数决定,以水平显示的像素个数×水平扫描线数表示。

(5)刷新率

刷新率指的是显示器每秒重画屏幕的次数,刷新率越高,意味着屏幕的闪烁越小,对人眼睛产生的刺激越小。行频、场频、最高分辨率和刷新率这 4 个参数息息相关。一般来说,行频、场频的范围越宽,能达到的最高分辨率也越高,相同分辨率下能达到的最高刷新率也越高。

(6)屏幕尺寸

屏幕尺寸指屏幕对角线长度(单位 in)。

3.CRT 的显示原理

(1)显示器的扫描方式

CRT 显示器普遍采用光栅扫描方式。在光栅扫描方式中,电子束在水平和垂直同步信号的控制下有规律的扫描整个屏幕。扫描的方法如下:电子束从显示屏的左上角开始,沿水平方向从左向右扫描,到达屏幕右端后迅速水平回扫到左端下一行位置,又从左到右匀速地扫描。这样一行一行地扫描,直到屏幕的右下角,然后又垂直回扫,返回屏幕左上角,重复前面的扫描过程。在水平和垂直回扫时,电子束是“消隐”的,荧光屏上没有亮光显示,如图 8-13 所示。

一幅光栅通常也称一帧,一帧画面的扫描行数越多,显示出来的画面就越清晰。但要使扫描行数增多,则须使行扫描频率增高,当要求太高时就难于实现。显示器中有两种可能的方

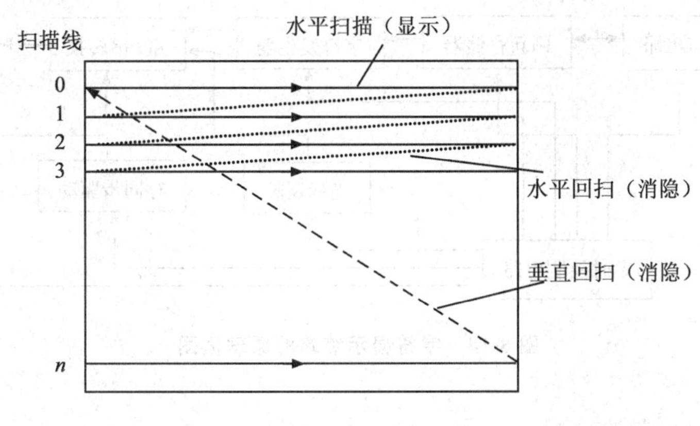

图 8-13 光栅扫描示意图

法:逐行扫描与隔行扫描。

(2)显示器的显示模式

显示模式从功能上分为两大类:字符模式和图形模式。

字符模式的显示缓冲区中存放着显示字符的代码(ASCII 码)和属性。显示屏幕被划分为若干个字符显示行和列,如 80 列×25 行。图形模式对所有点均可寻址。因为屏幕上的每个像素都对应显示缓冲区中的一位或多位,所以称为位图化的显示器。

(3)显示缓冲区

由于荧光屏上涂的是中短余晖荧光材料,会导致图像变化时前面图像的残影滞留在屏幕上,但如此一来,就要求电子枪不断地反复"点亮""熄灭"荧光点,即便屏幕上显示的是静止图像,也照常需要不断地刷新。

分辨率由每帧画面的像素数决定,而像素具有明暗和色彩属性。黑白图像的明暗程度称为灰度,明暗变化的数量称为灰度级,所以在单色显示器中,仅有灰度级指标。彩色图像是由多种颜色构成的,不同的深浅也可算作不同的颜色,所以在彩色显示器中能显示的颜色种类称为颜色数。

为了不断提供刷新画面的信号,必须把字符或图形信息存储在一个显示缓冲区中,这个缓冲区又称为视频存储器(VRAM)。显示器一方面对屏幕进行光栅扫描,一方面同步地从 VRAM 中读取显示内容,送往显示器件。因此,对 VRAM 的操作是显示器工作的软、硬件界面所在。VRAM 的容量由分辨率和灰度级决定,分辨率越高,灰度级越高,VRAM 的容量就越大。同时,VRAM 的存取周期必须满足刷新率的要求。

4.字符显示器的工作原理

(1)字符显示原理

字符显示器显示字符的方法也是以点阵为基础的。通常将显示屏幕划分成许多方块,每个方块称为一个字符窗口,包括字符显示点阵和字符间隔。一般的字符显示器可显示 80 列×25 行=2000 个字符,即字符窗口数目为 80×25。在单色字符显示方式下,每个字符窗口为 9×14 点阵,对应的分辨率为 80 列×25 行(720×350 点阵),其中字符本身点阵为 7×9,同一字符行中字符横向间隔 2 个点,不同字符行间的间隔为 5 个点。字符显示终端的原理如图 8-14 所示。

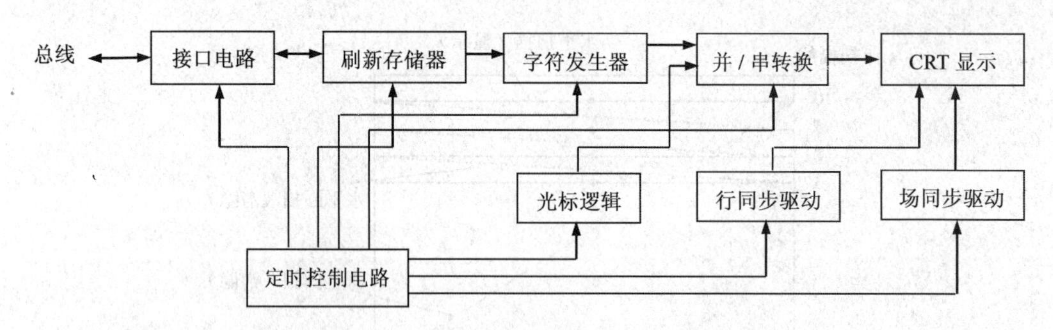

图 8-14 字符显示终端的原理框图

(2)屏幕上字符位置的分配

屏幕上每个字符窗口对应于 VRAM 中的一个字节单元,在实际的 VRAM 中,还需存入字符的显示属性,所以 VRAM 的容量还需增加一倍。VRAM 中存放的是字符的 ASCII 码,不是点阵信息。若要显示出字符的形状,还要有字符发生器(字符库)的支持,如图 8-15 所示。

显示器的字符库是用来存放各种字符的点阵字形辉亮数据的只读存储器。显示时,从 ROM 中读出有关的点阵信息送给 CRT 作为辉亮控制信号,以控制电子束的强弱,从而在屏幕上组成字符。显示器的字符库中存放的是字符的行点阵码。

"A"的点阵字形如图 8-16 所示。

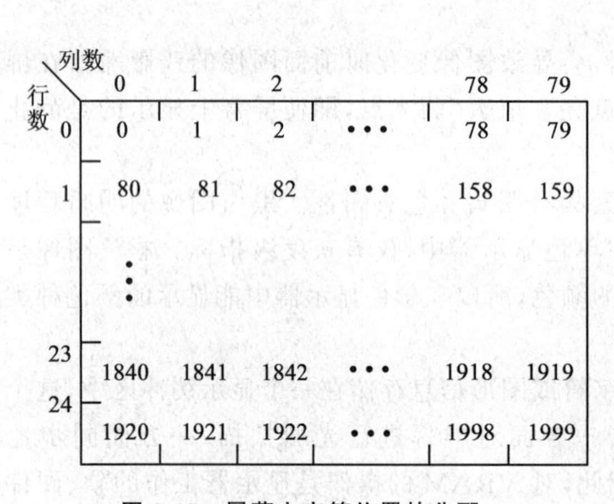

图 8-15 屏幕上字符位置的分配

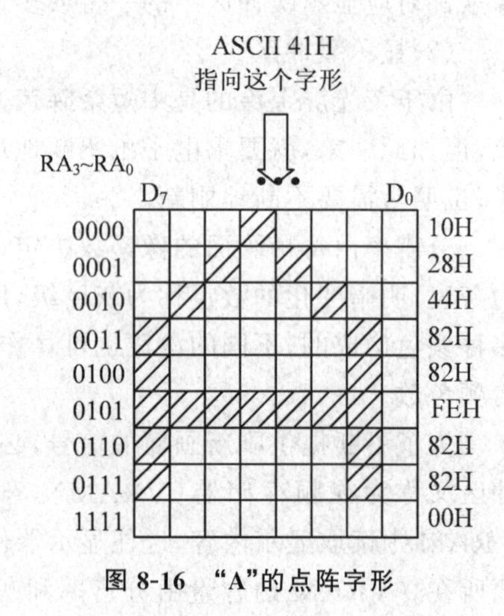

图 8-16 "A"的点阵字形

8.4.3 液晶显示设备

1.液晶简介

液晶(Liquid Crystal Display,LCD)液态晶体的简称,在一定温度范围内,以液体与固体的中间状态—液晶状态存在,具有体积小、重量轻、能耗低(1~10 mW/cm^2)、工作电压低(1.5~6 V)、图像精确等优点。液晶显示广泛应用在手表、计数器、液晶电视、笔记本计算机以及投影屏幕上。

2.液晶的物理特性

液晶的物理特性是:当通电时导通,排列变的有秩序,使光线容易通过;不通电时排列混乱,阻止光线通过。让液晶如闸门般地阻隔或让光线穿透。从技术上简单地说,液晶面板包含了两片相当精致的无钠玻璃素材,称为Substrates,中间夹着一层液晶。当光束通过这层液晶时,液晶本身会排排站立或扭转呈不规则状,因而阻隔或使光束顺利通过。大多数液晶都属于有机复合物,由长棒状的分子构成。在自然状态下,这些棒状分子的长轴大致平行。将液晶倒入一个经精良加工的开槽平面,液晶分子会顺着槽排列,所以假如那些槽非常平行,则各分子也是完全平行的

3.单色液晶显示器的原理

液晶(LCD)技术是把液晶灌入两个列有细槽的平面之间。这两个平面上的槽互相垂直(相交成90°)。也就是说,若一个平面上的分子南北向排列,则另一平面上的分子东西向排列,而位于两个平面之间的分子被强迫进入一种90°扭转的状态。由于光线顺着分子的排列方向传播,所以光线经过液晶时也被扭转90°。但当液晶上加一个电压时,分子便会重新垂直排列,使光线能直射出去,而不发生任何扭转。

液晶是依赖极化滤光器(片)和光线本身。自然光线是朝四面八方随机发散的。极化滤光器实际是一系列越来越细的平行线。这些线形成一张网,阻断不与这些线平行的所有光线。极化滤光器的线正好与第一个垂直,所以能完全阻断那些已经极化的光线。只有两个滤光器的线完全平行,或者光线本身已扭转到与第二个极化滤光器相匹配,光线才得以穿透。

液晶显示器正是由这样两个相互垂直的极化滤光器构成,所以在正常情况下应该阻断所有试图穿透的光线。但是,由于两个滤光器之间充满了扭曲液晶,所以在光线穿出第一个滤光器后,会被液晶分子扭转90°,最后从第二个滤光器中穿出。另一方面,若为液晶加一个电压,分子又会重新排列并完全平行,使光线不再扭转,所以正好被第二个滤光器挡住。总之,加电将光线阻断,不加电则使光线射出。

然而,可以改变液晶显示器中的液晶排列,使光线在加电时射出,而不加电时被阻断。但由于计算机屏幕几乎总是亮着的,所以只有"加电将光线阻断"的方案才能达到最省电的目的。

从液晶显示器的结构来看,无论是笔记本计算机还是桌面系统,采用的液晶显示屏都是由不同部分组成的分层结构。液晶显示器由两块玻璃板构成,厚约1 mm,其间由包含有液晶材料的5 μm均匀间隔隔开。因为液晶材料本身并不发光,所以在显示屏两边都设有作为光源的灯管,而在液晶显示屏背面有一块背光板(或称匀光板)和反光膜,背光板是由荧光物质组成的可以发射光线,其作用主要是提供均匀的背景光源。背光板发出的光线在穿过第一层偏振过滤层之后进入包含成千上万水晶液滴的液晶层。液晶层中的水晶液滴都被包含在细小的单元格结构中,一个或多个单元格构成屏幕上的一个像素。在玻璃板与液晶材料之间是透明的电极,电极分为行和列,在行与列的交叉点上,通过改变电压而改变液晶的旋光状态,液晶材料的作用类似于一个个小的光阀。在液晶材料周边是控制电路部分和驱动电路部分。当液晶显示器中的电极产生电场时,液晶分子就会产生扭曲,从而将穿越其中的光线进行有规则的折射,然后经过第二层过滤层的过滤在屏幕上显示出来。

4.彩色液晶显示器的工作原理

对于笔记本计算机或者桌面型的液晶显示器需要采用的更加复杂的彩色显示器而言,还

要具备专门处理彩色显示的色彩过滤层。通常,在彩色液晶显示器面板中,每一个像素都是由3个液晶单元格构成,其中每一个单元格前面都分别有红色、绿色、蓝色的过滤器。这样,通过不同单元格的光线就可以在屏幕上显示出不同的颜色。

LCD显示器克服了CRT显示器体积庞大、耗电和闪烁的缺点,但也同时带来了造价过高、视角不广以及彩色显示不理想等问题。CRT显示器显示可选择一系列分辨率,而且能按屏幕要求加以调整,但LCD显示器的屏幕只含有固定数量的液晶单元,只能在全屏幕使用一种分辨率显示(每个单元就是一个像素)。

CRT液晶显示器通常有3个电子枪,射出的电子流必须精确聚集,否则就得不到清晰的图像显示。但LCD显示器不存在聚焦问题,因为每个液晶单元都是单独开关的。这正是同样一幅图在LCD的显示器屏幕上为什么如此清晰的原因。LCD显示器也不必关心刷新频率和闪烁,液晶单元要么开,要么关,所以在40～60Hz这样的低刷新频率下显示的图像不会比75Hz下显示的图像更闪烁。不过,LCD显示器的液晶单元会很容易出现瑕疵。对1024×768的屏幕来说,每个像素都由3个单元构成,分别负责红、绿和蓝色的显示。所以总共约需240万个单元(1024×768×3=2359296)。很难保证所有这些单元都完好无损。最有可能的是,其中一部分已经短路(出现"亮点"),或者断路(出现"黑点")。所以说,并不是如此高昂的显示产品并不会出现瑕疵。

LCD显示屏包含了在CRT技术中未曾用到的一些东西。为屏幕提供光源的是盘绕在其背后的荧光管。有些时候,会发现屏幕的某一部分出现异常亮的线条。也可能出现一些不雅的条纹,一幅特殊的浅色或深色图像会对相邻的显示区域造成影响。此外,一些相当精密的图案(比如经抖动处理的图像)可能在液晶显示屏上出现难看的波纹或者干扰纹。

现在,几乎所有的应用于笔记本计算机或桌面系统的LCD显示器都使用薄膜晶体管(TFT)激活液晶层中的单元格。TFT LCD技术能够显示更加清晰、明亮的图像。早期的LCD显示器由于是非主动发光器件,速度低、效率差、对比度小,虽然能够显示清晰的文字,但是在快速显示图像时往往会产生阴影,影响视频的显示效果。

随着技术的日新月异,LCD技术也在不断发展进步。目前各大LCD显示器生产商纷纷加大对LCD显示器的研发费用,力求突破LCD显示器的技术瓶颈,进一步加快LCD显示器的产业化进程、降低生产成本,实现用户可以接受的价格水平。

5.应用于液晶显示器的新技术

(1)采用TFT型Active素子进行驱动

为了创造更优质画面构造,新技术采用了独有TFT型Active素子进行驱动。异常复杂的液晶显示屏幕中最重要的组成部分除了液晶之外,就要算直接关系到液晶显示亮度的背光屏以及负责产生颜色的色滤光镜。在每一个液晶像素上加装上了Active素子来进行点对点控制,使得显示屏幕与传统的CRT显示屏相比有天壤之别,这种控制模式在显示的精度上,会比以往的控制方式高得多,所以在CRT显示屏上会出现图像的品质不良,以及色渗、抖动非常厉害的现象,但在加入了新技术的LCD显示屏上观看时其画面品质却是相当赏心悦目。

(2)利用色滤光镜制作工艺创造色彩斑斓的画面

在色滤光镜本体还没被制作成型以前,就先把构成其主体的材料加以染色,之后再加以灌膜制造。这种工艺要求有非常高的制造水准。但与其他普通的LCD显示屏相比,用这种工艺制造出来的LCD显示屏,无论在解析度、色彩特性还是使用寿命来说,都有着非常优异的表现。从而使 LCD 显示屏能在高分辨率的环境下创造色彩斑斓的画面。

(3)低反射液晶显示技术

众所周知,外界光线对液晶显示屏幕具有非常大的干扰,一些 LCD 显示屏,在外界光线比较强的时候,会因其表面的玻璃板产生反射,而干扰到正常显示。因此在室外一些明亮的公共场所使用时其性能和可观性会大大降低。目前很多 LCD 显示器即使分辨率再高,因反射技术没处理好,对实际工作中的应用都是不实用的。单凭一些纯粹的数据,其实是一种有偏差的去引导用户的行为。而新款的 LCD 显示器采用的"低反射液晶显示屏幕"技术就是在液晶显示屏的最外层施以反射防止涂装技术(AR coat),有了这一层涂料,液晶显示屏幕所发出的光泽感、液晶显示屏幕本身的透光率、液晶显示屏幕的分辨率、防止反射等 4 个方面都得到了更好地改善。

(4)先进的"连续料界结晶矽"液晶显示方式

在一些 LCD 产品中,在观看动态影片的时候会出现画面的延迟现象,这是由于整个液晶显示屏幕的像素反应速度显得不足所造成的。为了提高像素反应速度,新技术的 LCD 显示屏采用目前最先进的 Si TFT 液晶显示方式,具有比旧式 LCD 显示屏快 600 倍的像素反应速度,效果真是不可同日而语。先进的"连续料界结晶矽"技术是利用特殊的制造方式,把原有的非结晶型透明矽电极,在以平常速率 600 倍的速度下进行移动,从而大大加快了 LCD 显示屏的像素反应速度,减少画面出现的延缓现象。

6.液晶显示的主要技术指标

(1)电气参数

工作电压 4～10 V,工作电流 1～6 μm/cm^2,工作频率 30～2 000 Hz,直流电阻 5～10 MΩ/cm^2,电容 600～1 200 μF/cm^2,功耗 100 μW/cm^2。

(2)电光参数

阈值电压 1.5～2.5 V,饱和电压 3～4 V,分辨率为几十条线/每毫米,响应时间 30～150 ms,余晖 300～500 ms,使用寿命为 1 万小时以上。

8.4.4 等离子显示器

1.等离子显示器简介

等离子显示器(Plasma Display Panel,PDP)是采用了近几年来高速发展的等离子平面屏幕技术的新一代显示设备。

2.等离子显示器的成像原理

等离子显示技术的成像原理是在显示屏上排列上千个密封的小低压气体室,通过电流激发使其发出肉眼看不见的紫外光,然后紫外光碰击后面玻璃上的红、绿、蓝 3 色荧光体发出肉眼能看到的可见光,以此成像。

3.等离子显示器的优越性

厚度薄、分辨率高、占用空间少且可作为家中的壁挂电视使用。

4.等离子显示器的特点

(1)高亮度、高对比度

等离子显示器具有高亮度和高对比度,完全能满足眼睛需求;亮度也很高,所以其色彩还原性非常好。

(2)纯平面图像无扭曲

等离子显示器的RGB发光栅格在平面中呈均匀分布,这样就使得图像即使在边缘也没有扭曲的现象发生。而在纯平CRT显示器中,由于在边缘的扫描速度不均匀,很难控制到不失真的水平。

(3)超薄设计、超宽视角

由于等离子技术显示原理的关系,使其整机厚度大大低于传统的CRT显示器,与LCD相比也相差不大,而且能够多位置安放。用户可根据个人喜好,将等离子显示器挂在墙上或摆在桌上,大大节省了空间,既整洁、美观又时尚。

(4)具有齐全的输入接口

为配合接驳各种信号源,等离子显示器具备了DVD分量接口、标准VGA/SVGA接口、S端子、HDTV分量接口(Y、Pr、Pb)等,可接收电源、VCD、DVD、HDTV和计算机等各种信号的输出。

(5)环保无辐射

等离子显示器一般在结构设计上采用了良好的电磁屏蔽措施,其屏幕前置环境也能起到电磁屏蔽和防止红外辐射的作用,对眼睛几乎没有伤害,具有良好的环境特性。

5.等离子显示器与CRT和LCD的对比

(1)等离子显示器比传统的CRT显示器具有更高的技术优势

①等离子显示器的体积小、重量轻、无辐射。

②由于等离子各个发射单元的结构完全相同,因此不会出现显像管常见的图像的集合变形。

③等离子屏幕亮度非常均匀,没有亮区和暗区;而传统显像管的屏幕中心总是比四周亮度要高一些。

④等离子不会受磁场的影响,具有更好的环境适应能力。

⑤等离子屏幕不存在聚集的问题。因此,显像管某些区域因聚焦不良或年月已久开始散焦的问题得以解决,不会产生显像管的色彩漂移现象。

⑥表面平直使大屏幕边角处的失真和颜色纯度变化得到彻底改善,高亮度、大视角、全彩色和高对比度,使等离子图像更加清晰、色彩更加鲜艳、效果更加理想,令传统CRT显示器叹为观止。

(2)等离子显示器比传统的LCD显示器具有更高的技术优势

①等离子显示亮度高,因此可在明亮的环境之下欣赏大幅画面的影像。

②色彩还原性好、灰度丰富,能够提供格外亮丽、均匀平滑的画面。

③对迅速变化的画面响应速度快,此外,等离子平而薄的外形也使得其优势更加明显。

8.4.5 触摸屏

1.触摸屏简介

随着多媒体信息查询的与日俱增,人们越来越多地用到触摸屏。触摸屏具有坚固耐用、反应速度快、节省空间、易于交流等许多优点。利用这种技术,用户只要用手指轻轻地碰计算机显示屏上的图符或文字就能实现对主机操作，从而使人机交互更为直截了当，这种技术大大方便了那些不懂计算机操作的用户。

触摸屏作为一种输入设备，是目前最简单、方便、自然的一种人机交互方式。它赋予了多媒体崭新的面貌，是极富吸引力的全新多媒体交互设备。触摸屏在我国的应用范围非常广阔，主要是公共信息的查询，如电信局、税务局、银行和电力等部门的业务查询；城市街头的信息查询。此外应用于领导办公、工业控制、军事指挥、电子游戏、点歌点菜、多媒体教学以及房地产预售等。

2.触摸屏的工作原理

为了操作上的方便，人们用触摸屏来代替鼠标或键盘。工作时，必须首先用手指或其他物体触摸安装在显示器前端的触摸屏，然后系统根据手指触摸的图标或菜单位置来定位选择信息输入。触摸屏由触摸检测部件和触摸屏控制器组成；触摸检测部件安装在显示器屏幕前面，用于检测用户触摸的位置，接受后送触摸屏控制器；而触摸屏控制器的主要作用是从触摸点检测装置上接收触摸信息，并将其转换成触点坐标，再送给 CPU，它同时能接收 CPU 发来的命令并加以执行。

3.触摸屏的主要类型

从技术原理来区别触摸屏，可分为 5 个基本种类：矢量压力传感技术触摸屏、电阻技术触摸屏、电容技术触摸屏、红外线技术触摸屏以及表面声波技术触摸屏。其中矢量压力传感技术触摸屏已退出历史舞台；红外线技术触摸屏价格低廉，但其外框易碎，容易产生光干扰，曲面情况下失真；电容技术触摸屏设计构思合理，但其图像失真问题很难得到根本解决；电阻技术触摸屏的定位准确，但其价格颇高，且怕刮易损；表面声波触摸屏解决了以往触摸屏的各种缺陷，清晰不容易被损坏，适于各种场合，缺点是屏幕表面如果有水滴和尘土会使触摸屏变得迟钝，甚至停止工作。

按照触摸屏的工作原理和传输信息的介质，可以把触摸屏分为 4 种，分别为电阻式、电容式、红外线式以及表面声波式。每一类触摸屏都有其各自的优缺点，要了解哪种触摸屏适用于哪种场合，关键就在于要懂得每一类触摸屏技术的工作原理和特点。下面对上述 4 种触摸屏进行简要介绍。

(1)电阻式触摸屏

电阻式触摸屏利用压力感应进行控制。电阻触摸屏的主要部分是一块与显示器表面非常配合的电阻薄膜屏，这是一种多层的复合薄膜，以一层玻璃或硬塑料平板作为基层，表面涂有一层透明氧化金属（透明的导电电阻）导电层，上面再盖有一层外表面硬化处理、光滑防擦的塑料层，内表面也涂有一层涂层，在薄膜之间有许多细小的（小于 1/1 000 in）的透明隔离点把两层导电层隔开绝缘。当手指触摸屏幕时，两层导电层在触摸点位置就有了接触，使电阻发生变化，在 X 和 Y 两个方向上产生信号，然后送触摸屏控制器。控制器侦测到这一接触并计算出（X，Y）的位置，再根据模拟鼠标的方式运作。这就是电阻技术触摸屏的最基本的原理。电阻类触摸屏的关键在于材料科技，常用的透明导电涂层材料有以下几种。

①ITO，氧化铟，弱导电体，特性是当厚度降到 1800 Å（$1Å = 10^{-10}$ m）以下时会突然变得透明，透光率为 80%，再薄下去透光率反而下降，到 300 Å 厚度时又上升到 80%。ITO 是所有电阻技术触摸屏及电容技术触摸屏都用到的主要材料，实际上电阻和电容技术触摸屏的工作

面就是 ITO 涂层。

②镍金涂层,五线电阻触摸屏的外层导电层使用的是延展性好的镍金涂层材料,外导电层由于频繁触摸,使用延展性好的镍金材料目的是为了延长使用寿命,但是工艺成本较为高昂。镍金导电层虽然延展性好,但是只能作透明导体,不适合作为电阻触摸屏的工作面,因为它导电率高,而且金属不易做到厚度非常均匀,不宜作电压分布层,只能作为探层。

(2)电容式触摸屏

电容技术触摸屏是利用人体的电流感应进行工作的。电容式触摸屏是一块四层复合玻璃屏,玻璃屏的内表面和夹层各涂有一层 ITO,最外层是一薄层稀土玻璃保护层,夹层 ITO 涂层作为工作面,4 个角上引出 4 个电极,内层 ITO 为屏蔽层以保证良好的工作环境。当手指触摸在金属层上时,由于人体电场,用户和触摸屏表面形成一个耦合电容,对于高频电流来说,电容是直接导体,于是手指从接触点吸走一个很小的电流。这个电流分别从触摸屏的 4 角上的电极中流出,并且流经这 4 个电极的电流与手指到 4 角的距离成正比,控制器通过对这 4 个电流比例的精确计算,得出触摸点的位置。

电容触摸屏的透光率和清晰度优于 4 线电阻屏,当然还不能和表面声波屏和 5 线电阻屏相比。电容屏反光严重,而且,电容技术的 4 层复合触摸屏对各波长光的透光率不均匀,存在色彩失真的问题,由于光线在各层间的反射,还造成图像字符的模糊。电容屏在原理上把人体当作一个电容器的一个电极使用,当有导体靠近与夹层 ITO 工作面之间耦合出足够量容值的电容时,流走的电流就足够引起电容屏的误动作。我们知道,电容值虽然与极间距离成反比,却与相对面积成正比,并且还与介质的绝缘系数有关。因此,当较大面积的手掌或手持的导体物靠近电容屏而不是触摸时就能引起电容屏的误动作,在潮湿的天气,这种情况尤为严重,手扶住显示器、手掌靠近显示器 7 cm 以内或身体靠近显示器 15 cm 以内就能引起电容屏的误动作。

电容触摸屏的另一个缺点是用戴手套的手或手持不导电的物体触摸时没有反应,这是因为增加了更为绝缘的介质。电容触摸屏更主要的缺点是漂移:当环境温度、湿度改变时,环境电场发生改变时,都会引起电容屏的漂移,造成不准确。例如,开机后显示器温度上升会造成漂移;用户触摸屏幕的同时另一只手或身体一侧靠近显示器会漂移;电容触摸屏附近较大的物体搬移后会漂移,触摸时如果有人围过来观看也会引起漂移;电容触摸屏的漂移原因属于技术上的先天不足,环境电势面(包括用户的身体)虽然与电容触摸屏离得较远,却比手指头面积大的多,会直接影响了触摸位置的测定。此外,理论上许多应该线性的关系实际上却是非线性,如:体重不同或者手指湿润程度不同的人吸走的总电流量是不同的,而总电流量的变化和 4 个分电流量的变化是非线性的关系,电容触摸屏采用的这种 4 个角的自定义极坐标系还没有坐标上的原点,漂移后控制器不能察觉和恢复,而且,4 个 A/D 完成后,由 4 个分流量的值到触摸点在直角坐标系上的 X、Y 坐标值的计算过程复杂。由于没有原点,电容触摸屏的漂移是累积的,在工作现场也经常需要校准。电容触摸屏最外面的矽土保护玻璃防刮擦性很好,但是怕指甲或硬物的敲击,敲出一个小洞就会伤及夹层 ITO,不管是伤及夹层 ITO 还是安装运输过程中伤及内表面 ITO 层,电容触摸屏就不能正常工作。

(3)红外线式触摸屏

红外线式触摸屏是利用 X、Y 方向上密布的红外线矩阵来检测并定位用户的触摸。红外线式触摸屏在显示器的前面安装一个电路板外框,电路板在屏幕四边排布红外发射管和红外线接收管，对应形成横竖交叉的红外线矩阵。用户在触摸屏幕时，手指就会挡住经过该位置的横竖两条红外线，因而可以判断出触摸点在屏幕的位置。任何触摸物体都可改变触点上的红外线而实现触摸屏操作。

(4)表面声波式触摸屏

表面声波是超声波的一种，在介质(如玻璃或金属等刚性材料)表面浅层传播的机械能量波。通过楔形三角基座(根据表面波的波长严格设计)，可以做到定向、小角度的表面声波能量发射。表面声波性能稳定、易于分析，并且在横波传递过程中具有非常尖锐的频率特性，近年来在无损探伤、造影和滤波器等应用方面发展速度很快，表面声波相关的理论研究、半导体材料、声导材料以及检测技术等技术都已经相当成熟。表面声波触摸屏的触摸屏部分可以是一块平面、球面或是柱面的玻璃平板，安装在CRT、LED、LCD或是等离子显示器屏幕的前面。玻璃屏的左上角和右下角各固定了竖直和水平方向的超声波发射换能器，右上角则固定了2个相应的超声波接收换能器。玻璃屏的4个周边则刻有45°角由疏到密间隔非常精密的反射条纹。

4.触摸屏发展趋势

目前触摸屏的应用范围从以往的银行自动柜员机、工控计算机等小众商用市场，迅速扩展到手机、PDA、GPS(全球定位系统)，甚至平板计算机(UMPC)等大众消费电子领域。展望未来，触控操作简单、便捷，人性化的触摸屏有望成为人机互动的最佳界面并迅速普及。

目前的触控技术尚存在屏幕所使用的材源透光较差影响显示画面的清晰度，或者长期使用后会出现坐标漂移、影响使用精度等问题。而且，全球主要触摸屏生产大厂多集中在日、美、韩等国家以及我国台湾地区；主要技术、关键零组件和原材料更是基本掌握在日、美厂商手中，中国大陆的触摸屏/触控面板产业也还处于高速发展中。但正因如此，整个触控行业未来的上升空间还非常大，也有望成为我国电子企业今后创新发展、大有作为的重要领域。

8.4.6 其他显示方式

1.发光二极管

发光二极管(Light Emitting Diode，LED)是一种固态的半导体器件，可以直接把电转化为光。LED的核心是一个半导体的晶片，晶片的一端附在一个支架上，一端是负极，另一端连接电源的正极，使整个晶片被环氧树脂封装起来。半导体晶片由两部分组成，一部分是P型半导体，在它里面空穴占主导地位，另一端是N型半导体，在这边主要是电子。但这两种半导体连接起来的时候，它们之间就形成一个“P—N结”。当电流通过导线作用于这个晶片的时候，电子就会被推向P区，在P区里电子跟空穴复合，然后就会以光子的形式发出能量，这就是LED发光的原理。而光的波长也就是光的颜色，是由形成P—N结的材料决定的。

2.场致发光

场致发光(Electro Luminescence，EL)是将电能直接转换为光能的发光现象。由于场致发光是在电场激发下产生的，通常将场致发光称为电致发光。

3.电致变色

电致变色是指材料的光学属性(反射率、透过率等)在外加电场的作用下发生稳定、可逆的颜色变化的现象，在外观上表现为颜色和透明度的可逆变化。具有电致变色性能的材料称为电致变色材料,用电致变色材料做成的器件称为电致变色器件。

4.电泳显示技术

电泳显示技术由于结合了普通纸张和电子显示器的优点,因而是最有可能实现电子纸张产业化的技术。目前电泳显示技术已从众多显示技术中脱颖而出,成为极具发展潜力的柔性电子显示技术之一。电子显示卡、柔性电子阅读器、电子纸张和数字签字等产品也将获得应用。

8.5 磁表面存储器

8.5.1 磁表面存储器的定义及主要特点

所谓磁表面存储,是用某些磁性材料薄薄地涂在金属铝或塑料表面作载磁体来存储信息。磁盘存储器、磁带存储器均属于磁表面存储器。

磁表面存储器的主要特点有以下几点:

①存储密度高,记录容量大,每位价格低。

②记录介质可以重复使用。

③记录信息可长时间保存而不致丢失。

④非破坏性读出,读出时不需再生信息。

⑤ 存取速度较低,机械结构复杂,对工作环境要求较严。

8.5.2 磁表面存储器的主要性能指标

①存储密度是指单位长度或单位面积所存储的二进制信息量。

其中磁盘的存储密度主要包括以下几方。

道密度:指沿磁盘半径方向单位长度上的磁道数。

位密度:指沿磁道的单位长度上记录的二进制信息位数。

面密度:以上两个的乘积。

②存储容量:以字节为单位,指存储器所能存储的二进制信息总量。

磁盘存储器有格式化容量和非格式化容量 2 个指标,格式化容量是按照特定的记录格式存储信息的总量;非格式化容量是指磁记录表面可利用的磁化单元总数。

③寻址时间:对磁盘存储器,寻址时间 = 寻道时间 + 等待时间。

等待时间与磁盘转速有关,可用磁盘旋转一周所需要时间的一半来表示平均等待时间。

④读写周期:读出/写入一个字的时间称为读写时间,两次读出/写入操作之间的时间间隔称为读写周期或存取周期。

⑤数据传输率:单位时间内向主机传送数据的位数或字节数。

对磁盘存储器,单磁头串行读/写半径 R_0 已知,数据传输率计算如下。

每道信息量 = 位密度×$2\pi R_0$(R_0 为内半径)

数据传输率(bps) = 每道信息量×转速 r(r 是每秒转速)

= 位密度×$2\pi R_0$ ×转速

例 8-1　某盘组共 9 块盘片，有 16 个盘面来记录数据，每面分 256 个磁道，每道有 16 个扇区，每个扇区存储 512 个字节，假设磁盘旋转速度为每分钟 3600 转，求数据传输率。

解：每秒钟的转速 = 3600/60 = 60 转

数据传输率 = 每一磁道容量 × 每秒转速

$= 16 \times 512 \times 60$

$= 480\ \text{KB/s}$

⑥误码率：是衡量出错概率的参数，等于出错位数与读写总信息位数之比。

⑦价格：通常用位价格来比较各种外存储器。位价格是用设备价格除以存储器二进制位总容量。

8.5.3　磁表面存储器的读写原理

在磁表面存储器中，利用一种称为磁头的装置来形成和判别磁层中的不同磁化状态。磁头实际上是由软磁材料做铁芯绕有读写线圈的电磁铁。

①写操作：当写线圈中通过一定方向的脉冲电流时，铁芯内就产生一定方向的磁通。

②读操作：当磁头经过载磁体的磁化元时，由于磁头铁芯是良好的导磁材料，磁化元的磁力线很容易通过磁头而形成闭合磁通回路。不同极性的磁化元在铁芯里的方向是不同的。

③通过电磁变换，利用磁头写线圈中的脉冲电流，可把一位二进制代码转换成载磁体存储元的不同剩磁状态；反之，通过磁电变换，利用磁头读出线圈，可将由存储元的不同剩磁状态表示的二进制代码转换成电信号输出。这就是磁表面存储器存取信息的原理。

④磁层上的存储元被磁化后，它可以供多次读出而不被破坏。当不需要这批信息时，可通过磁头把磁层上所记录的信息全部抹去，称之为写 0。通常，写入和读出是合用一个磁头，故称之为读写磁头。每个读写磁头对应着一个信息记录磁道。

8.5.4　磁记录方式评价的技术指标

1. 可靠性

可靠性是首要指标，一般以误码率来表示，要求误码率小于 10^{-6}，磁表面存储器的故障多为漏码，即丢“1”。误码率与系统的信噪比有关，也常用抗干扰能力来表示。

2. 自同步能力

自同步能力是指从单个磁道读出的脉冲序列中提取同步时钟脉冲的难易程度。从磁表面存储器读出信号时，为了分离出数据信息必须要有时间基准信号，称为同步信号。同步信号可以从专门设置用来记录同步信号的磁道中取得，这种方法称为外同步，也可以直接从磁盘读出的信号中提取同步信号，这种方法称为自同步，即能从读出的数据（脉冲序列）中提取同步信号。

3. 编码效率

编码效率是指位密度与磁化翻转密度之比，即位密度/最大磁化翻转密度。编码效率高低是指每次磁层状态翻转所存储的数据信息位的多少。

4. 信息的相关性

信息的相关性，指漏读或错读一位，是否能传播误码，所以这个是衡量精度的指标。

5.信道带宽

带宽窄选择性好,抗干扰能力强,读写放大器的频率响应容易满足。

8.5.5 硬盘存储器

1.硬盘存储器概述

硬盘存储器是磁盘存储器的一个分类,是以磁盘为存储介质的存储器。磁盘是利用磁记录技术在涂有磁记录介质的旋转圆盘上进行数据存储的辅助存储器。硬盘存储器具有存储容量大、数据传输率高以及存储数据可长期保存等特点。在计算机系统中,硬盘存储器常用于存放操作系统、程序和数据,是主存储器的扩充。硬盘存储器的发展趋势是提高存储容量,提高数据传输率,减少存取时间,并力求轻、薄、短、小。硬盘存储器通常由磁盘、硬盘驱动器(或称磁盘机)和磁盘控制器构成。

2.硬盘存储器物理结构

(1)磁头

硬盘内部结构中磁头是硬盘中最昂贵的部件,也是硬盘技术中最重要和最关键的一环。传统的磁头是读写合一的电磁感应式磁头,但是,硬盘的读、写却是两种截然不同的操作。为此,这种二合一磁头在设计时必须要同时兼顾到读/写两种特性,从而造成了硬盘设计上的局限。而 MR 磁头(Magnetoresistive Heads),即磁阻磁头,采用的是分离式的磁头结构:写入磁头仍采用传统的磁感应磁头(MR 磁头不能进行写操作),读取磁头则采用新型的 MR 磁头,即所谓的感应写、磁阻读。这样,在设计时就可以针对两者的不同特性分别进行优化,以得到最好的读/写性能。另外,MR 磁头是通过阻值变化而不是电流变化去感应信号幅度,因而对信号变化相当敏感,读取数据的准确性也相应提高。而且由于读取的信号幅度与磁道宽度无关,故磁道可以做得很窄,从而提高了盘片位密度,达到 200 MB/in,而使用传统的磁头只能达到 20 MB/in,这也是 MR 磁头被广泛应用的最主要原因。目前,MR 磁头已得到广泛应用,而采用多层结构和磁阻效应更好的材料制作的 GMR 磁头(Giant Magnetoresistive Heads)也逐渐普及。

(2)磁道

当磁盘旋转时,磁头若保持在一个位置上,则每个磁头都会在磁盘表面划出一个圆形轨迹,这些圆形轨迹称为磁道。这些磁道用肉眼是根本看不到的,因为它们仅是盘面上以特殊方式磁化了的一些磁化区,磁盘上的信息便是沿着这样的轨道存放的。相邻磁道之间并不是紧挨着的,这是因为磁化单元相隔太近时磁性会相互产生影响,同时也为磁头的读写带来困难。硬盘上的磁道密度很大,通常一面有成千上万个磁道。

(3)扇区

磁盘上的每个磁道被等分为若干个弧段,这些弧段便是磁盘的扇区,通常每个扇区可以存放 512 个字节的信息,磁盘驱动器在向磁盘读取和写入数据时,要以扇区为单位。

(4)柱面

硬盘通常由重叠的一组盘片构成,每个盘面都被划分为数目相等的磁道,并从外缘的 0 开始编号,具有相同编号的磁道形成一个圆柱,称为磁盘的柱面。磁盘的柱面数与一个盘面上的磁道数是相等的。由于每个盘面都有自己的磁头,因此,盘面数等于总的磁头数。所谓硬盘的

CHS，即Cylinder(柱面)、Head(磁头)、Sector(扇区)，只要知道了硬盘的CHS的数目，即可确定硬盘的容量，硬盘的容量=柱面数×磁头数×扇区数×512B。

3.硬盘存储器相关概念简介

①按磁头的工作方式，硬盘存储器可以分成移动头硬盘存储器和固定头硬盘存储器。

移动头硬盘存储器在存取数据时磁头在磁盘盘面上径向移动，磁头与盘面不接触，且随气流浮动，称为浮动磁头，硬盘存储器由一个或多个盘片组成，装在主轴上，盘片的每面都有一个磁头，其典型结构是温切斯特磁盘。

固定头硬盘存储器的磁头位置固定，磁盘的每一个磁道都对应一个磁头，盘片也不可更换。其特点是存取速度快，省去了磁头沿盘面径向运动寻找磁道的时间，磁头处于工作状态即可开始读写。

②按磁盘可换与否，硬盘存储器分可换盘存储器和固定盘存储器。

可换盘存储器是指磁盘不用时可以从驱动器中取出脱机保存。可以在兼容的磁盘存储器间交换数据，而且存储容量是不受限制的。为了达到可靠交换数据的目的，磁盘的道密度要适当地降低。

③温切斯特磁盘。温切斯特磁盘简称温盘，是一种可移动磁头固定盘片存储器，是应用最广、最具代表性的硬磁盘存储器。主要特点是密封组合式。

④磁盘控制器。主机与磁盘驱动器之间的接口。由于辅助存储器是快速的外部设备，与主机之间成批交换数据，为保证数据传输的正确性，主机需要采用DMA控制方式。作为主机与驱动器之间交接部件的控制器，需要有两个方向的接口，分别为：与主机的接口，控制辅存与主机总线交换数据，称为系统级接口；另一类是与设备的接口，根据主机的命令控制设备的操作，称为设备级接口。

4.常用的磁盘设备级接口标准

(1)ST506/412接口(Seagate Technology)

ST506/412接口是IBM PC/AT机的标准硬盘接口卡，传输速率5～15 MB/s，最多支持2个硬盘，最大支持盘空间：150 MB。

(2)小型计算机系统接口SCSI(Small Computer System Interface)

SCSI接口是用于小型机和微型机的外部设备接口标准，常用的接口标准及数据传送率如下：

SCSI—I，数据宽度为8位，数传率为5 MB/s

SCSI—II，数据宽度为16位，数传率为10 MB/s

FAST SCSI—II，数据宽度为16位，数传率为20 MB/s

FAST/WIDE SCSI—II，数据宽度为32位，数传率为40 MB/s

(3)增强型小型设备接口ESDI (Enhanced Small Device Interface)

增强型小型设备接口ESDI适用于小型温盘，磁带和光盘存储器等。传输率为5～10 MB/s，支持4个硬盘，硬盘最大600 MB。

(4)IDE(Integrated Drive Electronics)和EIDE(Enhanced IDE)接口

IDE和EIDE接口在微机中得到了广泛的使用。IDE接口数据传输率不超过1.5 MB/s，最多连接两个IDE设备(硬盘或其他设备)，每个IDE硬盘容量不超过528 MB;EIDE接口数据传送率:12～18 MB/s,最多可以连接 4 个 IDE 设备,每个 IDE 硬盘容量可以超过 528 MB。EIDE 控制器通常接在 VESA 总线和 PCI 总线上。

(5)SATA 接口

SATA 是 Serial ATA 的缩写,即串行 ATA。SATA 接口是一种计算机总线,主要功能是用作主板和大量存储设备(如硬盘及光盘驱动器)之间的数据传输之用。这是一种完全不同于串行 PATA 的新型硬盘接口类型,由于采用串行方式传输数据而得名。SATA 总线使用嵌入式时钟信号,具备了更强的纠错能力,与以往相比其最大的区别在于能对传输指令(不仅仅是数据)进行检查,如果发现错误会自动矫正,这在很大程度上提高了数据传输的可靠性。串行接口还具有结构简单、支持热插拔的优点。

5.RAID 技术简介

RAID 是 Redundant Array of Inexpensive Disks 的缩写,直译为“廉价冗余磁盘阵列”,也简称为“磁盘阵列”。可以把 RAID 理解成一种使用磁盘驱动器的方法,RAID 将一组磁盘驱动器用某种逻辑方式联系起来,作为逻辑上的一个磁盘驱动器来使用。一般情况下,组成的逻辑磁盘驱动器的容量要小于各个磁盘驱动器容量的总和。

RAID 技术的特色是 n 台硬盘同时读取速度加快及提供容错性,其主要是解决访问数据的存储速度问题而不是备份问题。简单地说,RAID 是一种把多块独立的硬盘(物理硬盘)按不同的方式组合起来形成一个硬盘组(逻辑硬盘),从而提供比单个硬盘更高的存储性能和提供数据备份技术。

8.5.6 光盘存储器

1.光盘存储器概述

光盘存储器(Optical Disk Memory,ODM)是近代发展起来不同于磁性载体的光学存储介质,用聚焦的氢离子激光束处理记录介质的方法存储和再生信息,又称激光光盘。

由于软盘的容量太小,光盘凭借大容量得以广泛使用。听的 CD 是一种光盘,看的 VCD、DVD 也是一种光盘。现在一般的硬盘容量为 3～3TB,软盘已经基本被淘汰,CD 光盘的最大容量大约是 700 MB,DVD 盘片单面容量为 4.7 GB,最多能刻录约 4.38G 的数据(因为 DVD 的 1GB=1000MB,而硬盘的 1 GB=1024 MB)(双面容量为 8.5 GB,最多约能刻 8.2GB 的数据),蓝光(BD)的则比较大,其中 HD DVD 单面单层容量为 15 GB、双层容量为 30 GB;BD 单面单层容量为 25 GB、双面容量为 50 GB。

光盘存储器的特点有容量大、速度快、密度高、介质使用寿命长、不易受干扰以及能够进行非接触读写和高速随机存取等

2.光盘存储器分类

(1)只读式光盘

只读式光盘(Read Only):盘片由厂家预先写入数据或程序,出厂后用户只能读取,不能写入和修改。

(2)只写一次光盘

只写一次光盘(Write Once Only):可以由用户写入信息,不过只能写一次,写入后不能修改,可以多次读出,相当于 PROM。在盘片上留有空白区,可以把要修改和重写的数据追记在

空白区内。

(3)可擦写式光盘

可擦写式光盘(Rewritable):利用磁光效应存取信息,采用特殊的磁性薄膜做记录介质,用激光束来记录、再现和删除信息,又称为磁光盘,类似于磁盘,可以重复读写。

3.光盘存储器性能的改进措施

①增大存储容量,研制短波长激光器,研制高密度磁光记录新材料,改进信息记录方式和数据处理技术。

②缩短存取时间,提高传输效率。

③研制快速存取光学头。

④提高盘片转速。

本章小结

在计算机系统中与人们联系最直接的就是外部设备(或称输入/输出设备、I/O设备),是计算机系统与外界交换信息的装置。从计算机系统的整体结构来讲,CPU和主存储器合称为主机,而输入/输出设备独立于主机之外,所以称为外部设备。

目前,输入/输出设备在计算机系统中的地位已越来越重要。尤其是在微型计算机中,用很少量的集成电路芯片,就可以构成包含CPU和主存储器的主机;而输入/输出设备则往往包括一些相当精密的机、电、磁、光装置,以及一些复杂的控制电路。所以在整机价格的组成比例方面,输入/输出设备所占的比重越来越大。

众多的输入/输出设备在计算机系统中,各自担负着不同的职责。有的是专门负责输入的设备,而有些是专门的输出设备。还有些设备集这两种功能于一身。

外部设备可以分为输入设备、输出设备、外存设备、网络通信设备以及过程式输入/输出设备等。每一种设备,都是在各自的设备控制器控制下进行工作,而设备控制器则通过适配器(接口)和主机相连,并受主机控制。

常用的计算机输入设备有图形输入设备、图像输入设备以及语音输入设备。本章介绍的有键盘、鼠标、扫描仪和数码相机等,除此之外,还有光笔、图形板和游动标等。常用的打印设备有点阵式打印机、激光打印机和喷墨打印机等,它们都属于硬复制输出设备。显示设备是目前应用最广泛的人机通信设备。磁盘、磁带属于磁表面存储器,特点是存储容量大,位价格低,记录信息永久保存,但存取速度较慢,因此在计算机系统中作为辅助大容量存储器使用。

光盘(Optical Disk)是利用光学原理读写信息的存储器。由于光盘的容量大、速度快、不易受干扰等特点,光盘的应用越来越广泛。

习题

1.术语解释

(1)图形

(2)图像

(3)光栅扫描

(4)随机扫描

(5)道密度

(6)位密度

2.磁表面存储器的特点有哪些?

3.一台有6个盘片的磁盘组,转速为2 400 r/min(每分钟转速),盘面有效记录区域的外直径为30 cm,内直径为20 cm,记录密度为640 b/mm(每毫米的位数),磁道间距为0.2 cm,盘片设有2个保护面,1个伺服面。试计算:

(1)盘组的存储容量。

(2)数据传输率。

4.常见的硬盘控制器接口有哪些?

5.比较光栅扫描的图形和图像显示器与光栅扫描的字符显示器的主要异同点。

6.液晶显示器的工作原理是什么?

7.写出点阵式打印机的特点和工作原理。

8.简述常见外部设备的分类。

参考文献

[1] 任国林. 计算机组成原理.2 版.北京:电子工业出版社,2018.

[2] 张基温. 计算机组成原理教程.8 版. 北京:清华大学出版社,2018.

[3] 蒋本珊. 计算机组成原理.4 版.北京:清华大学出版社,2019.

[4] 王爱英. 计算机组成与结构.5 版.北京:清华大学出版社,2013.

[5] 张晨曦,刘依,张硕.计算机组成与结构.2 版.北京:高等教育出版社,2015.

[6] 赵润林,王金祥,王艳君. 计算机组成原理.北京:电子科技大学出版社,2019.

[7] 白中英,戴志涛. 计算机组织与体系结构.5 版.北京:科学出版社,2013.

[8] 刘子良,徐高潮,齐红,等. 计算机硬件系统设计原理.北京:高等教育出版社,2016.

[9] 唐朔飞. 计算机组成原理.2 版.北京:高等教育出版社,2008.

[10] 潘雪峰,刘智珺,周方,等.计算机组成原理 .北京:北京理工大学出版社,2015.

[11] 姚燕南.微型计算机原理 .西安:西安电子科技大学出版社,2002.

[12] 任国林. 计算机组成原理.2 版.北京:电子工业出版社,2018.

[13] 张钧良,林雪明. 计算机组成原理.3 版.北京:电子工业出版社,2016.

[14] 李学干. 计算机系统结构.5 版.西安:西安电子科技大学出版社,2011.

[15] 郑伟民,汤志忠. 计算机系统结构.2 版.北京:清华大学出版社,2004.

[16] 胡越明. 计算机组成与设计. 北京:科学出版社,2014.

[17] 王诚.计算机组成与体系结构.2 版.北京:清华大学出版社,2011.

[18] 张功萱. 计算机组成原理. 北京:清华大学出版社,2005.

[19] 徐培福. 计算机组成与结构.3 版.北京:电子工业出版社,2013.

[20] (美)Petterson D. A. Hennessy J. L..计算机组成与设计:硬件/软件接口.4 版.北京:机械工业出版社,2013.

[21] (美)Randal E. Bryant,David R. OHallaron. 深入计算机系统.北京:机器工业出版社,2011.

[22] (美)Carl Hamacher 等. 计算机组成.5 版.北京:机械工业出版社,2002.

[23] (英)Alan Clements. 计算机组成原理(Computer Organization and Architecture:Themes and Variations).北京:机械工业出版社,2017.

[24] (美)Arnold S. Berger. 计算机硬件及组成原理.北京:机械工业出版社,2006.